直接的芳香族カップリング反応の設計と応用

Development and Application of Direct Aromatic Coupling Reactions

監修：三浦雅博，平野康次
Supervisor : Masahiro Miura, Koji Hirano

シーエムシー出版

はじめに

医農薬や有機電子材料をはじめとする様々な有機精密化学品の合成と関連して，芳香族化合物の高効率かつ選択的な誘導体化手法の開発は，近年ますます重要な研究課題となっている。現在，精密化学品にしばしば含まれるビアリール骨格やフェニレンビニレン骨格などの炭素骨格の極めて有用な構築法として，2010年のノーベル化学賞の対象となったパラジウム触媒クロスカップリングが頻繁に用いられている。一方で従来法では，化学量論的ハロゲン化や金属化を含む反応基質の事前官能基化工程が必須であり，それに伴う反応ステップ数の増加や廃棄物となる副生物の生成といった解決すべき問題点を内包している。このような背景のもと，新しい環境調和型クロスカップリング反応として，基質分子内の目的とする反応位置の炭素-水素結合を触媒によって選択的に活性化し切断することにより，通常の方法では多段階を要する，あるいは合成困難な複雑な構造をもつ分子群を，入手容易な出発物質から短工程で効率よく合成する手法の開発研究が国内外を問わず近年活発になされてきている。パラジウムに加え様々な遷移金属を駆使した触媒反応研究の進展によって，芳香族炭素-水素結合切断を伴う様々なタイプの直接的クロスカップリング反応が達成されている。一部の反応はすでに実用的にも応用可能な段階にあり，今後のさらなる発展が期待されている。

本書は，アカデミアだけでなく，企業の化学品開発部門でも幅広く利活用されることを想定し，直接的芳香族カップリングの先端研究を俯瞰できるよう章立てされている。

総論に続いて，まず種々の芳香族炭素-水素結合の変換反応について触媒金属別に解説されている。これによってどの金属がどのような反応活性を有し，特にどのような変換反応に有効であるか理解できる。ついで，トピックスとして，有機エレクトロニクス材料として機能する多環芳香族化合物と多環ヘテロ芳香族化合物の合成やポルフィリン類の直接的誘導体化，天然物や生理活性化合物の合成，さらに直接アリール化重合反応とその半導体材料創製への応用について解説されている。

各執筆者は，現在当該分野において先導的研究を活発に推進している気鋭の研究者である。多忙にもかかわらず執筆を快諾いただき，寄稿くださった執筆者各位に厚く御礼申し上げる。また本書の企画から出版にいたるまで様々サポートくださったシーエムシー出版編集部の伊藤雅英氏に感謝申し上げる。

2019年5月

大阪大学　三浦雅博

執筆者一覧（執筆順）

三　浦　雅　博　大阪大学　大学院工学研究科　教授
佐　藤　哲　也　大阪市立大学　大学院理学研究科　教授
平　野　康　次　大阪大学　大学院工学研究科　准教授
垣　内　史　敏　慶應義塾大学　理工学部　化学科　教授
芝　原　文　利　岐阜大学　工学部　化学・生命工学科　准教授
村　井　利　昭　岐阜大学　工学部　化学・生命工学科　教授
柴　田　高　範　早稲田大学　先進理工学部　化学・生命化学科　教授
道　場　貴　大　東京大学　理学系研究科
中　村　栄　一　東京大学　理学系研究科　特任教授
松　永　茂　樹　北海道大学　大学院薬学研究院　教授
吉　野　達　彦　北海道大学　大学院薬学研究院　講師
中　尾　佳　亮　京都大学　大学院工学研究科　教授
長　江　春　樹　大阪大学　大学院基礎工学研究科　助教
劒　　　隼　人　大阪大学　大学院基礎工学研究科　准教授
真　島　和　志　大阪大学　大学院基礎工学研究科　教授
白　川　英　二　関西学院大学　理工学部　環境・応用化学科　教授
松　岡　　　和　名古屋大学　大学院理学研究科
伊　藤　英　人　名古屋大学　大学院理学研究科　准教授
伊　丹　健一郎　名古屋大学　トランスフォーマティブ生命分子研究所　教授
西　井　祐　二　大阪大学　大学院工学研究科　助教
福　井　識　人　名古屋大学　大学院工学研究科　助教
忍久保　　　洋　名古屋大学　大学院工学研究科　教授
山　口　潤一郎　早稲田大学　理工学術院　教授
星　　　貴　之　早稲田大学　先進理工学研究科
脇　岡　正　幸　京都大学　化学研究所　助教
森　　　敦　紀　神戸大学　大学院工学研究科　教授
桑　原　純　平　筑波大学　数理物質系　エネルギー物質科学研究センター（TREMS）准教授
神　原　貴　樹　筑波大学　数理物質系　エネルギー物質科学研究センター（TREMS）教授

目　　次

第1章　直接的芳香族カップリング反応の設計と応用：現状と展望

三浦雅博，佐藤哲也，平野康次

第2章　Ru触媒芳香族C–Hカップリング反応　垣内史敏

第3章　Pd触媒芳香族C–Hカップリング反応　芝原文利，村井利昭

第4章 Rh触媒芳香族C-Hカップリング反応 佐藤哲也

第5章 Ir触媒芳香族C-Hカップリング反応 柴田高範

第6章 Fe触媒芳香族C-Hカップリング反応 道場貴大，中村栄一

第7章 Co触媒芳香族C-Hカップリング反応 松永茂樹，吉野達彦

第8章　Ni触媒芳香族C–Hカップリング反応　中尾佳亮

第9章　Cu触媒芳香族C–Hカップリング反応　平野康次，三浦雅博

第10章　3族～5族金属錯体によるC–H結合活性化反応
長江春樹，劒　隼人，真島和志

第11章　電子触媒芳香族C–Hカップリング反応　白川英二

第12章　直接カップリングによる多環芳香族化合物の合成

松岡　和，伊藤英人，伊丹健一郎

第13章　直接カップリングによる多環ヘテロ芳香族化合物の合成

西井祐二，三浦雅博

第14章　ポルフィリン類の直接官能基化

福井識人，忍久保　洋

第15章　直接カップリングの天然物及び生理活性化合物合成への応用

山口潤一郎，星　貴之

第16章　高性能直接アリール化重合触媒の開発とπ共役系高分子合成への応用

脇岡正幸

第 17 章　直接アリール化によるオリゴ及びポリチオフェン類の合成

森　敦紀

第 18 章　直接アリール化重合による高分子半導体の合成

桑原純平，神原貴樹

第1章　直接的芳香族カップリング反応の設計と応用：現状と展望

三浦雅博[*1]，佐藤哲也[*2]，平野康次[*3]

1　はじめに

周知のように，遷移金属触媒を用いるクロスカップリングは，医農薬や有機電子材料をはじめとする様々な有機精密化学品の創製に欠くことのできない合成技術である。2010年のノーベル化学賞の対象となったパラジウム触媒クロスカップリングでは，例えば2つの異なるベンゼン環やベンゼン環とオレフィンを容易に結合させることができるため，精密化学品にしばしば含まれるビアリール骨格やフェニレンビニレン骨格などの炭素骨格の構築法として，研究室レベルから工業生産まで幅広く用いられている[1,2]。一方で従来法は，化学量論的ハロゲン化や金属化といった反応基質の事前官能基化工程が必須であり，それに伴う反応ステップ数の増加や廃棄物となる副生物の生成といった解決すべき問題点を内包している。これらの問題点を緩和・克服する新しいカップリング反応として，基質分子内の目的とする反応位置の炭素-水素結合を触媒によって直接的かつ選択的に活性化し切断することによって，通常の方法では多段階を要する，あるいは合成困難な複雑な構造をもつ分子群を，入手容易な出発物質から短工程で効率よく合成する手法の開発研究が国内外を問わず近年活発に行われている。この分野の最近の発展は目覚ましく，パラジウムに加え様々な遷移金属を駆使した触媒反応開発によって，芳香族炭素-水素結合切断を伴う様々なタイプの直接的クロスカップリング反応が達成されている[3,4]。一部の反応はすでに工業的にも適用可能な段階にあり，今後のさらなる発展が期待されている。

2　芳香族カップリング反応の形式

上述のように，クロスカップリングは精密化学品合成における炭素-炭素結合形成のための最も重要な反応法の一つである。代表的な反応形式を図1に示す[5]。いずれも触媒活性種（M^t）として，パラジウムが多くの場合用いられてきたが，近年様々な遷移金属種を用いた多様な反応が報告されている。

周知のように，芳香族系生理活性化合物や有機材料構築のためのビアリール結合形成には，芳

＊1　Masahiro Miura　大阪大学　大学院工学研究科　教授
＊2　Tetsuya Satoh　大阪市立大学　大学院理学研究科　教授
＊3　Koji Hirano　大阪大学　大学院工学研究科　准教授

香族ハロゲン化物とアリール金属反応剤とのクロスカップリングが広範に利用されている（図1（A））。一方，芳香族基質のC–H結合切断を伴う芳香族ハロゲン化物との直接的カップリングも用いる基質によっては可能であり，多数の反応が開発されている（図1（B）：芳香族C–Hアリール化）。芳香族ハロゲン化物の代わりに芳香族金属反応剤を用いても酸化剤存在下でC–Hアリール化反応を行うことができる（図1（C）：酸化的C–Hアリール化）。さらに，二つの基質とも事前の官能基化をせず酸化的にカップリングさせる，より直接的な反応も最近活発に研究されるようになってきた（図1（D）：酸化的脱水素カップリング）。

芳香族ハロゲン化物とアルケンの反応（図1（E），M^t＝Pd：Mizoroki-Heck反応）の直接バージョンであるC–Hアルケニル化または酸化的ビニル化（図1（F），M^t＝Pd：Fujiwara-Moritani反応）も近年その重要性が再認識され，関連する研究が盛んになされている。芳香族ハロゲン化物と末端アルキンとの反応（図1（G），M^t＝Pd：Heck-Cassar-Sonogashiraカップリング）や

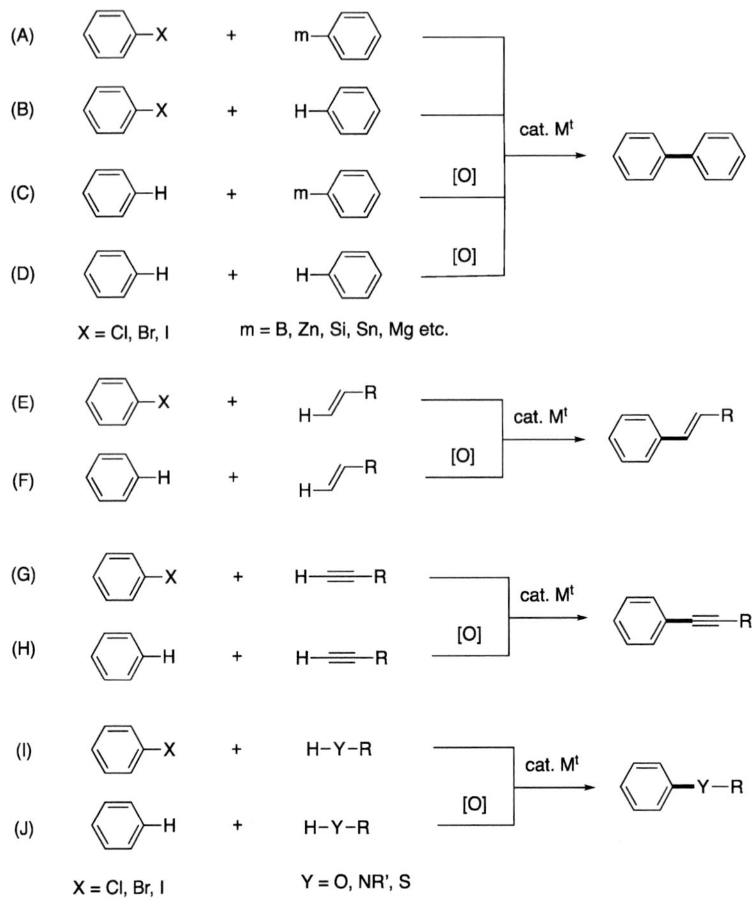

(A) Ph–X + m–Ph
(B) Ph–X + H–Ph
(C) Ph–H + m–Ph [O]
(D) Ph–H + H–Ph [O]
cat. M^t → Ph–Ph
X = Cl, Br, I　m = B, Zn, Si, Sn, Mg etc.

(E) Ph–X + H–CH=CH–R
(F) Ph–H + H–CH=CH–R [O]
cat. M^t → Ph–CH=CH–R

(G) Ph–X + H–C≡C–R
(H) Ph–H + H–C≡C–R [O]
cat. M^t → Ph–C≡C–R

(I) Ph–X + H–Y–R
(J) Ph–H + H–Y–R [O]
cat. M^t → Ph–Y–R
X = Cl, Br, I　Y = O, NR', S

図1　クロスカップリング反応の形式

アルコール，アミン，チオール求核剤との反応（図1（I），Ullmann型カップリング）も重要な芳香族誘導体化反応である。それらの酸化的脱水素カップリング（図1（H）および（J））も活発な研究対象となっている。

3　直接カップリングに用いられる反応基質

ベンゼン環上の炭素-水素結合を遷移金属で切断し，芳香族炭素-金属結合が形成されれば，様々な反応剤とのカップリングが可能となる。炭素-金属結合を形成する最も有力な方法の一つとして配向基と呼ばれる配位性官能基の利用が挙げられる（図2）。これは，ベンゼン環上に存在する配向基（DG）に触媒活性金属が配位するとその近傍の炭素-水素結合が容易かつ選択的に切断される現象を利用するものである。

この現象は1960年代にはすでに知られていたが[6]，1993年に村井らが報告したルテニウム触

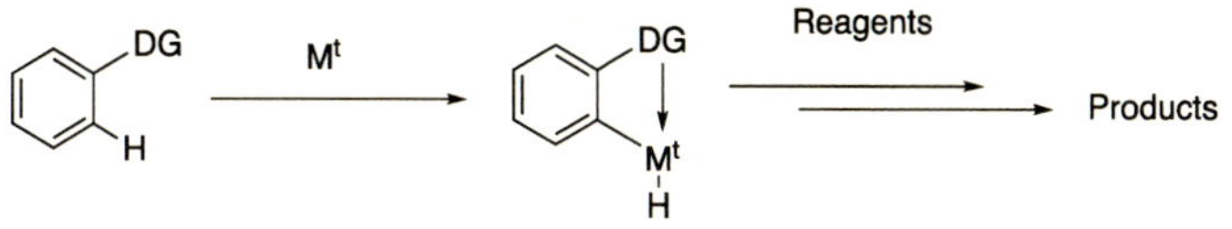

図2　配向基を利用する炭素-水素結合の切断を経るカップリングの概念図

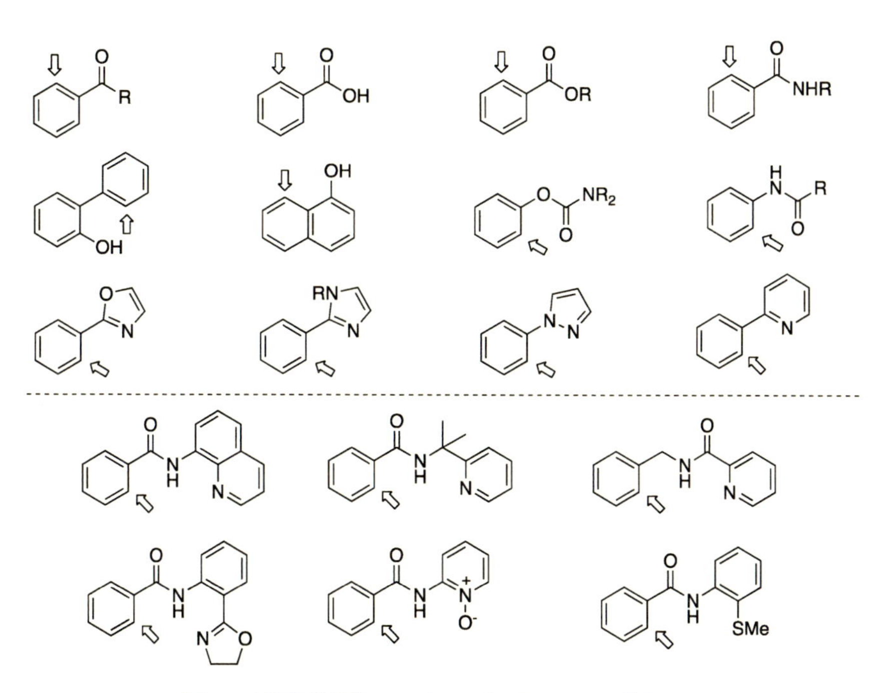

図3　直接的芳香族カップリングに用いられる基質の例

媒による芳香族ケトンのオレフィンによる効率的なオルト位アルキル化（式1[7]，第2章参照）が契機となって配向基を活用する様々な直接的芳香族カップリング反応が開発されてきた。

+ Si(OEt)$_3$ —cat. $RuH_2(CO)(PPh_3)_3$, toluene, 135 °C, 2 h→ Si(OEt)$_3$ 93%　（式1）

図3に，直接的芳香族カップリングに用いられる基質の例を示す。上の三段には単座配向基，下の二段には二座配向基と呼ばれる官能基をもつ基質を示しているが，特に後者は第一周期の遷移金属を用いる反応に有効であることが多い[4]。

一方で，電子豊富あるいは電子不足ベンゼン類やヘテロ芳香族化合物では配向基がなくとも炭素-水素結合切断反応が効率よく進行する[8]。特にヘテロ芳香族基質（図4）を用いる反応は位置選択性が高く，生理活性化合物や有機機能性材料の合成にしばしば直接カップリングが用いられる。

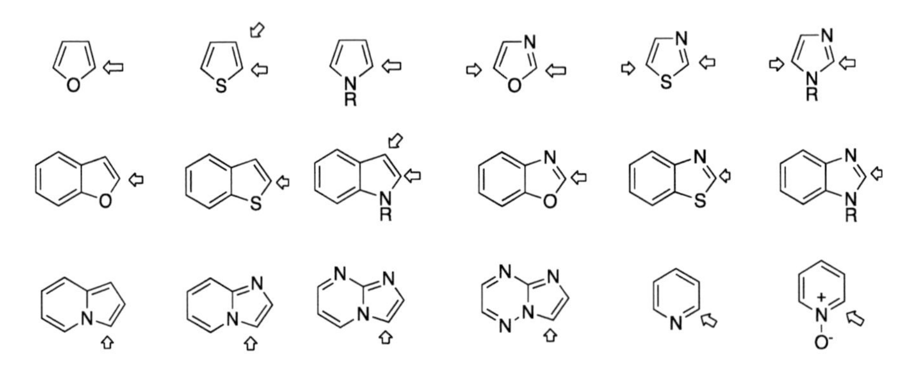

図4　直接カップリングを受けるヘテロ芳香族化合物の例

4　直接的芳香族カップリング反応の例

4.1　芳香族 C-H アリール化および脱水素ビアリールカップリング

1997年に筆者らは，配位性官能基を活用する効率的な分子間 C-H アリール化反応の最初の例の一つとして，2-フェニルフェノール類とヨウ化アリールとのパラジウム触媒カップリングを報告した（式2）[9]。この反応では，系中で生成したアリールパラジウム中間体へのフェノール性酸素の配位を経て C-H 結合切断が起こり，ジアリールパラジウム中間体を与え，続く還元的脱離によりカップリング生成物が生成する。以来，配位性官能基が関与する C-H アリール化反応は，国内外を問わず活発に研究され，現在では，配位子，添加物，溶媒を適切に選ぶことにより，芳香族ヨウ化物だけでなく臭化物や塩化物を用いて様々な芳香族基質（図3）に適用できるようになっている。また，触媒金属として，パラジウムのほか，ルテニウム，ロジウム，ニッケルなどが利用可能である[4)]。

cat. $Pd(OAc)_2$
Cs_2CO_3/MS4A
DMF
100 °C
R = Me: 22 h, 69%
R = OMe: 7 h, 85%
R = NO_2: 44 h, 73%
Pd(0)
Pd-I
-HI
O-Pd
C-H切断
Pd
-Pd(0)
還元的脱離
（式2）

このようなカップリング反応における炭素-水素結合切断段階の機構[5)]としては，しばしば提案されている求電子的なメタル化（図5 (i)，Xはハロゲンや塩基などのアニオン性配位子）と続く脱ハロゲン化水素が考えられるが，式2のように3′位にニトロ基のような電子求引基が存在しても反応が進行することから，別の機構の関与も考えられる。そのような電子不足環の反応に対しては，メタル化の段階で塩基によるプロトンの引き抜きが協奏的に起こる機構（concerted metalation deprotonation＝CMD）が提案されている[10)]（図5 (ii)，Xは塩基)。また，酸化的付加（図5 (iii)）や挿入を経る経路（図5 (iv)）が提案されることもある。すなわち，反応機構は用いる基質や反応条件によって変化する。

一方，五員環の芳香族複素環化合物は反応性に富み，配位性官能基がない場合もC-Hアリール化反応を受ける（図4)。このタイプのパラジウム触媒反応は1980年代にすでに報告されているが[11)]，筆者らは，式1と同様の条件でアゾール化合物がうまくアリール化され，特にイミダゾールやチアゾール誘導体では1価の銅塩を添加すると反応が劇的に促進されることを見出している[12)]。関連する銅添加系が，キログラムスケールで実施できることが明らかにされている（式3)[13)]。酸化剤存在下で，芳香族ハロゲン化物の代わりに芳香族金属反応剤を用いても同様の反応が進行する（式4[14)]，酸化剤は空気)。

(i)　(ii)　(iii)　(iv)

図5　パラジウムによる炭素-水素結合切断機構

cat. $PdCl_2(PCl\mathit{t}\text{-}Bu_2)_2$
cat. Cu(Xantphos)I
Cs_2CO_3/toluene
100 °C
Br–C6H4–OMe
96%
（式3）

benzoxazole + $(HO)_2B$–C_6H_4–Me → cat. $NiBr_2$/bpy, air/K_3PO_4/DMAc, 120 °C, 4 h → 73%　(式4)

配向基および脱離基の双方の働きをするカルボキシル基のような官能基を複素環に導入すると，マルチアリール化が可能となる。例えば，カルボキシインドール類では，配向基の関与する隣接位アリール化と脱炭酸を伴うイプソアリール化が連続的に進行し，2,3-ジアリールインドールを一度の処理で得ることができる（式5）[15]。

cat. $Pd(OAc)_2$, PCy_3, Cs_2CO_3, *o*-xylene, reflux　R = OMe, 93%　R = CF_3, 78%　(式5)

より直接的な反応として，二つの基質ともハロゲン化や金属化を施すことなく，直接クロスカップリングをさせる反応法も活発に研究されている[16~18]。最初の例の一つとして Fagnou らの反応[19]を式6に示すが，ほとんどのこのタイプの反応は，パラジウム触媒存在下，量論量の銅塩や銀塩を酸化剤として添加して行われる。筆者らは，適切な配向基を用いればインドールとアゾール類やベンゼン環とアゾールの反応が，パラジウムを添加せずとも銅塩のみで進行することを見出している（式7，8）[20,21]。

cat. $Pd(OCOCF_3)_2$, 3-nitropyridine, $Cu(OAc)_2$, CsOPiv, 110 °C → 64%　(式6)

cat. $Cu(OAc)_2$/AcOH, air, *o*-xylene, 150 °C, 4 h → 81%　(式7)

$Cu(OAc)_2$, *o*-xylene, 135 °C, 4 h → 90%　(式8)

4. 2　C-H アルケニル化

1967 年に守谷と藤原は，量論量の 2 価パラジウム存在下，ベンゼンとスチレンがカップリングし，スチルベンを与えることを報告した（図 1（E），R = Ph）[22]。これが Fujiwara-Moritani 反応の原型である。このタイプの反応では，反応初期のアリールパラジウム中間体の生成における位置選択性（o, m, p 配向性）の制御と適当な酸化系の構築による反応の効率的触媒化が中心的課題である（図 6）。

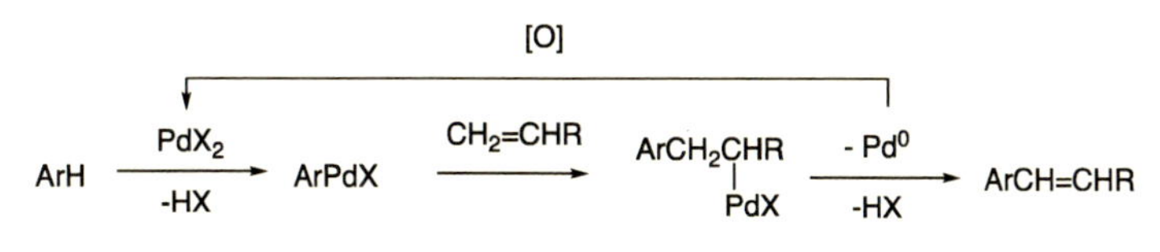

図 6　Fujiwara-Moritani 反応の機構

筆者らは，配位性官能基をもった基質が位置選択的にパラデーションを受け，これがアルケンと反応することに着目し，その触媒化を検討した。最初の成功例として，式 2 で用いた 2-フェニルフェノールが銅塩および空気存在下でうまくスチレンやアクリル酸エステルと反応することを見出した（式 9）[23]。アクリル酸エステルを用いた反応ではアルケニル化後，系中で分子内環化が進行し含酸素複素環が生成する。

cat. $Pd(OAc)_2$
cat. $Cu(OAc)_2 \cdot H_2O$
air/DMF, MS4A
80-120 °C
R = Ph, 68%
R = CO_2Et, 80%
PdX_2
-2HX
CuX_2, air
Pd^0

（式 9）

この形式の反応は，様々な芳香族基質（図 3）に適用可能であるが，しばしばパラジウムブラック析出による触媒失活が起こりやすいのが問題点である。これを克服すべく検討を行った結果，パラジウム触媒の代わりにロジウム触媒を用いると高効率で反応が進行することを見出し，2007 年に安息香酸を基質に用いる反応を最初の例として報告した[24]。ロジウム触媒反応は一般性が高く，様々な配向基をもつベンゼン誘導体がアルケンやアルキンとの反応を受ける（第 4 章参照）[4, 25]。式 10 に 1-フェニルピラゾールの反応例の一つを示す[26, 27]。スチレンやアクリル酸エステルの反応では，アルケンの量を加減することにより，モノおよびジアルケニル化体がそれぞれ選択的に得られる。また，スチレンとアクリル酸エステルを順次添加すると両オルトが非対称にアルケニル化された生成物を良好な収率で得ることができる。

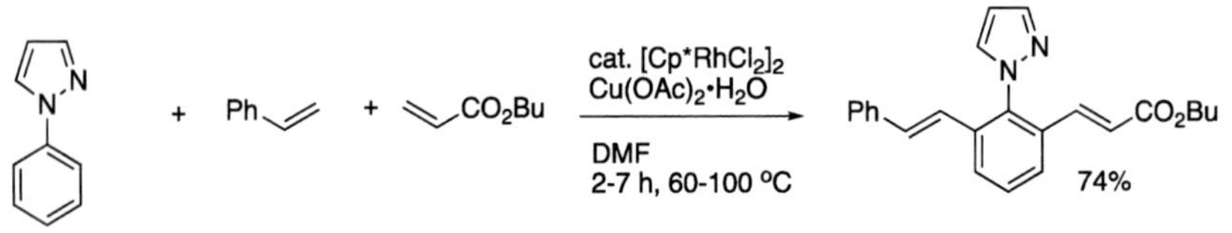

(式 10)

一方，ベンゼン環だけでなく，ヘテロ芳香族環上への酸化的アルケニル化も活発に研究されている。式 11 にルテニウム触媒を用いたチオフェンカルボン酸とアクリル酸エステルとの反応を示す[28]。また，C-H アリール化と同様に，配向基がなくても位置選択的なアルケニル化反応がしばしば観測される。式 12 にパラジウム触媒を用いたチアゾール環へのアルケニル化の例を示す[29]。

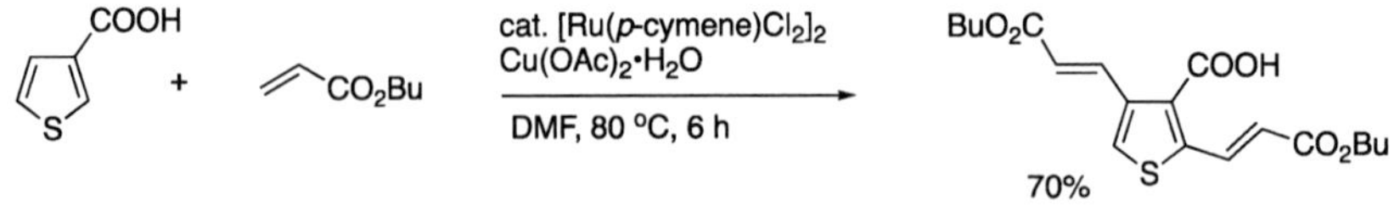

(式 11)

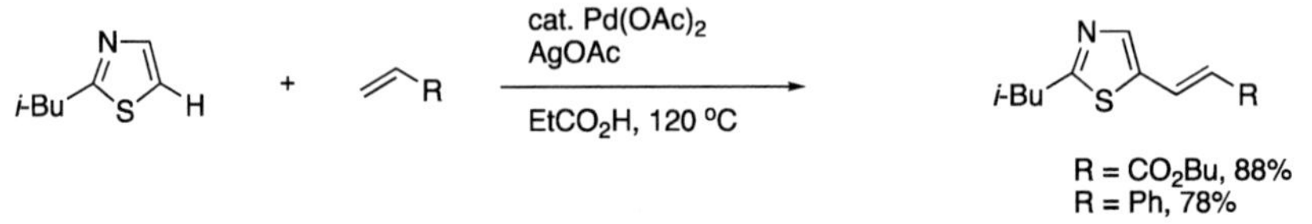

(式 12)

配向基とベンゼン環の距離をリンカーで調節すると，メタ位やパラ位での反応も可能となることが報告されている（式 13，14）[30,31]。

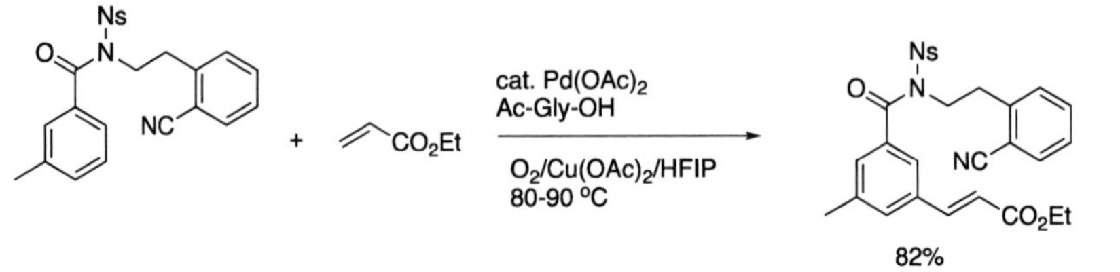

(式 13)

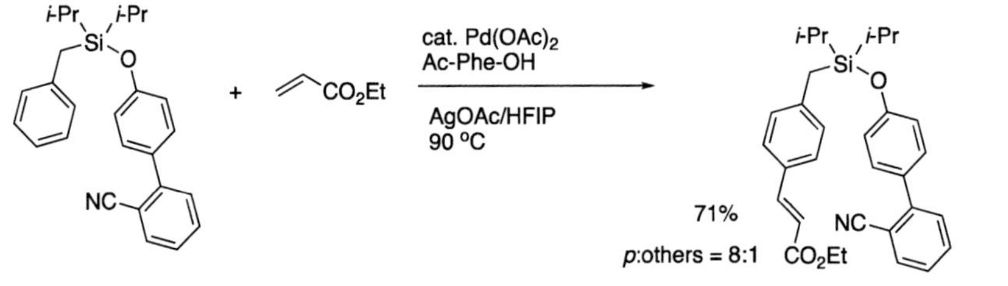

(式 14)

配向基を用いない単純芳香族化合物の C-H アルケニル化も研究が進んでいる[16~18]。一般にパラジウム触媒を用いると，電子的及び立体的要因の双方が働き，例えばナフタレンの反応では 1 位と 2 位のアルケニル化物の混合物が生成する。これに対し，ロジウムは立体的要因が支配的な傾向にあり，ナフタレンの 2 位選択的アルケニル化が可能である（式 15）[32]。

+ CO_2Cy → cat. $[RhCl(C_2H_4)_2]_2$, $Cu(OCOEh)_2$, Ag_2SO_4 / cyclohexane, 140 °C, 24 h → CO_2Cy 76%　（式 15）

4. 3　C-H アルキニル化

芳香族ハロゲン化物と末端アルキンとの反応（Heck-Cassar-Sonogashira カップリング）（図1（G））は，芳香族アセチレン化合物の合成に不可欠であり，現在頻繁に用いられている。この反応は，アセチレンの C-H アリール化と見做すこともできる。その逆形式，すなわちアルキニルハロゲン化物を用いた芳香族 C-H アルキニル化反応が開発されている。式 16[33]には配向基を用いる反応，式 17[34]にはヘテロ芳香族の反応の例を示している。また，脱水素型カップリング反応（図1（H））も，例は少ないが開発されている。式 18[35]にアゾールとアルキンの脱水素カップリング反応の例を示す。

COOH + Br—≡—Si(*i*-Pr)$_3$ → cat. $[Cp^*IrCl_2]_2$ / $KHCO_3$/*t*-AmOH, 30 °C, 24 h → COOH, Si(*i*-Pr)$_3$ 82%　（式 16）

N, O + Br—≡—Ph → cat. Ni(cod)$_2$/dppbz / *t*-BuOLi/toluene, reflux, 3 h → N, O 84%　（式 17）

Cl, N, O + H—≡—Si(*i*-Pr)$_3$ → cat. $NiBr_2$•diglyme/dtbpy / O_2/*t*-BuOLi/toluene, 80 °C, 1 h → Cl, N, O, Si(*i*-Pr)$_3$ 61%　（式 18）

4. 4　直接的 C-N，C-O，C-S カップリング

芳香族ハロゲン化物とアミンとの C-N 結合生成反応は，医薬や機能性材料合成にしばしば用いられている。銅を用いる Ullmann カップリングが古くから知られているが，パラジウムを用いる，いわゆる Buchwald-Hartwig アミノ化が，効率的で適用範囲が広いことから近年多用されるようになっている。一方，芳香族 C-H 結合アミノ化反応において，逆 Ullmann カップリングとも言えるハロアミンやヒドロキシルアミンを用いた反応が開発されている。クロロアミンを用いた配向基補助のカップリング反応およびアゾールの C-H アミノ化の例を式 19[36]と式 20[37]にそれぞれ示す。これらは温和な条件で進行することが特徴である。また，脱水素型の，いわゆる C-H/N-H カップリング反応も活発に研究されている。それらの例を式 21[38]と式 22[39]に示す。

NHOPiv + Cl–N(CO$_2$Et)
cat. [Cp*RhCl$_2$]$_2$
CsOAc/PivOH
MeOH, rt, 16 h
82%
(式 19)

+ Cl–N(morpholine)
cat. Cu(acac)$_2$/bpy
t-BuOLi/toluene
rt, 2 h
81%
(式 20)

NHC$_6$F$_5$ + morpholine
cat. [Cp*RhCl$_2$]$_2$
2-Me-quinoline
Ag$_2$CO$_3$/PhCO$_2$Na
toluene, 90 °C, 16 h
82%
(式 21)

+ HN=S(O)(Ph)Me
cat. Cu(OAc)$_2$•H$_2$O
air/K$_3$PO$_4$/DMF
rt, 8 h
91%, > 99% ee
(式 22)

直接的芳香族C–OカップリングやC–Sカップリングも開発されている。配向基補助の反応例を式23[40]と式24[41]に示す。式24ではジスルフィドをアリールチオ源および酸化剤として用いていることが特徴である。

+ AcOH
cat. [Ru(*p*-cymene)Cl$_2$]$_2$
air/Ag$_2$CO$_3$/PhCl
140 °C, 15 h
AcO
74%
(式 23)

+ ArSSAr
Ar = *p*-anisyl
cat. NiCl$_2$
o-NO$_2$PhCO$_2$H
Na$_2$CO$_3$/Bu$_4$NI
DMSO, 130 °C, 24 h
OMe
78%
(式 24)

5 おわりに

ベンゼン環やヘテロ芳香族環上でのC–Hアリール化，アルケニル化，アルキニル化，アミノ化等について，筆者らの開発した反応を含め，代表的な例を示しながら反応の形式について概説した。上述のように，様々な遷移金属をそれぞれの特徴を活かしながら多様な反応が開発されている。この分野の研究は1990年代から活発化し，国内外を問わず多くの研究者が関わってきており，今も日進月歩を続けている。従来型の反応を補完するだけでなく，直接法だからこそ達成できる新反応の開発とともに，開発された反応に対する触媒効率の改善や基質適用範囲の拡大，すなわち実用的反応への発展が期待されるところである。直接的芳香族カップリングが，真に実用的かつ環境調和性をもって豊かな現代社会を支える有用化合物の実践的合成に利用されることがこの研究分野の目標である。

文　　献

1) A. de Meijere, S. Bräse, M. Oestreich, *Metal-Catalyzed Cross-Coupling Reactions and More*, Wiley-VCH, Weinheim (2014)
2) C. C. C. Johansson Seechurn, M. O. Kitching, T. J. Colacot, V. Snieckus, *Angew. Chem. Int. Ed.*, **51**, 5062 (2012)
3) 岩澤，茶谷，村上，不活性結合・不活性分子の活性化，日本化学会編 (2011)
4) C. Sambiagio, D. Schönbauer, R. Blieck, T. Dao-Huy, G. Pototschnig, P. Schaaf, T. Wiesinger, M. F. Zia, J. Wencel-Delord, T. Besset, B. U. W. Maes, *Chem. Soc. Rev.*, **47**, 6603 (2018)
5) M. Miura, T. Satoh, K. Hirano, *Bull. Chem. Soc. Jpn.*, **87**, 751 (2014)
6) J. P. Kleiman, M. Dubeck, *J. Am. Chem. Soc.*, **85**, 1544 (1963)
7) S. Murai, F. Kakiuchi, S. Sekine, Y. Tanaka, A. Kamatani, M. Sonoda, N. Chatani, *Nature*, **366**, 529 (1993)
8) T. Satoh, M. Miura, *Chem. Lett.*, **36**, 200 (2007)
9) T. Satoh, Y. Kawamura, M. Miura, M. Nomura, *Angew. Chem. Int. Ed. Engl.*, **36**, 1740 (1997)
10) D. Lapointe, K. Fagnou, *Chem. Lett.*, **39**, 1118 (2010)
11) Y. Akita, Y. Itagaki, S. Takizawa, A. Ohta, *Chem. Pharm. Bull.*, **37**, 1477 (1989)
12) S. Pivsa-Art, T. Satoh, Y. Kawamura, M. Miura, M. Nomura, *Bull. Chem. Soc. Jpn.*, **71**, 467 (1998)
13) J. Huang, J. Chan, Y. Chen, C. J. Borths, K. D. Baucom, R. D. Larsen, M. M. Faul, *J. Am. Chem. Soc.*, **132**, 3674 (2010)
14) H. Hachiya, K. Hirano, T. Satoh, M. Miura, *ChemCatChem*, **2**, 1403 (2010)
15) M. Miyasaka, A. Fukushima, T. Satoh, K. Hirano, M. Miura, *Chem. Eur. J.*, **15**, 3674 (2009)
16) S. H. Cho, J. Y. Kim, J. Kawak, S. Chang, *Chem. Soc. Rev.*, **40**, 5068 (2011)
17) C. Liu, H. Zhang, W. Shi, A. Lei, *Chem. Rev.*, **115**, 12138 (2015)
18) Y. Yang, J. Lan, J. You, *Chem. Rev.*, **117**, 8787 (2017)
19) D. R. Stuart, K. Fagnou, *Science*, **316**, 1172 (2007)
20) M. Nishino, K. Hirano, T. Satoh, M. Miura, *Angew. Chem. Int. Ed.*, **51**, 6993 (2012)

21) M. Nishino, K. Hirano, T. Satoh, M. Miura, *Angew. Chem. Int. Ed.*, **52**, 4457 (2013)
22) I. Moritani, Y. Fujiwara, *Tetrahedron Lett.*, **8**, 1119 (1967)
23) M. Miura, T. Tsuda, T. Satoh, M. Nomura, *Chem. Lett.*, **1997**, 1103
24) K. Ueura, T. Satoh, M. Miura, *Org. Lett.*, **9**, 1407 (2007)
25) T. Satoh, M. Miura, *Chem. Eur. J.*, **16**, 11212 (2010)
26) N. Umeda, H. Tsurugi, T. Satoh, M. Miura, *Angew. Chem. Int. Ed.*, **47**, 4019 (2008)
27) N. Umeda, K. Hirano, T. Satoh, M. Miura, *J. Org. Chem.*, **74**, 7094 (2009)
28) T. Ueyama, S. Mochida, T. Fukutani, K. Hirano, T. Satoh, M. Miura, *Org. Lett.*, **13**, 706 (2011)
29) M. Miyasaka, K. Hirano, T. Satoh, M. Miura, *J. Org. Chem.*, **75**, 5421 (2010)
30) S. Li, L. Cai, H. Ji, L. Yang, G. Li, G. Li, *Nat. Commun.*, **7**, 10443 (2016)
31) S. Bag, T. Patra, A. Modak, A. Deb, S. Maity, U. Dutta, A. Dey, R. Kancherla, A. Maji, A. Hazra, M. Bera, D. Maiti, *J. Am. Chem. Soc.*, **137**, 11888 (2015)
32) K. Ghosh, G. Mihara, Y. Nishii, M. Miura, *Chem. Lett.*, **48**, 148 (2019)
33) C. Chen, P. Liu, J. Tang, G. Deng, X. Zeng, *Org. Lett.*, **19**, 2474 (2017)
34) N. Matsuyama, K. Hirano, T. Satoh, M. Miura, *Org. Lett.*, **11**, 4156 (2009)
35) N. Matsuyama, M. Kitahara, K. Hirano, T. Satoh, M. Miura, *Org. Lett.*, **12**, 2358 (2010)
36) C. Grohmann, H. Wang, F. Glorius, *Org. Lett.*, **14**, 656 (2012)
37) T. Kawano, K. Hirano, T. Satoh, M. Miura, *J. Am. Chem. Soc.*, **132**, 6900 (2010)
38) H.-W. Wang, Y. Lu, B. Zhang, J. He, H.-J. Xu, Y.-S. Kang, W.-Y. Sun, J.-Q. Yu, *Angew. Chem. Int. Ed.*, **56**, 7449 (2017)
39) M. Miyasaka, K. Hirano, T. Satoh, R. Kowalczyk, C. Bolm, M. Miura, *Org. Lett.*, **13**, 359 (2011)
40) T. Okada, K. Nobushige, T. Satoh, M. Miura, *Org. Lett.*, **18**, 1150 (2016)
41) C. Lin, D. Li, B. Wang, J. Yao, Y. Zhang, *Org. Lett.*, **17**, 1328 (2015)

第2章　Ru触媒芳香族C–Hカップリング反応

垣内史敏*

1　はじめに

ルテニウム錯体を用いた炭素-水素結合（以下C–H結合と記述）切断反応は古くから知られており，化学量論反応に関する研究に加えてC–H結合の触媒的官能基化反応に利用することも行われていた。例えば，$[RuH_2(PPh_3)_4]$[1)]や$[Ru(H)_2(H_2)(PPh_3)_3]$[2)]とベンゾフェノンとの反応により，オルト位C–H結合がルテニウムへ酸化的付加した錯体が生成することや，メタクリル酸エステルのβ位C–H結合のルテニウムへの酸化的付加[3)]等の化学量論反応が1970年代半ばから報告されていた。適用可能な基質の種類は限定的であるが，先駆的触媒反応の例として，1986年にトリアリールホスファイトをメディエーターに用いたフェノール類のオルト位C–H結合のエチレンやプロピレンへの付加反応（図1）[4)]や1992年にピリジン類が一酸化炭素とアルケンによりα位選択的にアシル化される反応が報告されている（図2）[5)]。これらの量論反応と触媒反応ではヘテロ原子の金属への配位が関与し，位置選択的な結合切断や生成が達成されている。

基質適用範囲が広く，選択性と効率が高い触媒的C–H結合官能基化の例が1993年に初めて報告された。芳香族ケトンと末端アルケンとの反応を$[RuH_2(CO)(PPh_3)_3]$（**1**）や$[Ru(CO)_2(PPh_3)_3]$錯体を触媒に用いてトルエン還流条件下で行うと，カルボニル基のオルト位アルキル化生成物のみが高収率で生成する（図3）[6)]。この研究成果が報告されて以来，それまで困難視されていたC–H結合の触媒的官能基化反応に関する研究が世界的に行われるようになり，ルテニ

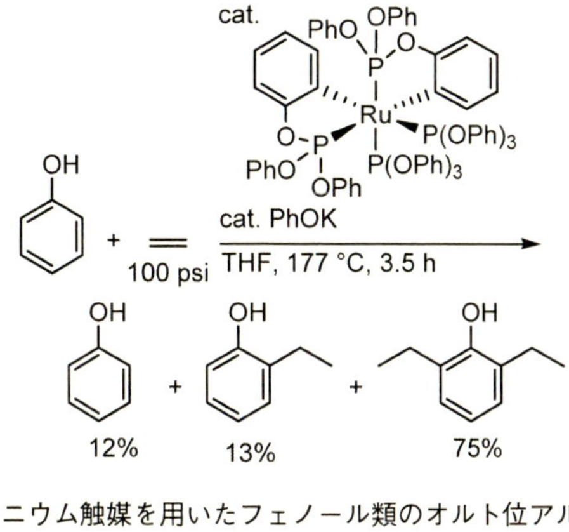

図1　ルテニウム触媒を用いたフェノール類のオルト位アルキル化反応

* Fumitoshi Kakiuchi　慶應義塾大学　理工学部　化学科　教授

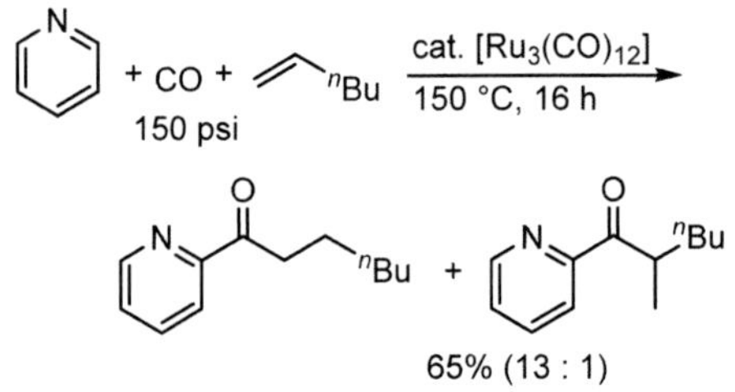

図2　ルテニウム触媒を用いたC-H結合のアシル化反応の先駆的な例

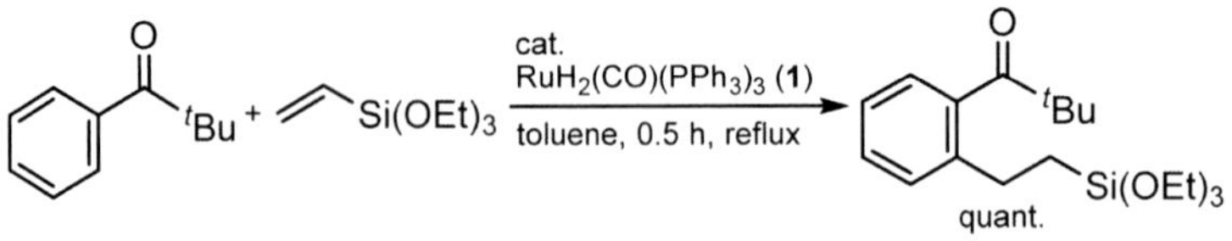

図3　ルテニウム触媒を用いたC-H結合の効率的アルキル化反応の最初の例

ウムだけでなく様々な遷移金属錯体触媒を用いた多様な型の官能基導入法が開発されている。

本稿では，ルテニウム触媒を用いたC-H結合の官能基化のうち，C-C結合生成反応であるアルキル化，アルケニル化，アリール化およびカルボニル基導入反応に限定し，その中からいくつかの代表的な研究例を紹介する。

なお，結合生成に関与する炭素のC-H結合切断段階に金属が関与しない反応は，本稿の範囲外とする。また，ルテニウム触媒を用いたC-H結合の官能基化に関する様々な総説があるので，そちらも参考にしていただきたい[7]。

2　アルキル化反応

アルキル化反応は大別して3つの形式がある。一つはC-H結合のアルケンへの付加反応であり，2つ目はハロゲン化アルキルなどの脱離基をもつアルキル化剤やアルキル金属種との反応，3つ目はアルカンとの脱水素型酸化を経る反応である。これらの代表的な例を紹介する。

2.1　アルケンへの付加反応

アルケンへの付加を経るアルキル化は原子効率100%の反応であり，入手容易なアルケンが原料に使えることから有用性が高い反応である。この反応は2つの形式で進行することが知られている。1つ目は，C-H結合の低原子価ルテニウム錯体への酸化的付加を経る反応であり，2つ目はoxidative hydrogen migration（訳語は定着していないが，本稿では「酸化的水素移動」と表現する）を経る反応である。

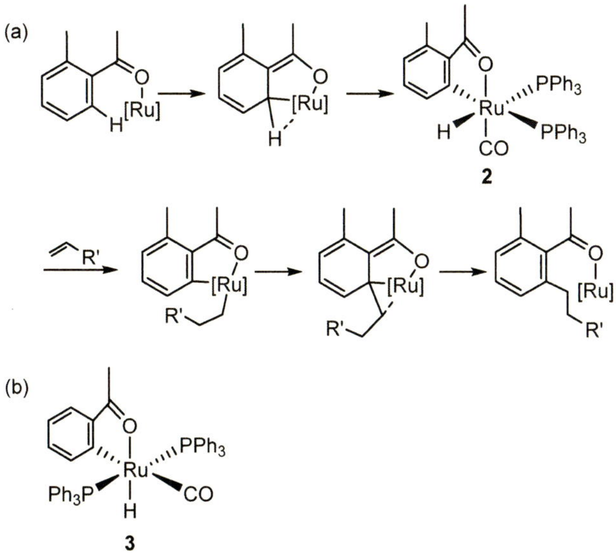

図4　芳香族ケトンとアルケンとのカップリング反応の反応機構

酸化的付加を経て進行する効率的な最初の例は，図3に示した錯体**1**を触媒に用いた芳香族ケトンと末端アルケンとの反応カップリング反応である。この反応の機構に関して動力学的手法やスペクトル解析に基づく研究[8)]ならびに理論学計算により[9)]，図4aに示す様なオルト位炭素上へのルテニウムの求核的な攻撃を経てオルトメタル化錯体**2**が生成して進行することが提案されている。また，反応の律速は還元的脱離段階であることを実験的に示している。このルテニウム錯体はエステル，ホルミル，イミノ，オキサゾリル，シアノ基などを配向基にもつ様々な芳香族ならびにヘテロ芳香族化合物とアルケンとのカップリング反応に利用することが可能である[10)]。

錯体**1**以外を触媒に用いたアルケンとのカップリング反応もいくつか報告されている。Whittleseyらは，$[Ru(PPh_3)_3(CO)(C_2H_4)]$ や $[RuH(\textit{o}\text{-}C_6H_4C(O)CH_3)(PPh_3)_3]$，$[RuH(\textit{o}\text{-}C_6H_4C(O)CH_3)(PPh_3)_2(DMSO)]$ 錯体はアルケンとの反応に対して触媒活性をもつが，$[RuH(\textit{o}\text{-}C_6H_4C(O)CH_3)(PPh_3)_2(CO)]$（**3**）（図4b）はほぼ活性が無いと報告している[11)]。一方，垣内らは錯体**3**の構造異性体である錯体**2**（図4a）には高い触媒活性があることを報告している[8)]。わずかな構造の違いが触媒活性に大きな影響を与えることは興味深い。

また，他の $[Ru(H)_2(H_2)(PCy_3)_2]$ 錯体[12)]や $[\{(PCy_3)(CO)RuH\}_4(\mu_4\text{-}O)(\mu_3\text{-}OH)(\mu_2\text{-}OH)]/HBF_4\cdot OEt_2$ 系[13)]，$[RuCl_2(\textit{p}\text{-cymene})]_2$(**4**)$/NaHCO_2/PAr_3$ 系[14a)]，$[RuCl_3\cdot xH_2O]/NaHCO_2/PAr_3$ 系[14b)]なども芳香族ケトンとアルケンとのカップリング反応に対して活性をもつことが報告されている。いずれの場合も，系中で0価のルテニウム種が発生し，それに対してオルト位C-H結合が酸化的付加し，アルキル化が進行すると考えられている。

2つ目の形式である酸化的水素移動を経る反応では，[TpRu(L)(Me)(NCMe)]（Tp＝トリピラゾリルボレート；L＝CO, $P(\textit{N}\text{-pyrolyl})_3$，$P(OCH_2)_3CEt$, PMe_3）を触媒に用いれば，芳香族化

cat.
TpRu(CO)(NCMe)(Ph)
90 °C, 4 h
25 psi
55 TON

図5　酸化的水素移動を経るC-H結合のアルケンによるアルキル化

合物のアルケンによるアルキル化反応が進行することをGunnoeらは報告している（図5）[15]。この反応では，配位子Lとして電子求引性のものを用いた場合に高い触媒活性を示すことが明らかにされており，中でもCO配位子をもつ錯体がC-H結合のアルキル化に高い触媒活性を示す。一方，電子供与性のPMe_3をもつ錯体の場合には，アルケンの挿入が抑制されるため反応性が低下する。また，この反応は立体的要因に対しても敏感であることが報告されている。

2.2　脱離基をもつアルキル化剤を用いた置換型アルキル化

アルキル化剤としてアルキルギ酸エステルを用いた芳香族化合物のアルキル化反応は，[$Ru_3(CO)_{12}$] または [$RuCl_3 \cdot nH_2O$] 触媒存在下，200℃で進行する（図6a）[16]。この反応では配向基を用いないため位置選択性の制御はできないが，C-H結合アルキル化の先駆的な反応である。第一級ハロゲン化アルキルを用いるアルキル化反応は，錯体**4**/1-$AdCO_2H$（Ad＝アダマンチル基）触媒系を用いると効率的に進行する（図6b）[17]。

アリルアルコール類や酢酸アリル類を用いればC-H結合のアリル化反応が進行する。触媒として [$Cp^*RuCl(\mu_2\text{-}S^iPr)_2RuCp^*$]OTf（**5**）（$Cp^* = \eta^5\text{-}C_5Me_5$）を用い，パラキシレンとシンナミルアルコールとの反応により，シンナミル基がα位炭素で芳香環と結合した生成物が定量的に生成する（図6c）[18]。位置選択性は制御できないものの，無保護のフェノールのアリル化を行えるなどの利点がある。安息香酸類のカルボキシ基を配向基に利用したオルト位選択的γ位アリル化が，アリルアルコールやアリルエーテルをアリル化剤に用いて達成できる[19]。また，インドール類のヘテロ芳香環に限られるが，アリルアルコールのγ位炭素でC-C結合生成が進行する反応も知られている[20]。[$RuCl_2(cod)$]$_n$/PPh_3触媒系を用いた酢酸アリル類によるアリル化反応が，π-アリルルテニウム中間体を経てオルト位選択的に進行する（図6d）[21]。ピリジン環やピリミジン環を配向基としたアニリン類のオルト位アリル化反応では，導入されたアリル部位がアニリンのN-H部位と反応して，インドール骨格へと異性化する（図6e）[22]。

2.3　アルカンを用いた脱水素酸化型アルキル化反応

アルキル化剤としてアルカン（R-H）を用いる芳香環のアルキル化反応も開発されている。この反応では，まずC-H結合のルテニウムへの酸化的付加によりAr-Ru-H種が生成する。アルカンと*tert*-ブチルペルオキシド（$^tBuOO^tBu$）との反応で生成するアルキルラジカル（R･）が，このルテニウム種と反応してアルキル化されると提案されている（図7）[23]。

(a) + HCO_2CH_2Ph —cat. $[RuCl_3{\cdot}nH_2O]$, 200 °C, 6 h→ $-CH_2Ph$
77%
($o/m/p$ = 40:8:52)

(b) + $Br{-}C_6H_{13}$ —cat. **4**, cat. 1-$AdCO_2H$, K_2CO_3, NMP, 60 °C, 20 h→ C_6H_{13}
>73%

(c) + HO ... Ph —cat. **5**, 140 °C, 2 h→ Ph
>99%

(d) + OAc —cat. $[RuCl_2(cod)]_n$, cat. PPh_3, K_2CO_3, xylene/2-picoline, 120 °C, 20 h→ +
86% (85:15)

(e) NH, N + OAc —cat. **4**, cat. $AgSbF_6$, cat. NaOAc, DCE, 120 °C, 16 h→ N, N
82%

図6　脱離基をもつアルキル化剤を用いるC-H結合アルキル化の例

F, N + —cat. **4**, ${}^tBuOOBu^t$, 135 °C, 16 h→ F, N, $c{-}C_8H_{15}$
71%

図7　アルカンと過酸化物を用いるC-H結合アルキル化の例

3　アルケニル化反応

アルキル化反応と同様に，アルケニル化反応も付加反応や置換型反応，酸化的脱水素を経る反応の形式がある。ここでは，それぞれの形式の触媒反応のうち代表的な例を紹介する。

3.1　アルキンへの付加反応

C–H 結合のアルキンへの付加反応が，C–H 結合の遷移金属への酸化的付加，アルキンの挿入を経て進行する場合，C–H 結合がC≡C 結合にシス付加した生成物を与える。触媒 **1** を用いる芳香族ケトンのオルト位 C–H 結合のアルキンへの付加反応は，内部アルキンに対してのみ進行する（図 8a）[24]。また，触媒 **4** を用いたベンズアミド類の内部アルキンへの付加反応も知られている。非対称アルキンを用いた場合でも，C–H 結合がシス付加した 1,2,3–トリアリールエチレン類がレジオおよび立体選択的に得られる（図 8b）[25]。$[Ru_3(CO)_{12}]/NH_4PF_6$ 触媒系が末端アルキンとアニリン類との反応に有効であることが見出されている（図 8c）[26]。この反応では，1 分子のアニリン類が 2 分子のアルキンと反応して含窒素 6 員環化合物を与える。C–H 結合の切断は，アルケニルルテニウムがベンゼン環上へ 1,5–シフトを起こす際に進行する。

3.2　アルケンとの脱水素型酸化を経るアルケニル化反応

アルケンを用いて芳香環にアルケニル基を導入する反応の重要性は，芳香族ハロゲン化物を原料に用いる Mizoroki–Heck 反応が多用されていることからも明らかである。この反応では酸化剤が必要となる。チオフェン–2–カルボン酸とアクリル酸エステル類などの電子不足アルケンと

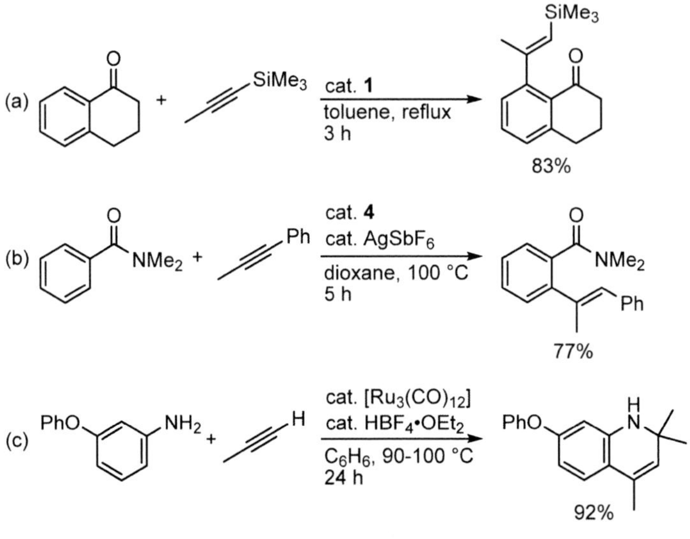

図 8　C–H 結合のアルキンへの付加を経るアルケニル化の例

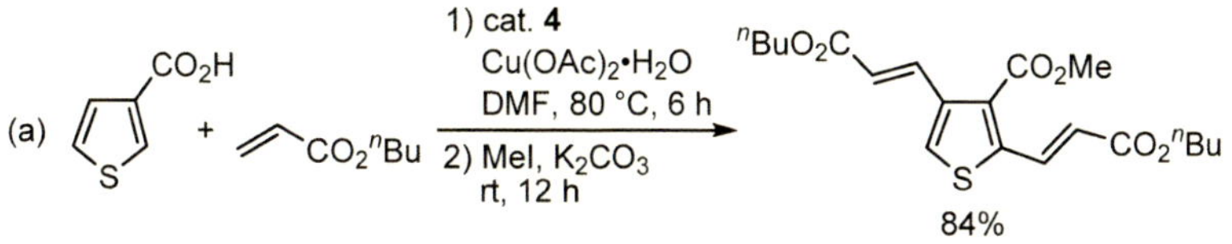

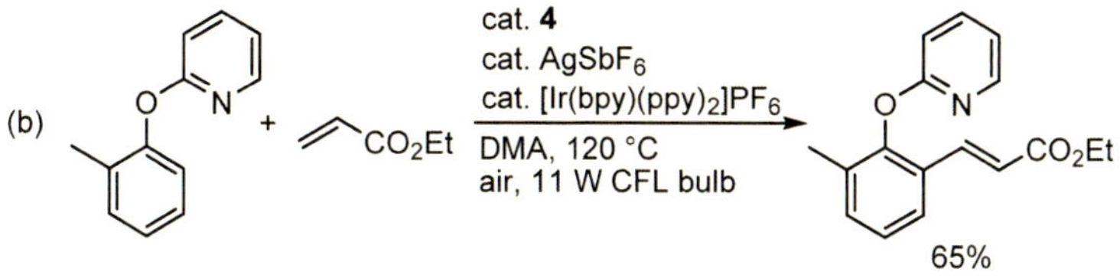

図9　アルケンとの脱水素型酸化を経るアルケニル化反応の例

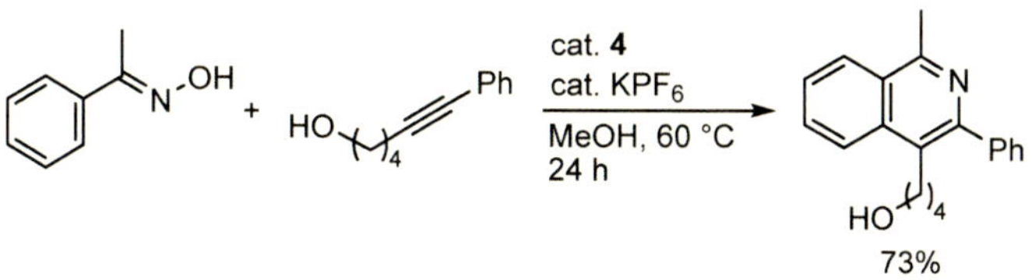

図10　アルキンとの環化を伴う酸化的アルケニル化反応の例

の反応を，触媒**4**存在下，$Cu(OAc)_2 \cdot H_2O$を再酸化剤に用いて行うと，3位にアルケニル基が導入されたトランスアルケンが生成する（図9a）[27]。同様の触媒を，水を溶媒にして行うと，ベンズアミド類やアニリド類のアルケニル化が進行する[28]。アルケンを用いる脱水素型C-Hアルケニル化反応では様々な配向基が利用できることや[29]，光レドックス条件下で行う反応系（図9b）[30]，1気圧の酸素だけを酸化剤に用いる反応系も開発されている[31]。また，酸化剤ではなく電解酸化により高原子価のルテニウムを再生させる反応系も開発されている[32]。

3.3　アルキンとの環化を伴う酸化的アルケニル化反応

配向基中にN-H部位をもつ基質とアルキンとの酸化的カップリングを行った場合や[33a〜c]，窒素上に脱離をもつ配向基を用いてアルキンとのカップリング反応を行った場合[33d]，芳香環とアルキンの間でのC-C結合生成に加えて，配向基の窒素とアルキンの炭素でC-N結合が生成したヘテロ環構築を行うことが可能である（図10）。

4　アリール化反応

芳香族化合物の直接アリール化反応は，ビアリール骨格を構築するために有用な反応である。

パラジウム触媒を用いた芳香族ハロゲン化物とアリール金属化合物とのクロスカップリング反応が開発されて以来，ビアリール化合物を合成する手法が大きく変わり，多様な型のビアリール化合物が簡便に合成できるようになった。これらの反応に取って代わることが期待される合成手法として，芳香族C-H結合切断を利用するアリール化剤とのカップリングがある。本節では，C-H結合での置換反応を経るアリール化反応とC-H結合の酸化的付加を経る反応を紹介する。

4.1 C-H結合での置換反応を経るアリール化反応

反応は大別して2つの形式がある。一つは，低原子価錯体への芳香族（擬）ハロゲン化物（Ar-X）の酸化的付加で高原子価ルテニウム種（Ar-Ru-X種）が生成し，それが芳香族化合物（Ar'-H）と反応する形式である。もう一つの形式は，RuX_2種が芳香族化合物（Ar-H）と置換反応を起こし，Ar-Ru-X種を生成し，その後別の芳香族化合物（Ar'-H）やアリール金属種（Ar'-m：mは典型金属元素）と反応する形式である。前者の反応では，低原子価のルテニウム種のAr-Xと反応し，求電子性をもつルテニウム種の発生と還元的脱離により低原子価ルテニウム種が再生する。一方後者の反応では，Ar-Hと反応する高原子価ルテニウム種が還元的脱離後には再生されない。そのため，ルテニウムを再酸化させるための酸化剤の使用が必要となる。どちらの形式の反応も数多くの報告例があるので，ルテニウム触媒を用いる系に特徴的な反応例について述べる。

4.1.1 芳香族（擬）ハロゲン化物などを用いるアリール化反応

効率的な反応の最初の例は，2001年に大井・井上らにより報告された［$RuCl_2(\eta^6\text{-}C_6H_6)$］$_2$/$PPh_3$触媒系を用いた2-アリールピリジン類と芳香族（擬）ハロゲン化物との反応である[34a)]。この型の反応は数多く報告されているが，最近，基質として5-アリールテトラゾールを用いたオルト位アリール化反応により，アンジオテンシンⅡ受容体拮抗薬が合成されているなど[35)]，ビアリール化合物を合成する際の有用な方法論となっている（図11）。フェノールとトシルクロリドとの反応により反応系中でアリールトシラートを発生させた後，芳香族化合物とカップリングさせる方法もある[36)]。また，高度にフッ素置換した芳香族化合物を基質に用いた場合には，配向基を用いなくてもアリール化が進行する[37)]。これらの反応ではいずれの場合も反応途上で酸が発生するため，それを中和するために塩基存在下で行う必要がある。

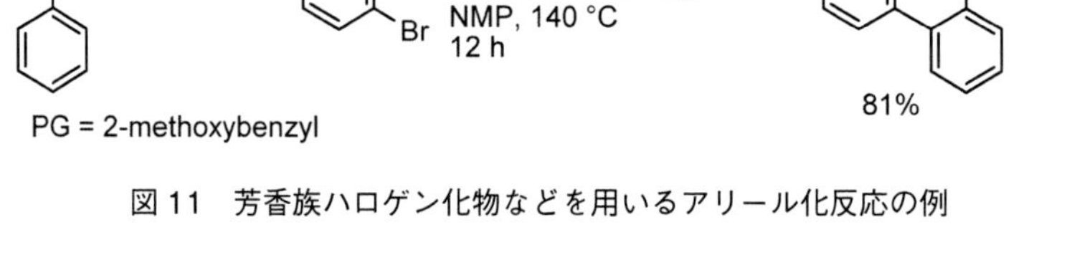

図11　芳香族ハロゲン化物などを用いるアリール化反応の例

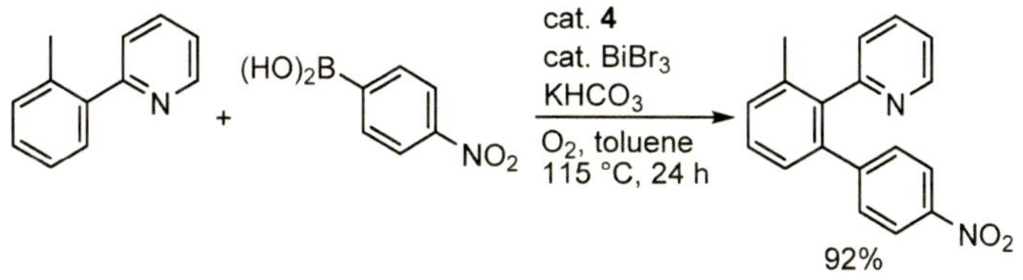

図12　アリールボロン酸を用いるアリール化反応の例

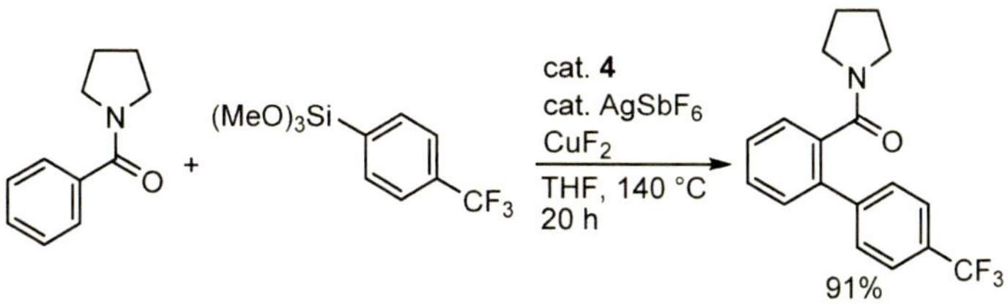

図13　アリールシランを用いるアリール化反応の例

4. 1. 2　アリール金属化合物を用いる置換型アリール化反応

芳香族化合物とルテニウム錯体の置換反応によりアリールルテニウム種が発生した後，アリールボロン酸[38]やアリールシラン[39]とカップリングし，ビアリール化合物を与える。これらの反応では酸化剤の使用は必須である。

2-アリールピリジンのC-H結合とアリールボロン酸とのカップリング反応によるアリール化が，**4**/$BiBr_3$/O_2系で効率的に進行することが見出されて以来（図12）[38a]，様々な配向基や酸化剤を用いたアリールボロン酸とのカップリングが報告されている[38]。これらの反応では，求電子的にC-H結合と反応できる錯体**4**や［$RuCl_2(PPh_3)_3$］が触媒前駆体として用いられる。このため，ビアリール化合物を与える還元的脱離後に生じる0価のルテニウム種を，再酸化させて2価ルテニウム種に変換する過程が必要となる。

アリールシランとのカップリング反応も知られている[39]。アリールシランの求核性が低いため，フッ素イオンで活性化する必要がある。CuF_2はフッ素イオン源としての働きに加えて，Ru(0)種をRu(Ⅱ)種へ再酸化する酸化剤としての働きも担っている（図13）。

4. 2　C-H結合の酸化的付加を経るアリールボロン酸エステルとのカップリング反応

芳香族ケトンのオルト位C-H結合のRu(0)種への酸化的付加を経るアリールボロン酸エステルとの反応が開発されている（図14）[40]。C-H結合のアリール化は置換型反応であるため，酸化的付加を経る場合にはRu-H種をアリールボロン酸エステルと反応できる中間体に変換する必要がある。この反応では，Ru-H種がピナコロンやアセトンのカルボニル基に付加してルテニウムアルコキシド種（Ru-OR）へ変換された後，アリールボロン酸エステル（Ar-B(OR')$_2$）とト

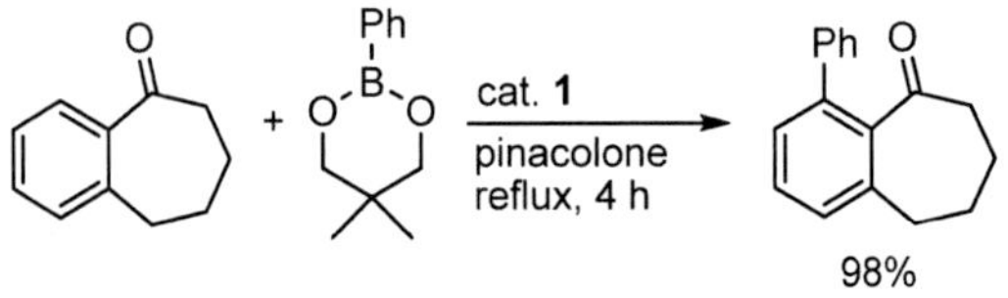

図 14　C-H 結合の酸化的付加を経るアリールボロン酸エステルによるアリール化反応の例

ランスメタル化を起こし，Ar-Ru-Ar' 種へ変換されると考えられている。ケトン，エステル，アミド，イミド，ニトリル基など，様々な配向基の利用が可能である[40,41]。

触媒前駆体としては，**1** や $[RuHCl(CO)(PPh_3)_3]$/塩基などが良好な活性を示すが[40,42]，トリフェニルホスフィン以外のアリールホスフィンをもつ $[RuH_2(CO)(PAr_3)_3]$ や $[RuHCl(CO)(PAr_3)_3]$/CsF 触媒系もアリール化反応に対して有効である[40i]。また，ルテニウム触媒を用いる際の特徴の一つと言えるが，C-H 結合の酸化的付加を経るにも関わらず，アリールボロン酸エステルの芳香環上に臭素やヨウ素などの反応性が高いハロゲノ基がある場合でも，これらの官能基を損なうことなく反応は進行する[41c]。ルテニウムホスフィン錯体以外にも，$[Ru_3(CO)_{12}]$ を触媒に用いる反応も開発されている[42]。この錯体を用いる場合には，イミノ基が配向基として良好な結果を与える。

5　カルボニル基導入反応

C-H 結合のアシル化反応は，ケトン基を導入できるため有機合成反応において有用である。また，Friedel-Crafts 型反応では直接導入できないエステル基やアミド基の触媒的直接導入反応は合成手法として有用である。

5.1　アシル基導入反応

一酸化炭素を C-H 結合間に挿入させるホルミル化反応は，吸熱反応であるため光照射条件下で行う必要がある。一方，一酸化炭素とアルケンを用いるアシル化反応は発熱反応となるため，熱的条件下で進行する。アシル化反応は，1992 年に Moore らにより報告され（図 2）[5]，その後村井・茶谷ら（図 15a）や他の研究者らにより様々な基質の位置選択的なアシル化反応に展開されている[43]。一酸化炭素の加圧と比較的高温が必要であるが，$[Ru_3(CO)_{12}]$ 触媒に用いることにより中性条件下でアシル基を導入することができる。使用できるアルケンの種類は基質の構造に大きく依存する。生成物であるアシルベンゼン類の C-C 結合が切断され原料に戻る現象も確認されている[43b]。

報告例は多くないが，一酸化炭素をカルボニル源に用いて 2-アリールピリジンや 3-(2-ピリジル)チオフェン類とハロゲン化アリールとの反応を，$[RuCl_2(cod)_n]$ 触媒存在下で行うと C-H 結合のアロイル化を行うことができる（図 15b）[44]。この場合，C-H 結合は 2 価のルテニウム種に

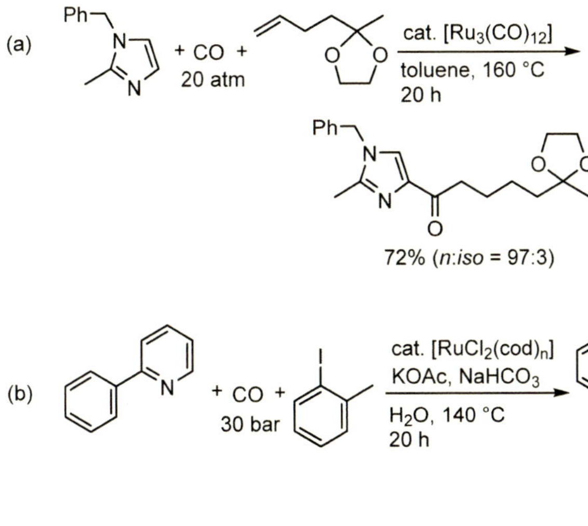

(a) + CO 20 atm + → cat. $[Ru_3(CO)_{12}]$ toluene, 160 °C 20 h

72% (*n*:*iso* = 97:3)

(b) + CO 30 bar + → cat. $[RuCl_2(cod)_n]$ KOAc, $NaHCO_3$ H_2O, 140 °C 20 h

74%

図15　一酸化炭素とアルケンとのカップリングによるC-H結合のアシル化反応の例

(a) + → cat. $[RuCl_2(PPh_3)_3]$ K_2CO_3 toluene, 120 °C 24 h

97%

(b) + → cat. $[RuH(C_6H_6)(PCy_3)(CO)BF_4$ cat. PPh_3 cat. K_2CO_3 PhCl, 110 °C, 12 h

78%

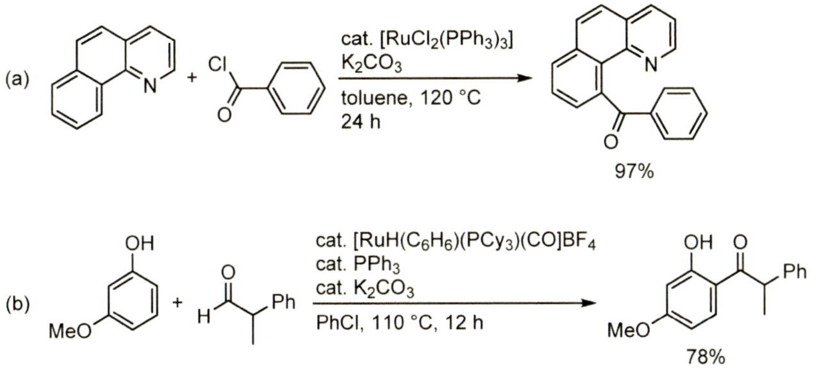

図16　カルボン酸クロリドやアルデヒドを用いるC-H結合のアシル化反応の例

よる置換反応により切断され，その後ハロゲン化アリールの酸化的付加，一酸化炭素の挿入を経て芳香環にアロイル基が導入されることが提唱されている。

アシル基導入の別の方法として，カルボン酸クロリド[45a,b)]やアルデヒド[45c)]を用いる方法がある。$[RuCl_2(PPh_3)_3]$触媒を用いたベンゾイルクロリドによるアリールピリジン類のベンゾイル化反応がある（図16a）[45a)]。化学量論反応の結果を基にして，C-H結合のルテニウムとの反応がベンゾイルクロリドとの反応よりも先に起こり，触媒反応が進行することが提唱されている。触媒**4**を用いた*N*-アリールピラゾールを基質に用いた反応では様々なアシルクロリドを用いることが可能である[45b)]。アルデヒドをカルボニル化剤として用いる場合には，生じる水素2原子を受け取る酸化剤が必要である。基質のアルデヒドを2当量用いることにより，アルデヒドが還元

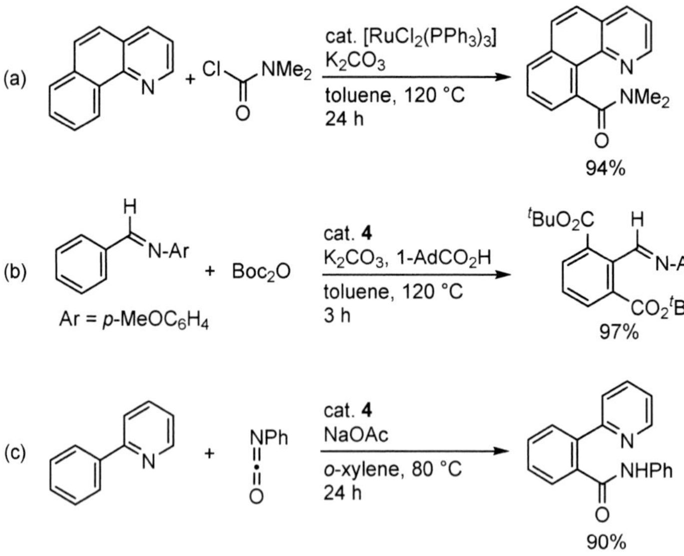

(a) + Cl–C(O)–NMe₂ → cat. [$RuCl_2(PPh_3)_3$], K_2CO_3, toluene, 120 °C, 24 h → NMe₂, O, 94%

(b) H, N-Ar, Ar = *p*-$MeOC_6H_4$ + Boc_2O → cat. **4**, K_2CO_3, 1-$AdCO_2H$, toluene, 120 °C, 3 h → ${}^{t}BuO_2C$, H, N-Ar, $CO_2{}^{t}Bu$, 97%

(c) N + NPh=•=O → cat. **4**, NaOAc, *o*-xylene, 80 °C, 24 h → N, NHPh, O, 90%

図 17　アミド基およびエステル基導入反応の例

された対応するアルコールを副生しながら触媒反応が進行する（図 16b）[45c]。

5.2　エステル基およびアミド基導入反応

Lewis 酸を用いる Friedel–Crafts 型の反応では，アミド基やエステル基を芳香環に導入することはできないが，ルテニウム触媒を用いれば，これらの官能基を位置選択的に導入できることが報告されている[46]。[$RuCl_2(PPh_3)_3$] 触媒存在下，カルバモイルクロリドをアミド源に用いた 2–アリールピリジンとの反応では，対応するベンズアミドが位置選択的に得られる（図 17a）[46a]。アルキルクロロギ酸エステルを用いた反応では，置換基をもたない 2–フェニルピリジンとの反応でも，モノエステル化体が選択的に得られる。エステル化剤として ^{t}BuOC(O)OC(O)O^{t}Bu（Boc_2O）を用い，2–アリールピリミジンやアルジミンとの反応を触媒 **4** 存在下で行うと，切断可能な C–H 結合が 2 つある場合，*tert*–ブトキシカルボニル基が 2 つ導入された生成物が選択的に得られる（図 17b）[46b]。

これらの置換型反応に対して，イソシアナートへの C–H 結合の付加反応によるアミド基の芳香環への触媒的導入反応も報告されている[47]。これらの反応では触媒 **4** が C–H 結合を置換反応により切断し，続いて Ru–C 結合がイソシアナートの C=N 結合へ付加，プロトン化を経てアミド基が導入される（図 17c）。

6　おわりに

有機合成において C–C 結合生成反応は重要であり，これまでに様々な手法が開発されている。

本稿ではルテニウム触媒を用いるC-H結合のC-C結合への変換反応について紹介してきた。反応の形式としては，電子豊富なRu(0)種やRu(Ⅱ)種へのC-H結合の酸化的付加を経る反応と，求電子性をもつRu(Ⅱ)種が関与したC-H結合での置換を経る反応がある。芳香族（擬）ハロゲン化物を基質とした他の遷移金属錯体触媒を用いる反応と比較して，ルテニウム錯体触媒系は官能基許容性が高いなど，ルテニウム錯体を用いる利点も多い。ホスフィン配位子をもつ0価ルテニウム錯体で，合成ならびに取り扱いが容易なものは少ないため，[$RuH_2(L)(PR_3)_n$] や [$RuHCl(L)(PR_3)_n$]，[$RuCl_2(L)_n$] 型錯体を触媒前駆体に用い，系中でRu(0)種へ変換するなどの手法が多用される。このことは，パラジウム錯体を用いる触媒反応において，$Pd(OAc)_2$ や $PdCl_2$ などの取り扱いやすい2価パラジウム錯体をホスフィンやアルキルアミンを用いて系中で還元させてPd(0)種を発生させる手法に似ている。様々な配位子をもつルテニウム錯体を系中で簡便に発生させる方法が確立されれば[14, 47]，これまで以上に多様な様式の反応を開発することが可能になると期待される。

本稿では触れなかったが，ルテニウム触媒を用いれば，C-C結合生成だけでなく，C-Si，C-B，C-halogen結合など，さらなる分子変換に利用できる炭素-ヘテロ原子結合をC-H結合を利用して生成することも可能である[7]。さらなる関連研究により，ルテニウムでしか達成できない触媒的分子変換法の開発などを達成できると期待される。

文　　献

1) D. J. Cole-Hamilton, G. Wilkinson, *Nouv. J. Chim.* **1**, 141 (1977)
2) D. E. Linn, Jr., J. Halpern, *J. Organomet. Chem.* **330**, 155 (1987)
3) (a) S. Komiya, A. Yamamoto, *Chem. Lett.* **4**, 475 (1975). (b) S. Komiya, T. Ito, M. Cowie, A. Yamamoto, J. A. Ibers, *J. Am. Chem. Soc.* **98**, 3874 (1976)
4) L. N. Lewis, J. F. Smith, *J. Am. Chem. Soc.*, **108**, 2728 (1986)
5) E. J. Moore, W. R. Pretzer, T. J. O'Connell, J. Harris, L. LaBounty, L. Chou, S. S. Grimmer, *J. Am. Chem. Soc.* **142**, 5888 (1992)
6) S. Murai, F. Kakiuchi, S. Sekine, Y. Tanaka, A. Kamatani, M. Sonoda, N. Chatani, *Nature*, **366**, 529 (1993)
7) (a) F. Kakiuchi, N. Chatani, "Ruthenium in Organic Synthesis", pp. 219-255, Wiley-VCH (2004). (b) F. Kakiuchi, N. Chatani, *Top. Organomet. Chem.*, **11**, 45 (2004). (c) N. Chatani, *Top. Organomet. Chem.*, **11**, 173 (2004). (d) T. B. Arockiam, C. Bruneau, P. H. Dixneuf, *Chem. Rev.*, **112**, 5879 (2012). (e) S. I. Kozhushkov, L. Ackermann, *Chem. Sci.*, **4**, 886 (2013). (f) L. Ackermann, *Acc. Chem. Res.*, **47**, 281 (2014). (g) S. D. Sarkar, W. Liu, S. I. Kozhushkov, L. Ackermann, *Adv. Synth. Catal.*, **356**, 1461 (2014). (h) L. Ackermann, *Org. Process Res. Dev.*, **19**, 260 (2015). (i) S. Ruiz, P. Villuenda, E. P. Urriolabeitia,

Tetrahedron Lett., **57**, 3413 (2016). (j) C. Bruneau, P. H. Dixneuf, *Top. Organomet. Chem.*, **55**, 137 (2016). (k) G.-F. Zha, H.-L. Qin, E. A. B. Kantchev, *RSC Adv.* **6**, 30875 (2016). (l) K. S. Singh, *Catalysts*, **9**, 173 (2019)
8) F. Kakiuchi, T. Kochi, E. Mizushima, S. Murai, *J. Am. Chem. Soc.*, **132**, 17741 (2010)
9) (a) T. Matsubara, N. Koga, D.G. Musaev, K. Morokuma, *J. Am. Chem. Soc.*, **120**, 12692 (1998). (b) T. Matsubara, N. Koga, D. G. Musaev, K. Morokuma, *Organometallics*, **19**, 2318 (2000)
10) (a) F. Kakiuchi, S. Murai, *Acc. Chem. Res.*, **35**, 826 (2002). (b) 垣内史敏, 有機合成化学協会誌, **62**, 14 (2004). (c) F. Kakiuchi, T. Kochi, *Synthesis*, 3013 (2008)
11) R. F. R. Jazzar, M. F. Mahon, M. K. Whittlesey, *Organometallics*, **20**, 3745 (2001)
12) Y. Guari, S. Sabo-Etienne, B. Chaudret, *J. Am. Chem. Soc.*, **120**, 4228 (1998)
13) C. S. Yi, D. W. Lee, *Organometallics*, **28**, 4266 (2009)
14) (a) R. Martinez, R. Chevalier, S. Darses, J.-P. Genet, *Angew. Chem. Int. Ed.*, **45**, 8232 (2006). (b) M.-O. Simon, J.-P. Genet, S. Darses, *Org. Lett.*, **12**, 3038 (2010)
15) (a) M. Lail, B. N. Arrowood, T. B. Gunnoe, *J. Am. Chem. Soc.*, **125**, 7506 (2003). (b) N. A. Foley, M. Lail, J. P. Lee, T. B. Gunnoe, T. R. Cundari, J. L. Petersen, *J. Am. Chem. Soc.*, **129**, 6765 (2007). (c) N. A. Foley, J. P. Lee, Z. Ke, T. B. Gunnoe, T. R. Cundari, *Acc. Chem. Res.*, **42**, 585 (2009)
16) T. Kondo, S. Kajiya, S. Tantayanon, Y. Watanabe, *J. Organomet. Chem.*, **489**, 83 (1995)
17) (a) L. Ackermann, P. Novák, R. Vicente, N. Hofmann, *Angew. Chem. Int. Ed.*, **48**, 6045 (2009). (b) L. Ackermann, P. Novák, *Org. Lett.*, **11**, 4966 (2009). (c) L. Ackermann, N. Hofmann, R. Vicente, *Org. Lett.*, **13**, 1875 (2011)
18) G. Onodera, H. Imajima, M. Yamanashi, Y. Nishibayashi, M. Hidai, S. Uemura, *Organometallics*, **23**, 5841 (2004)
19) X.-Q. Hu, Z. Hu, A. S. Trita, G. Zhang, L. J. Gooßen, *Chem. Sci.*, **9**, 5289 (2018)
20) (a) G. S. Kumar, M. Kapur, *Org. Lett.*, **18**, 1112 (2016). (b) X. Wu, H. Ji, *Org. Lett.*, **20**, 2224 (2018)
21) S. Oi, Y. Tanaka, Y. Inoue, *Organometallics*, **25**, 4773 (2006)
22) M. K. Manna, G. Bairy, R. Jana, *J. Org. Chem.*, **83**, 8390 (2018)
23) (a) G. Deng, L. Zhao, C.-J. Li, *Angew. Chem. Int. Ed.*, **47**, 6278 (2008). (b) X. Guo, C.-J. Li, *Org. Lett.*, **13**, 4977 (2011)
24) F. Kakiuchi, Y. Yamamoto, N. Chatani, S. Murai, *Chem. Lett.*, **24**, 681-682 (1995)
25) a) Y. Hashimoto, K. Hirano, T. Satoh, F. Kakiuchi, M. Miura, *Org. Lett.*, **14**, 2058 (2012). b) Y. Hashimoto, K. Hirano, T. Satoh, F. Kakiuchi, M. Miura, *J. Org. Chem.*, **78**, 638 (2013)
26) (a) C. S. Yi, S. Y. Yun, I. A. Guzei, *J. Am. Chem. Soc.*, **127**, 5782 (2005). (b) C. S. Yi, S. Y. Yun, *J. Am. Chem. Soc.*, **127**, 17000 (2005)
27) T. Ueyama, S. Mochida, T. Fukutani, K. Hirano, T. Satoh, M. Miura, *Org. Lett.*, **13**, 706 (2011)
28) (a) L. Ackermann, J. Pospech, *Org. Lett.*, **13**, 4153 (2011). (b) L. Ackermann, L. Wang, R. Wolfram, A. V. Lygin, *Org. Lett.*, **14**, 728 (2012). (c) B. Li, J. Ma, N. Wang, H. Feng, S. Xu,

B. Wang, *Org. Lett.*, **14**, 736 (2012)

29) (a) K. Padala, M. Jeganmohan, *Org. Lett.*, **14**, 1134 (2012). (b) Q. Bu, T. Rogge, V. Kotek, L. Ackermann, *Angew. Chem. Int. Ed.*, **57**, 765 (2018)

30) D. C. Fabry, M. A. Ronge, J. Zoller, M. Rueping, *Angew. Chem. Int. Ed.*, **54**, 2801 (2015)

31) A. Bechtoldt, C. Tirler, K. Raghuvanshi, S. Warratz, C. Kornhaa β, L. Ackermann, *Angew. Chem. Int. Ed.*, **55**, 264 (2016)

32) R. Mei, J. Koeller, L. Ackermann, *Chem. Comm.*, **54**, 12879-12882 (2018)

33) (a) L. Ackermann, A. V. Lygin, N. Hofmann, *Angew. Chem. Int. Ed.*, **50**, 6379 (2011). (b) L. Ackermann, A. V. Lygin, N. Hofmann, *Org. Lett.*, **13**, 3278 (2011). (c) L. Ackermann, A. V. Lygin, *Org. Lett.*, **14**, 764 (2012). (d) C. Kornhaa β, J. Li, L. Ackermann, *J. Org. Chem.*, **77**, 9190 (2012)

34) (a) S. Oi, S. Fukita, N. Hirata, N. Watanuki, S. Miyano, Y. Inoue, *Org. Lett.*, **3**, 2579 (2001). (b) S. Oi, Y. Ogino, S. Fukita, Y. Inoue, *Org. Lett.*, **4**, 1783 (2002). (c) S. Oi, E. Aizawa, Y. Ogino, Y. Inoue, *J. Org. Chem.*, **70**, 3113-3119 (2005)

35) M. Seki, M. Nagahama, *J. Org. Chem.*, **76**, 10198 (2011)

36) L. Ackermann, M. Mulzer, *Org. Lett.*, **10**, 5043 (2008)

37) M. Simonetti, G. J. P. Perry, X. C. Cambeiro, F. Juliá-Hernández, J. N. Arokianathar, I. Larrosa, *J. Am. Chem. Soc.*, **138**, 3596 (2016)

38) a) H. Li, W. Wei, Y. Xu, C. Zhang, X. Wan, *Chem. Comm.*, **47**, 1497 (2011). b) R. K. Chinnagolla, M. Jeganmohan, *Org. Lett.*, **14**, 5246 (2012). c) J. Hubrich, T. Himmler, L. Rodefeld, L. Ackermann, *Adv. Synth. Catal.*, **357**, 474 (2015). d) V. K. Tiwari, N. Kamel, M. Kapur, *Org. Lett.*, **17**, 1766 (2015). e) G. M. Reddy, N. S. S. Rao, P. Satyanarayana, H. Maheswaran, *RSC Adv.*, **5**, 105347 (2015). f) D. J. Paymode, C. V. Ramana, *J. Org. Chem.*, **80**, 11551 (2015). g) C. Sollert, K. Devaraj, A. Otthaber, P. J. Gates, L. T. Pilarski, *Chem. Eur. J.*, **21**, 5380 (2015). h) K. H. V. Reddy, R. U. Kumar, V. P. Reddy, G. Satish, J. B. Nanubolu, Y. V. D. Nageswar, *RSC Adv.*, **6**, 54431 (2016). h) P. Nareddy, F. Jordan, S. E. Brenner-Moyer, M. Szostak, *Chem. Sci.*, **8**, 3204 (2017)

39) a) P. Nareddy, F. Jordan, M. Szostak, *Org. Biomol. Chem.*, **15**, 4783 (2017). b) P. Nareddy, F. Jordan, M. Szostak, *Chem. Sci.*, **8**, 3204 (2017). c) P. Nareddy, F. Jordan, M. Szostak, *Org. Lett.*, **20**, 341 (2018)

40) a) F. kakiuchi, S. Kan, K. Igi, N. Chatanhi, S. Murai, *J. Am. Chem. Soc.*, **125**, 1698 (2003). b) F. Kakiuchi, Y. Matsuura, S. Kan, N. Chatani, *J. Am. Chem. Soc.*, **127**, 5936 (2005). c) K. Kitazawa, T. Kochi, M. Sato, F. Kakiuchi, *Org. Lett.*, **11**, 1951 (2009). d) K. Kitazawa, M. Kotani, T. Kochi, M. Langeloth, F. Kakiuchi, *J. Organomet. Chem.*, **695**, 1163 (2010). e) K. Kitazawa, T. Kochi, F. Kakiuchi, *Org. Synth.*, **87**, 209 (2010). f) S. Hiroshima, D. Matsumura, T. Kochi, F. Kakiuchi, *Org. Lett.*, **12**, 5318 (2010). g) K. Kitazawa, T. Kochi, M. Nitani, Y. Ie, Y. Aso, F. Kakiuchi, *Chem. Lett.*, **40**, 300 (2011). h) D. Matsumura, K. Kitazawa, S. Terai, T. Kochi, Y. Ie, M. Nitani, Y. Aso, F. Kakiuchi, *Org. Lett.*, **14**, 3882 (2012). i) Y. Ogiwara, M. Miyake, T. Kochi, F. Kakiuchi, *Organometallics*, **36**, 159 (2017). j) Y. Koseki, K. Kitazawa, M. Miyake, T. Kochi, F. Kakiuchi, *J. Org. Chem.*, **82**, 6503

(2017)

41) a) S. Nakazono, S. Easwaramoorthi, D. Kim, H. Shinokubo, A. Osuka, *Org. Lett.*, **11**, 5426 (2009). b) Y. Zhao, V. Snieckus, *Adv. Synth. Catal.*, **356**, 1527 (2014). c) T. Yamamoto, T. Yamakawa, *RSC Adv.*, **5**, 105829 (2015)

42) a) F. Hu, M. Szostak, *Org. Lett.*, **18**, 4186 (2016). b) F. Siopa, V.-A. R. Cladera, C. A. M. Afonso, J. Oble, G. Poli, *Eur. J. Org. Chem.*, 6101 (2018)

43) a) N. Chatani, T. Fukuyama, F. Kakiuchi, S. Murai, *J. Am. Chem. Soc.* **118**, 493 (1996). b) Y. Ie, N. Chatani, T. Ogo, D. R. Marchall, T. Fukuyama, F. Kakiiuchi, S. Murai, *J. Org. Chem.*, **65**, 1475 (2000). c) N. Chatani, T. Fukuyama, H. Tatamidani, F. Kakiuchi, S. Murai, S. *J. Org. Chem.* **65**, 4039 (2000). d) J. W. Szewczyk, R. L. Zuckerman, R. G. Bergman, J. A. Ellman, *Angew. Chem. Int. Ed.*, **40**, 216 (2001). e) N. Chatani, S. Inoue, K. Yokota, H. Tatamidani, Y. Fukumoto, *Pure Appl. Chem.* **82** 1443 (2010)

44) a) A. Tlili, J. Schranck, J. Pospech, H. Neumann, M. Beller, *Angew. Chem. Int. Ed..*, **52**, 6293 (2013). b) J. Pospech, A. Tlili, A. Spannenberg, H. Neumann, M. Beller, *Chem. Eur. J.*, **20**, 3135 (2014)

45) a) T. Kochi, A. Tazawa, H. Honda, F. Kakiuch, *Chem. Lett.*, **40**, 1018 (2011). b) P. M. Liu, C. G. Frost, *Org. Lett.*, **15**, 5862 (2013). c) H. Lee, C. S. Yi, *Eur. J. Org. Chem.*, 1899 (2015)

46) a) T. Kochi, S. Urano, H. Seki, E. Mizushima, M. Sato, F. Kakiuchi, *J. Am. Chem. Soc.*, **131**, 2792 (2009). b) X. Hong, H. Wang, B. Liu, B. Xu, *Chem. Commun.*, **50**, 14129 (2014)

47) K. Muralirajan, K. Parthasarathy, C.-H. Cheng, *Org. Lett.*, **14**, 4262 (2012). b) T. Jeong, S. H. Lee, R. Chun, S. Han, S. H. Han, Y. U. Jeon, J. Park, T. Yoshimitsu, N. K. Mishra, I. S. Kim., *J. Org. Chem.*, **83**, 4641 (2018)

第3章　Pd触媒芳香族C–Hカップリング反応

芝原文利[*1]，村井利昭[*2]

1　はじめに

数ある遷移金属の中でも，パラジウムは炭素原子中心の結合様式に対し，適度な酸化–還元ポテンシャル，軌道の広がりを持つため，C–C結合やC–ヘテロ元素結合の形成，切断できる結合の種類，触媒の取り扱いやすさ，官能基許容性など，有機合成上ほぼ万能な能力を持っている。このため，現在の有機化学において，欠かすことのできない金属であるのは疑うものはいないであろう。歴史的に見ても，1960年代の辻らのパラジウムを用いるC–C結合形成反応開発を契機に，様々な反応が開発され，またこれらの成果についてノーベル賞も与えられていることからも分かるとおりその合成的価値は揺るぎないものである。今でこそ，他の金属により同様の反応が実現されているが，特にC–C結合形成反応に注目すると，精密有機合成から工業スケールの大量生産に堪える多くの反応開発の礎になっているのは今でもパラジウムによる反応である。しかし，パラジウム触媒によるこれまでのクロスカップリング型のC–C結合形成反応では，有機金属反応剤や，ハロゲン化アリール等の事前調製が必要な活性化基質が必要であり，この点改善の余地があった。これに関して，パラジウムを使った有機合成開発の黎明期である1965年にはすでに，当量反応ではあるが，ベンゼンのC–H結合の切断をともなう塩化パラジウムによる脱水素酸化的な二量化反応が報告され[1)]，事前調製が必要ない，通常の化合物上のユビキタス結合であるC–H結合を利用するC–C結合形成が可能であることが示されていた。本章では，特にパラジウム触媒による芳香族化合物のC–H結合切断をともなう数々の反応の中でも，C(sp^2)–C(sp^2)結合形成反応に限定して，その歴史的な背景および反応開発のアプローチを概観していく。

2　脱水素型C–C結合形成反応

2.1　藤原–守谷反応（ベンゼン誘導体とビニル化合物による脱水素型芳香族C–Hアルケニル化反応）

2.1.1　初期の発見

1967年に，藤原・守谷らは，塩化パラジウム・スチレン錯体と溶媒量のベンゼンに酢酸を加え加熱すると，後に藤原–守谷反応とよばれる脱水素型芳香族C–Hアルケニル化反応が進行し対

＊1　Fumitoshi Shibahara　岐阜大学　工学部　化学・生命工学科　准教授

＊2　Toshiaki Murai　岐阜大学　工学部　化学・生命工学科　教授

応するスチルベンが生成することを報告した[2]。その後，1969年には酢酸パラジウムとパラジウムの再酸化触媒としての銅塩および銀塩を用いると，触媒的な反応も可能であることを発見した(図1)[3a]。生成物を見ると，この反応は脱水素型の溝呂木-Heck反応であるが，この発見は，1971～1972年に溝呂木やHeckによって発表されるいわゆる溝呂木-Heck反応より前に見つかっている。一方この反応は，大過剰のベンゼンが必要なこと，置換ベンゼンとの反応においては位置選択性の制御ができないこと，さらに反応が酢酸やトリフルオロ酢酸を溶媒とする酸性条件でしか起きないなどから，合成上あくまで特殊な反応として受け取られていた。しかしその反応の重要性から様々な研究者らにより継続的に研究が進められ，最近では，添加剤としてヘテロポリ酸を用いる手法や[4]，ピリジン系配位子を用いる高原子価パラジウムを経る反応[5]，SO型配位子を用いる手法[6]などで，反応効率の大幅な向上が達成されている。なお藤原らもこの後，同じ反応条件で末端アルキンを反応させると，いわゆる薗頭-萩原カップリングは進行せず，ヒドロアリール化が進行するなど様々な反応を開発している[3b]。

2.1.2　複素環式化合物の反応

一方，1983年には銅塩を再酸化剤として用いる含窒素複素環，*N*-ベンゾイルインドールの脱水素型芳香族C-Hアルケニル化反応が報告された（図2）。このときには触媒回転数が9回程度と収率は低かったが，反応はインドール骨格で最も求核性の高い3位で選択的に進行した[7]。すなわち，複素環のようなそれぞれ異なる振る舞いをするC-H結合部位に対しては，その反応性にしたがった一定の選択性が発現することが示された。その後，ピロールの同様の反応も報告されており，この場合には，窒素上の保護基により，アルケニル化を受ける位置が変わった（図3）。具体的には，ケイ素系の保護基の場合には，立体障害の効果とともに共鳴構造上求核性が高くなる3位が優先的に反応し，一方，Boc基のような比較的電子求引性の保護基の場合には2位で反応が進行している。この選択性の違いは，芳香族求電子置換型の臭素化反応での配向性と同様であり，この条件での反応のC-H結合切断過程は，パラジウム触媒の芳香族求電子置換型の経路を通っていることが示唆されている[8]。この際，銀塩を酸化剤として用いると，酢酸溶媒を必要

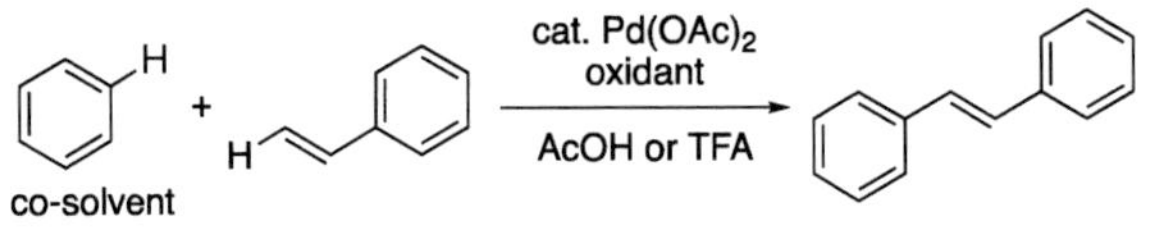

H
co-solvent
+
H
cat. $Pd(OAc)_2$
oxidant
AcOH or TFA

図1　藤原-守谷反応

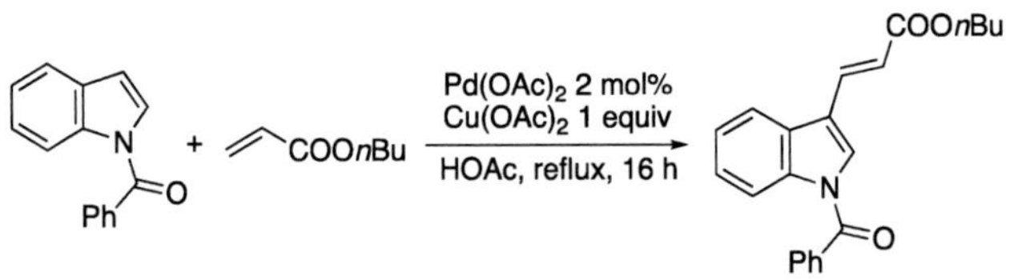

N
Ph O
+
COO*n*Bu
$Pd(OAc)_2$ 2 mol%
$Cu(OAc)_2$ 1 equiv
HOAc, reflux, 16 h
COO*n*Bu
N
Ph O

図2　*N*-ベンゾイルインドールの脱水素型芳香族C-Hアルケニル化反応

とせず，ピリジン存在下，チオフェンやフランが α 位選択的にアルケニル化される（図 4）[9]。

アゾール類の反応は，3つの異なる反応性の C-H 結合が存在するため，それらの位置選択的な反応が求められる。これらは，反応条件を調整すれば解決でき，例えばチアゾールの反応の例を取り上げると，炭酸セシウム存在下，銅塩を再酸化剤，プロトン性溶媒である *tert*-アミルアルコールを溶媒とし，さらに DMSO を基質量加えると，5位が選択的に反応する。一方で，再酸化剤を銀塩にし，非プロトン性溶媒である DMSO のみを溶媒にすると2位選択的な反応が進行する（図 5）[10]。

一方，電子不足型芳香環であるピリジンは，パラジウムに対し，ピリジン窒素の σ 配位が優先し，さらに通常 C-H 結合切断プロセスの初期の段階で起こる，基質上の π 電子の触媒への配位が難しいため反応が進行しにくい。しかし，Fagnou らによって提案された含窒素複素環上の配位性窒素部位を酸化する手法（後述）を用いて σ 配位を抑えると，窒素の隣接位をアルケニル化できることが報告された（図 6）[11]。

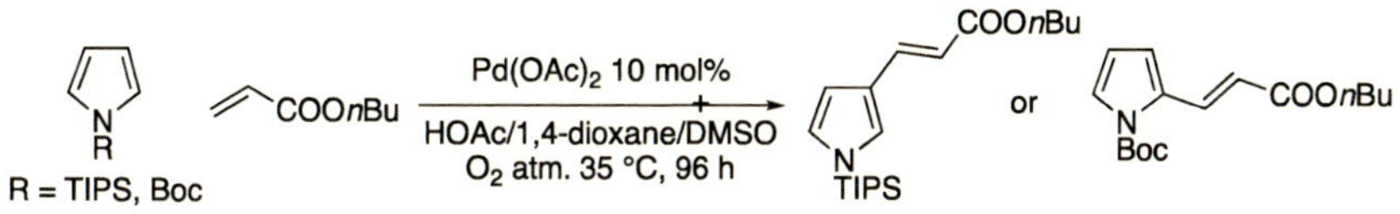

図3　ピロールの脱水素型芳香族 C-H アルケニル化反応における位置選択性

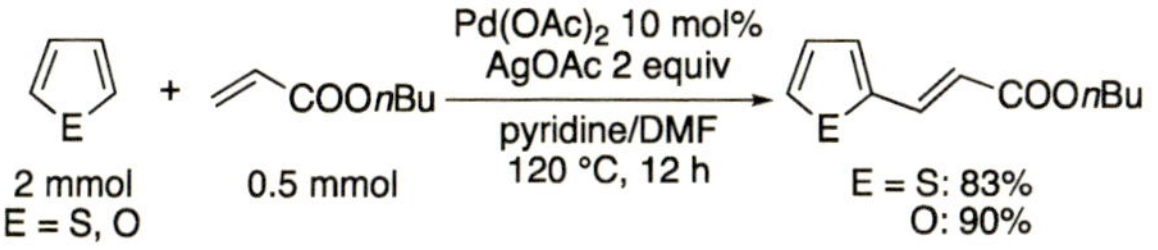

図4　チオフェン，フランの脱水素型芳香族 C-H アルケニル化反応

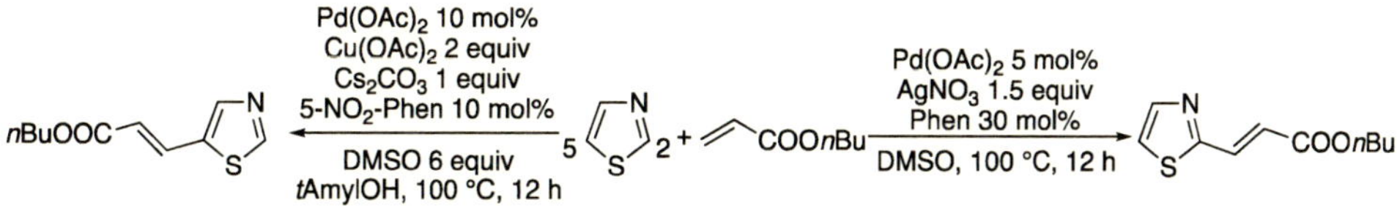

図5　チアゾールの脱水素型芳香族 C-H アルケニル化反応における位置選択性

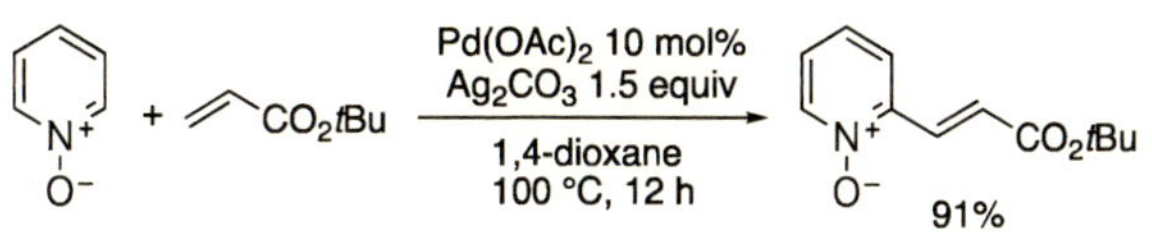

図6　ピリジンオキシドの脱水素型芳香族 C-H アルケニル化反応

2.2 ベンゼン誘導体の反応の配向基による位置制御

1993年，村井らによって，ルテニウム触媒による配向基制御によるベンゼン誘導体のC–H結合切断反応が報告された[12]。1998年三浦らは，同様のアプローチにより，長らく位置選択性の制御に問題があったベンゼン誘導体の藤原–守谷反応に関して，安息香酸を基質にしたときには，アクリル酸エステルとの反応で，カルボン酸のオルト位選択的にC–H結合が切断されアルケニル化し，引き続く反応により対応するラクトンが生成することを報告した（図7）[13]。すなわち，配向基を用いると位置選択性は解決できる可能性が示された。その後，de Vries・van Leeuwenらはアニリドを基質としたときには，オルト選択的なアルケニル化が進行することを見つけた（図8）[14]。これを契機に，様々なカルボニル関連官能基やピリジンをはじめとする含窒素複素環など配位性官能基を配向基とする手法が数々報告されている[15]。一方Gevorgyanらは，フェノールから誘導したジアルキルシラノールを配向基とする反応を報告した（図9上）[16]。また，Geらは，トルエンから誘導したトリアルキルシラノールも同様に配向基として働き，このとき反応には特別な配位子は必要ないことを報告している（図9下）[17]。これらの場合は，フッ化物イオンを作用させると，ジアルキルシラノールは簡単に除去できることから，フェノール性水酸基や単純なアルキル基を持つ芳香環に関してもオルト選択的な反応が自在に達成できることが示された。

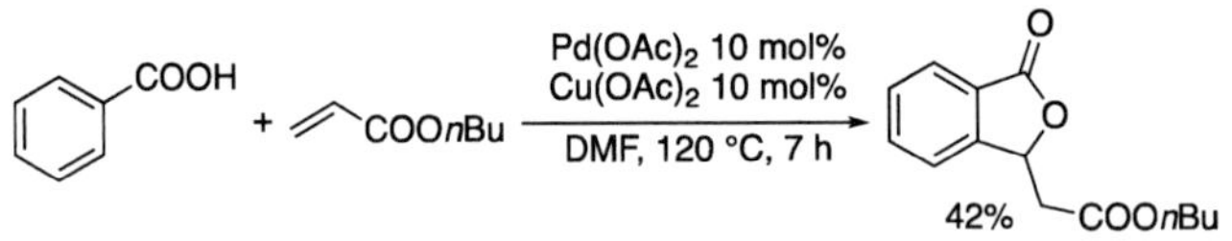

図7　安息香酸での脱水素型芳香族C–Hアルケニル化反応：オルト選択的反応

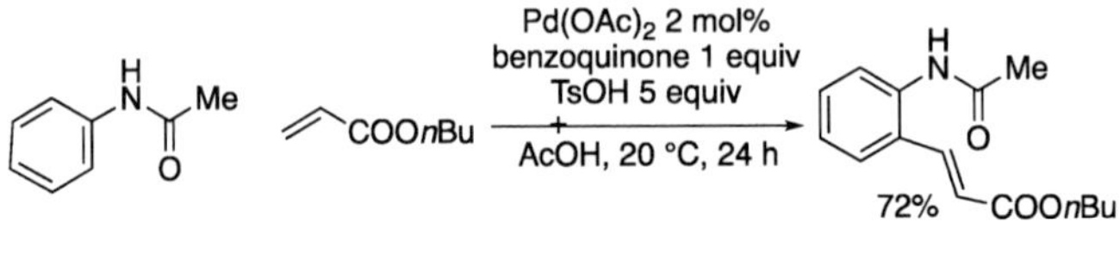

図8　アニリドを配向基とする脱水素型芳香族C–Hアルケニル化反応

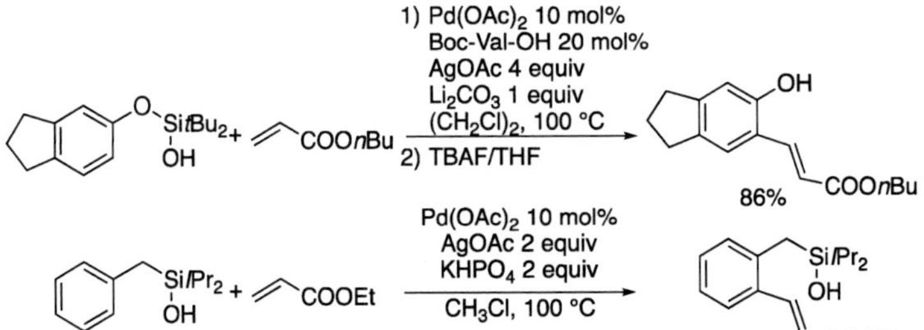

図9　シラノールを配向基とする脱水素型芳香族C–Hアルケニル化反応

2.3　メタ位選択的反応

2,6位に嵩高い置換基を持つドナー性の強いピリジンを配位子としてもつパラジウム錯体を用いると，高原子価パラジウムが安定に生成しやすく，さらに配位子の立体効果によりパラジウム上の他の配位子の脱離が促されることにより，求電子置換型のパラジウム化が進行しやすくなる。Yuらはこの性質を利用することにより，アルコキシカルボニル基やニトロ基，トリフルオロメチル基といった電子求引性置換基が置換した相対的に不活性化された求電子置換型反応的にメタ配向性のベンゼン誘導体のメタ選択的なアルケニル化に成功した（図10）[18]。さらにYuらは，メタ位に優先的に相互作用できる特殊な構造の配向基を設計し，基質の配向性によらない配向基制御によるメタ選択的な反応も達成している（図11）[19]。

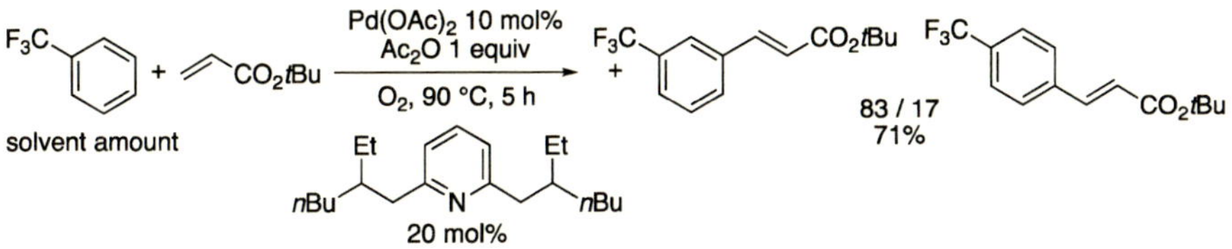

図10　メタ選択的脱水素型芳香族C-Hアルケニル化反応

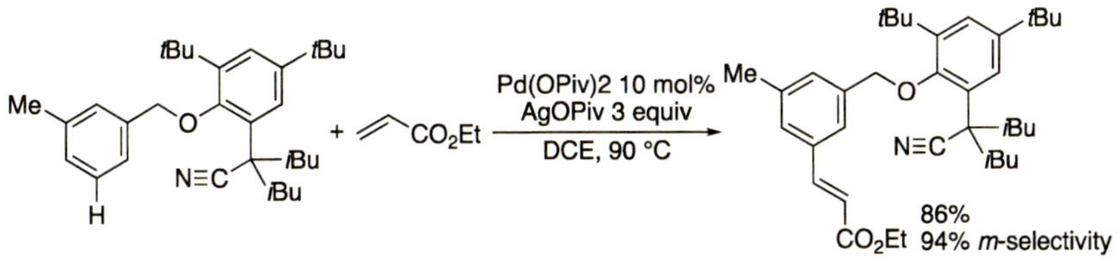

図11　配向基制御によるメタ選択的アルケニル化

2.4　酸化的カップリング反応

2.4.1　脱水素型C-H結合アリール-アリールカップリング反応

ここまで，アルケニル化を見てきたが，一方で，初期の発見であるベンゼンの酸化的な二量化反応で示されたように[1]，同様の$C(sp^2)$-H結合をもつ基質である芳香族化合物もカップリングパートナーとして用いることができる。2007年Fagnouらは，反応性が異なるC-H結合をもつ二つの芳香族化合物を3-ニトロピリジンを配位子とする反応系で反応させると，脱水素型のクロスカップリング反応が進行することを報告した（図12）[20]。

2.4.2　酸化的C-H結合・有機金属化合物カップリング反応

上記の反応では，従来の藤原-守谷反応と同様，潜在的に，基質上に数あるC-H結合の反応位置選択性が問題になる。これを解決する方法として，片側の基質に関しては，先に述べた配向基を用いる反応位置選択制御が利用できるが，もう一方に対しては，期待する反応部位をあらかじめ金属に置き換えておくことで，位置選択的反応が達成できる。初期の頃には有機スズ化合物が対応するカップリングパートナーとして用いられてきたが，Yu らによって有機ボロン酸誘導体が同様の酸化的カップリングに用いることができることが示されて以来（図 13）[21]，カップリングパートナーとして，期待する反応部位に，ボロン酸やシランを置換させた誘導体を用いる手法が展開され，現在それら反応剤の入手容易性も相まって，様々な選択的な反応が達成されている[22]。

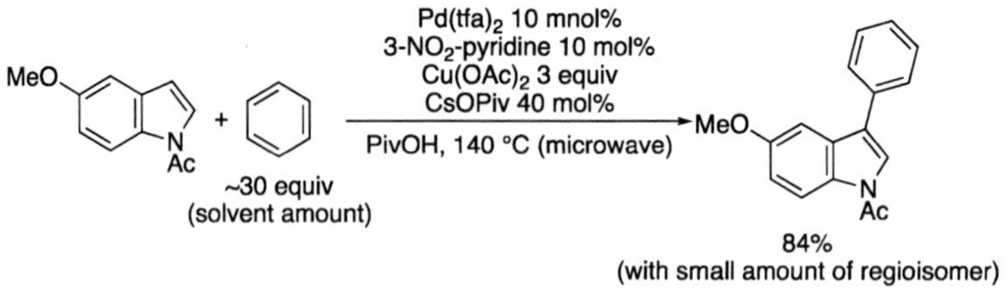

MeO, N, Ac + ~30 equiv (solvent amount)
$Pd(tfa)_2$ 10 mnol%
3-NO_2-pyridine 10 mol%
$Cu(OAc)_2$ 3 equiv
CsOPiv 40 mol%
PivOH, 140 °C (microwave)
MeO, N, Ac
84%
(with small amount of regioisomer)

図 12　脱水素型芳香環-芳香環クロスカップリング反応

N + $MeB(OH)_2$ 3 equiv
$Pd(OAc)_2$ 10 mol%
Ag_2O 1 equiv
benzoquinone 0.5 equiv
t-amylOH, 100 °C, 6 h
N, Me
67%

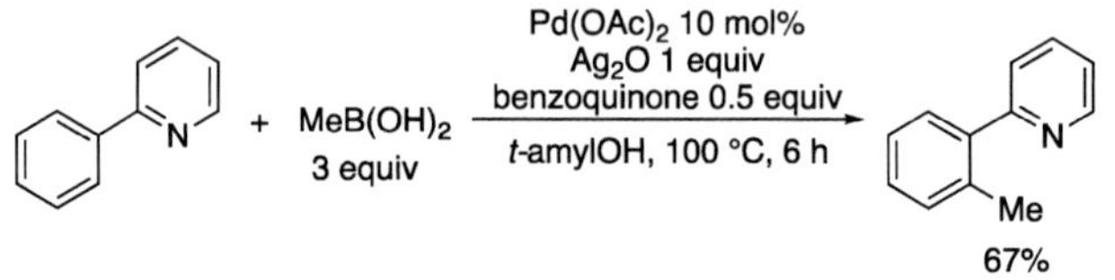

図 13　有機金属反応剤を用いる酸化的クロスカップリング反応

3　ハロゲン化アリールを用いる芳香族化合物の C-H 結合直接アリール化

3. 1　初期の反応例

1982 年に，三共の研究者らにより，パラジウム触媒存在下，ヨードベンゼンと電子豊富な複素環を反応させると，複素環の特定の位置の C-H 結合が切断され，クロスカップリング型のビアリール生成物が得られることが報告された（図 14）[23]。このときには，基質が限定され，収率もあまり高くなかったこともあり，大きな注目を集めることはなかったものの，パラジウム触媒により，C-H 結合切断をともなうクロスカップリング型の反応が進行することが示された。この組み合わせの反応で最も重要なことは，カップリングパートナーであるハロゲン化物は，基質

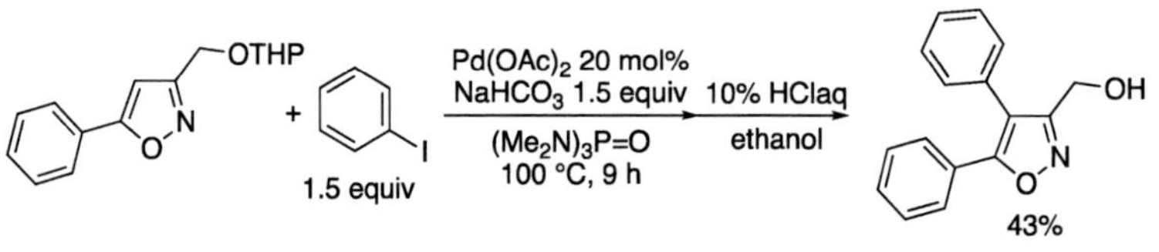

OTHP, O-N + I 1.5 equiv
$Pd(OAc)_2$ 20 mol%
$NaHCO_3$ 1.5 equiv
$(Me_2N)_3P{=}O$
100 °C, 9 h
10% HClaq
ethanol
OH, O-N
43%

図 14　初期の複素環 C-H 結合のハロゲン化アリールによるアリール化反応例

であるとともに酸化剤としても働いているため，酸化還元バランスとしては全体で中性な反応で，2節での反応とは対照的に他の酸化剤を必要としない点である。

3.2　ポストクロスカップリングとしての反応展開（反応系の検討）

1990年代後半からは，特に電子豊富な五員環複素環の有機金属反応剤の相対的安定性の低さ，およびそのハロゲン化物も酸化的付加反応に対しては電子的には不利であることも関連して，これら構造をもつビアリール骨格を構築するためのポストクロスカップリング反応として本格的に注目され，特に，複素環上の反応性が違う様々なC-H結合での反応およびその選択性の制御が大きなトピックになっていった。初期の検討ではまず，基本的な触媒系，パラジウム塩とトリフェニルホスフィンなどの基本的な配位子の組み合わせ，塩基の種類や銅塩等の添加剤の効果が網羅的に検証された。例えば，*N*-メチルイミダゾールとヨウ化アリールの反応では，パラジウム触媒だけ用いると，求核性が高い5位での反応が選択的に進行するが，銅塩を添加すると反応部位が変化し，逆に求核性は低いが酸性度が最も高いC-H結合である2位が選択的に反応する（図15上）[24]。しかし，これらの場合には引き続く2回目のアリール化反応も速やかに進行してしまう。しかし，ホスフィン配位子の変更によりそれらを防ぐこともできる（例えば図15下）[25]。

一方，ピバル酸のようなカルボン酸の添加は，C-H結合切断過程を顕著に加速させることが明らかになった（図16）[26]。この効果は，ピバル酸がパラジウムに配位しつつカルボニル基が分子内塩基として働き，芳香環上から脱離する水素原子と相互作用しつつ，イプソ位でパラジウムが相互作用することにより，六員環遷移状態をとって反応が進行するのが鍵になっている[27]。こ

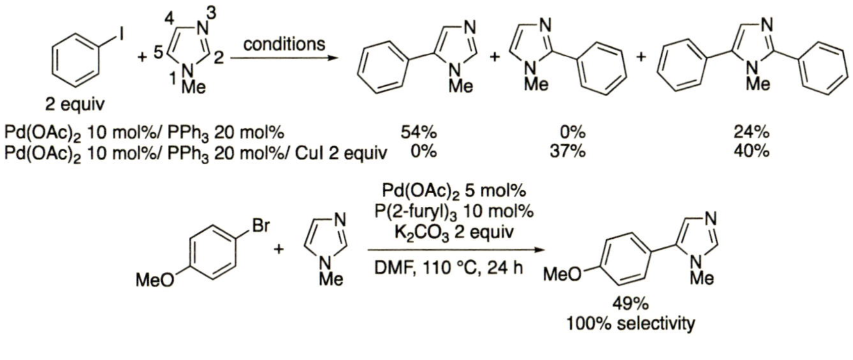

図15　アゾール類のC-H結合のアリール化における位置選択性制御

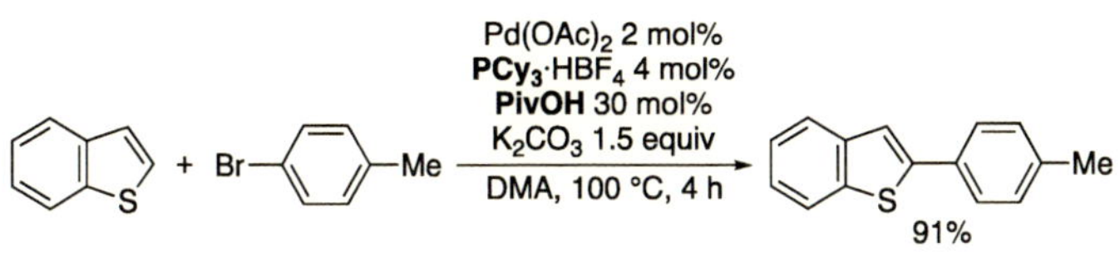

図16　ホスフィン配位子とカルボン酸添加の効果の例

のC-H結合切断過程は，協奏的金属化脱プロトン化機構（Concerted Metalation Deprotonation：CMD）と呼ばれ，現在C-H結合活性化反応において一般化されたアプローチになっている（図17)。加えて，嵩高いアルキルホスフィン配位子や，種々のBuchwald配位子などの電子豊富型ホスフィン配位子の使用も効果的で，反応の顕著な加速効果が見られ，またこの場合には，配位子の電子的・立体的効果からハロゲン化アリールの酸化的付加反応が容易になることから，用いるハロゲン化アリールの適用範囲も広がり，塩化物やトシラートのような通常反応性の低い擬ハライドまでも適用可能になる。これに対し，伊丹，山口らは，逆に電子欠乏型のホスフィン配位子がチオフェンとの触媒反応で，従来の触媒系では見られないβ位選択的に反応を進行させることを明らかにしている（図18)[28]。さらに，芝原らは，窒素系二座配位子1,10-フェナントロリンは，C-H結合直接アリール化反応を加速させるだけでなく，極めて多様な複素環上のC-H結合を同一の触媒系で切断しアリール化できることを報告している[29]。特に，他の触媒系では達成できないアゾール上の4位での反応も可能である（図19)[30]。この触媒系以外でのアゾール類4位のハロゲン化物を用いる直接的な合成法はなかったが，多置換複素環合成上重要な意義があり，それまでは様々な工夫により達成されていた[31~33]。類似の触媒系において，Yuらは電子不足型複素環であるピリジンの直接アリール化も報告している[34]。

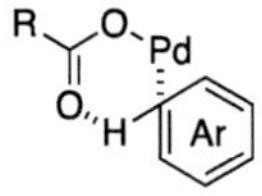

図17　協奏的金属化脱プロトン化機構の遷移状態

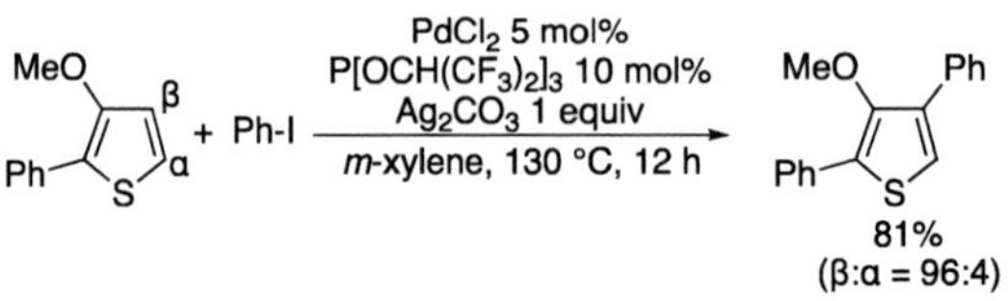

図18　電子欠乏型ホスフィン配位子の効果

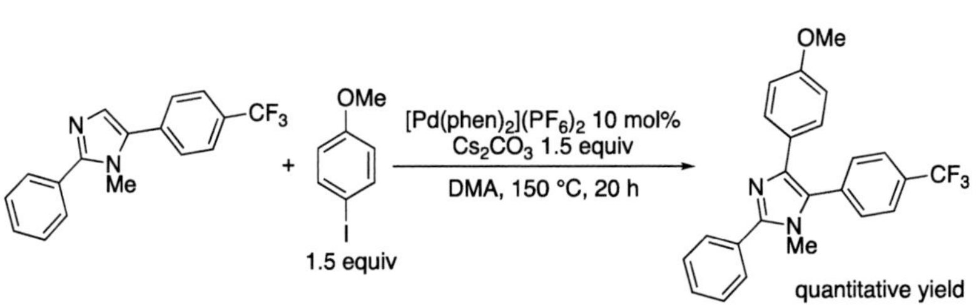

図19　1,10-フェナントロリン配位子によるアゾール類4位直接アリール化の例

3.3　配向基を用いる芳香族C-H結合直接カップリング反応

3.3.1　Catellani反応

1980年代後半にCatellaniらは，アリール-パラジウム錯体とノルボルネンを反応させると，転位挿入によるアリール-パラジウムのsyn付加が進行するが，ジオメトリーの関係で，Heck反応のようなβ-水素脱離が進行しないため，syn付加錯体を安定に単離できることを示した。ここに塩基を作用させると，ノルボルナン骨格が形式的に配向基として働き，付加したアリール基のオルト位水素を切断し，パラダサイクルが生成することを見つけた[35]。このパラダサイクルに有機ハロゲン化物を作用させると，最終的に4成分がカップリングした生成物を与える（図20）[36]。

3.3.2　配向基を用いるアリール化反応：オルト選択的反応

先のCatellani反応は，配位子により固定されたパラジウムが隣接位のC-H結合を切断して2価のパラダサイクルを与えるとともに，そのカルバニオン配位子をもつ電子豊富なパラジウム種は，さらに有機ハロゲン化物が酸化的付加するのを許容して，様々な結合形成反応を進行させることを示していた。すなわち，他の配向基を用いる反応においても，同様の反応が可能であることを示唆していた。実際にSanfordらや[37]Daugulisらは[38]，それぞれ同時期に独立して2価のパラジウムにでも酸化的付加しやすい，比較的酸化活性の高い反応剤，例えば超原子価ヨウ素反応剤を用いることにより，ピリジン等，先にも述べた各種配向基を用いるオルト位選択的な反応を実現している（図21）。Daugulisらは，同時に添加剤として銀塩を用いることにより通常のヨウ化アリールでの反応も達成できることも示した（図22）[38]。一方，Chraretteらは，Fagnouらのピリジンオキシドによる基質の活性化と，Daugulisらの配向基制御反応を組み合わせ，ピリジンをピリジニウムイリドに誘導した基質を用い，ピリジンの2位選択的な反応を達成している(図23)[39]。反応後イリドのベンズアミド基は，*N*-メチル化したのち種々の還元条件で容易に除去できる。

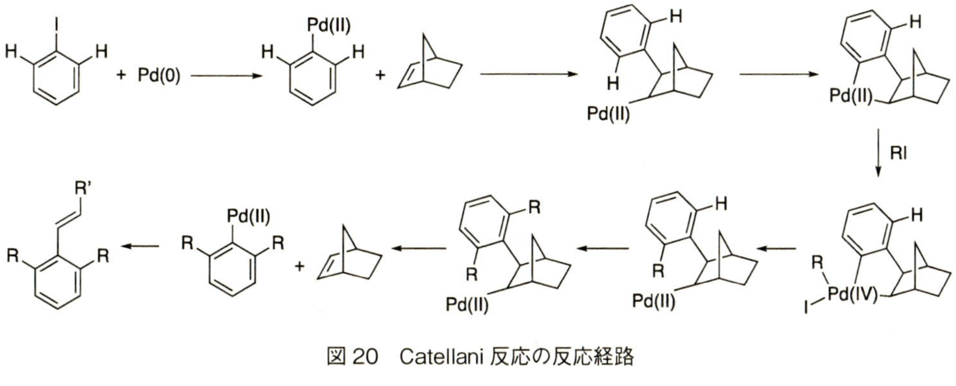

図20　Catellani反応の反応経路

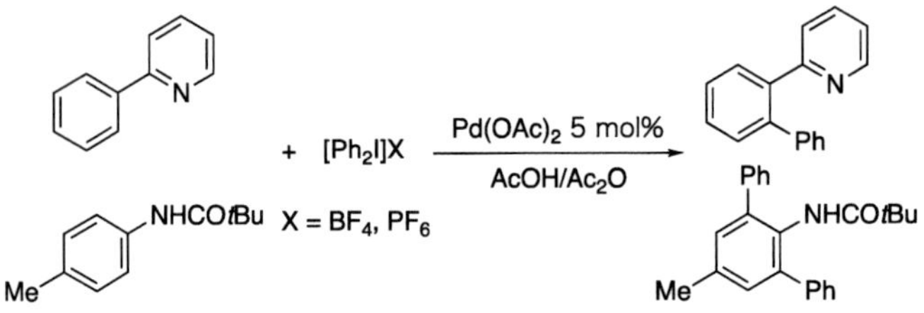

図21　超原子価要素を用いる配向基制御アリール化

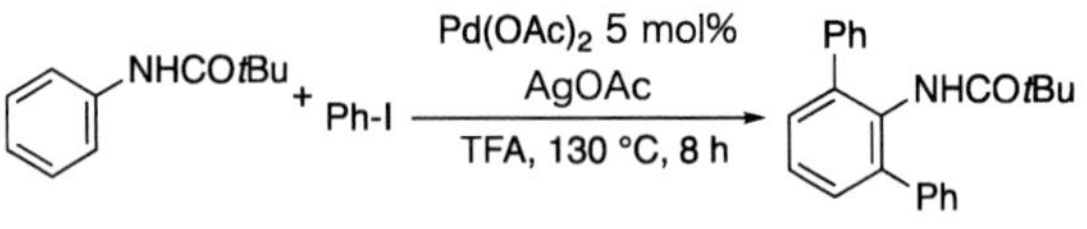

図22　ヨウ化アリールを用いるオルト位選択的アリール化

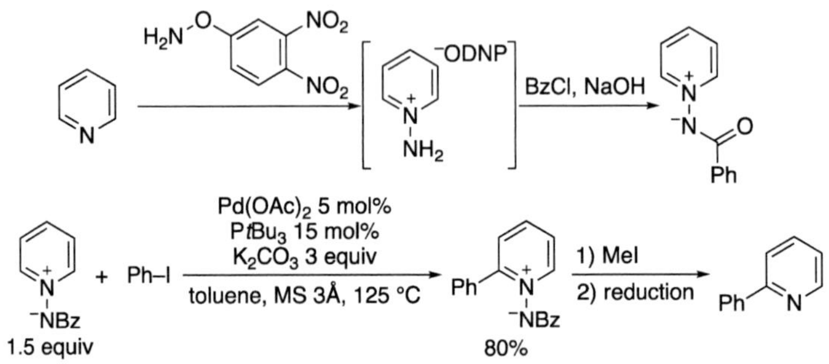

図23　ピリジニウムイリドを用いるオルト選択的アリール化反応

4　おわりに

本章では，パラジウム触媒を用いる C(sp^2)-H 結合切断型カップリングでの C(sp^2)-C(sp^2) 結合形成反応について，歴史的背景および反応開発のアプローチを中心に概観してきた。関連する項目として，分子内での反応，すなわち環化による多環式化合物の合成や様々な天然物合成への適用があるが，それらは後の章で詳しく紹介される。現在，パラジウム触媒を用いるこれらの反応は，位置選択性等の傾向も十分に解明されてきているため，ほぼ狙った反応を狙った位置で実現できるかなり信頼性の高い合成手法に到達しており，それら芳香環化合物の官能基化手法として，最初の選択肢になるまでに成長してきた。今後は，パラジウムで実現の可能性が実証されてきた様々な C-H 結合切断型反応を，他の安価で入手容易な金属で実現していくことが，一つの課題であり，実際に他の章で述べられているように，現在も日進月歩の勢いで様々な報告がなされている。また，パラジウム触媒を用いる手法に限られたものではないが，本章では触れなかった C(sp^3)-H 結合切断を経る官能基化反応開発は様々なグループが酸化反応を中心に精力的に展開していっているが，本章執筆段階（2019年初頭）では未だ過渡期にあり混沌とした状況にあるのは否めない。しかし，これらも近い将来高いレベルで解決され，例えば，石油資源から直接得られる何の変哲もない“ツルツルの”炭化水素化合物や複素環式化合物から，直截的に複雑な化合物合成が達成されるようになる日もそう遠くはないであろう。

文　　献

1）R. van Helden, G. Verberg, *Recl. Trav. Chim. Pays-Bas*, **84**, 1263（1965）
2）I. Moritani, Y. Fujiwara, *Tetrahedron Lett.*, **8**, 1119（1967）
3）（a）Y. Fujiwara, I. Moritani, S. Danno, R. Asano, S. Teranishi, *J. Am. Chem. Soc.*, **91**, 7166（1969）；（b）（review）C. Jia, T. Kitamura, Y. Fujiwara, *Acc. Chem. Res.*, **34**, 633（2001）
4）T. Yokota, M. Tani, S. Sakaguchi, Y. Ishii, *J. Am. Chem. Soc.*, **125**, 1476（2003）
5）A. Kubota, M. H. Emmert, M. S. Sanford, *Org. Lett.*, **14**, 1760（2012）
6）K. Naksomboon, C. Valderas, M. Gomez-Martinez, Y. Alvarez-Casao, M. A. Fernandez-Ibanez, *ACS Catalysis*, **7**, 6342（2017）
7）T. Itahara, M. Ikeda, T. Sakakibara, *J. Chem. Soc., Perkin Trans.*, **1** 1361（1983）
8）J. Zhao, L. Huang, K. Cheng, Y. Zhang, *Tetrahedron Lett.*, **50**, 2758（2009）
9）X.-W. Liu, J.-L. Shi, J.-B. Wei, C. Yang, J.-X. Yan, K. Peng, L. Dai, C.-G. Li, B.-Q. Wang, Z.-J. Shi, *Chem. Commun.*, **51**, 4599（2015）
10）W. Liu, X. Yu, C. Kuang, *Org. Lett.*, **16**, 1798（2014）
11）S. H. Cho, S. J. Hwang, S. Chang, *J. Am. Chem. Soc.*, **130**, 9254（2008）
12）S. Murai, F. Kakiuchi, S. Sekine, Y. Tanaka, A. Kamatani, M. Sonoda, N. Chatani, *Nature*, **366**, 529（1993）
13）M. Miura, T. Tsuda, T. Satoh, S. Pivsa-Art, M. Nomura, *J. Org. Chem.*, **63**, 5211（1998）
14）M. D. K. Boele, G. P/ F. van Strijdonck, A. H. M. de Vries, P. C. J. Kamer, J. G. de Vries, P. W. N. M. van Leeuwen, *J. Am. Chem. Soc.*, **124**, 1586（2002）
15）（review）Y. Wu, J. Wang, F. Mao, F. Y. Kwong, *Cham. Asian. J.*, **9**, 26（2014）
16）C. Huang, B. Chattopadhyay, V. Gevorgyan, *J. Am. Chem. Soc.*, **133**, 12406（2011）
17）C. Wang, H. Ge, *Chem. Eur. J.*, **17**, 14371（2011）
18）Y.-H. Zhang, B.-F. Shi, J.-Q. Yu, *J. Am. Chem. Soc.*, **131**, 5072（2009）
19）D. Leow, G. Li, T.-S. Mei, J.-Q. Yu, *Nature*, **486**, 518（2012）
20）D. R. Stuart, K. Fagnou, *Science*, **316**, 1172（2007）
21）X. Chen, C. E. Goodhue, J.-Q. Yu, *J. Am. Chem. Soc.*, **128**, 12634（2006）
22）（review）R. Giri, S. Thapa, A. Kafle, *Adv. Synth. Catal.*, **356**, 1395（2014）
23）N. Nakamura, Y. Tajima, K. Sakai, *Heterocycles*, **17**, 235（1982）
24）S. Pivsa-Art, T. Satoh, Y. Kawamura, M. Miura, M. Nomura, *Bull. Chem. Soc. Jpn.*, **71**, 467（1998）

25) F. Bellina, S. Cauteruccio, A. Di Fiore, R. Rossi, *Eur. J. Org. Chem.*, 5436 (2008)
26) B. Liégault, D. Lapointe, L. Caronm A. Vlassova, L. Fagnou, *J. Org. Chem.*, **74**, 1826 (2009)
27) D. García-Cuadrado, A. A. C. Braga, F. Maseras, A. M. Echavarren, *J. Am. Chem. Soc.*, **128**, 1066 (2006)
28) K. Ueda, S. Yanagisawa, J. Yamaguchi, K. Itami, *Angew. Chem. Int. Ed.*, **49**, 8946 (2010)
29) F. Shibahara, E. Yamaguchi, T. Murai, *Chem. Commun.*, **46**, 2471 (2010)
30) F. Shibahara, E. Yamaguchi, T. Murai, *J. Org. Chem.*, **76**, 2680 (2011)
31) L.-C. Campeau, D. R. Stuart, J.-P. Leclerc, M. Bertrand-Laperle, E. Villemure, H.-Y. Sun, S. Lasserre, N. Guimond, M. Lecavallier, K. Fagnou, *J. Am. Chem. Soc.*, **131**, 3291 (2009)
32) A. Yokooji, T. Okazawa, T. Satoh, M. Miura, M. Nomura, *Tetorahedron*, **59**, 5685 (2003)
33) J. M. Joo, B. B. Touré, D. Sames, *J. Org. Chem.*, **75**, 4911 (2010)
34) M. Ye, G.-L. Gao, A. J. F. Edmunds, P. A. Worthington, J. A. Morris, J.-Q. Yu, *J. Am. Chem. Soc.*, **133**, 19090 (2011)
35) M. Catellani, G. P. Chiusoli, *J. Organomet. Chem.*, **346**, C27 (1988)
36) M. Catellani, F. Frignani, A. Rangoni, *Angew. Chem. Int. Ed. Engl.*, **36**, 119 (1997)
37) D. Kalyani, N.R. Deprez, L. V. Desai, M. S. Sanford, *J. Am. Chem. Soc.*, **127**, 7330 (2005)
38) O. Daugulis, V. G. Zaitsev, *Angew. Chem. Int. Ed.*, **44**, 4046 (2005)
39) (review) J. J. Mousseau, A. B. Charette, *Acc. Chem. Res.*, **46**, 412 (2013)

第4章　Rh触媒芳香族C-Hカップリング反応

佐藤哲也*

1　はじめに

Rh触媒を用いる芳香族基質とアルケンやアルキン等の不飽和化合物との直接カップリング反応は，1970年代後半から開発が進められており，当初は主に低原子価Rh触媒を用いる反応が検討された。その後，Ⅲ価Rh触媒を用いると，より多様な芳香族基質の反応が行えることがわかり，発展が今なお続いている。本稿では，主に後者を取り上げる。前者については，すでに優れた総説にまとめられているので，参照されたい[1,2]。さて，Ⅲ価Rh触媒を用いる直接カップリングの例として筆者らは，安息香酸とアルケンおよびアルキンとの酸化的カップリング反応を2007年に報告した。このような酸化的カップリングは，それまで主にPd触媒を用いて行われており，Rh触媒を用いる例としては，ベンゼンの藤原-守谷型反応が知られていたものの[3]，ほとんど検討されていなかった。Pd触媒は，酸化剤を用いる酸化的カップリング条件下で失活しやすく，触媒添加量が多くなる傾向があった。これに対しⅢ価の$Cp^{*}Rh$錯体を用いると（Cp^{*}＝1,2,3,4,5-ペンタメチルシクロペンタジエニル），酸化的カップリングが効率よく進行することを見出した（図1）[4,5]。その後の検討により，このRh触媒を用いる酸化的カップリングでは適用範囲が広く，多様な配向基を有する芳香族基質とアルケンやアルキンとの反応を円滑に行うことができ，様々なπ共役分子が合成できることが明らかになった[5]。本稿では，紙面が限られるため，主に筆者らが開発したⅢ価Rh触媒を用いる酸化的カップリング反応を中心に，利用した配向基に含まれるヘテロ原子ごとに分類して紹介する。

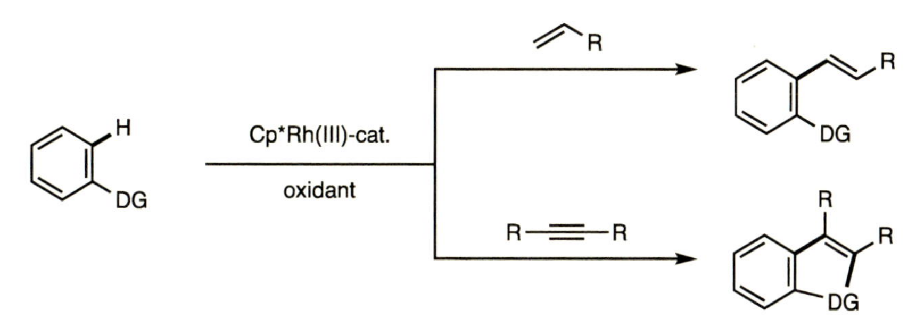

図1　Ⅲ価Rh触媒を用いる酸化的カップリング反応

＊　Tetsuya Satoh　大阪市立大学　大学院理学研究科　教授

2　含酸素配向基を利用する反応

上述のように，筆者らはCp*Rh(Ⅲ)触媒を用いる酸化的カップリングの最初の例として，図2に示す安息香酸類とアルケンおよびアルキンとの反応を報告している[4,6]。まず安息香酸をアクリル酸エチルとともに，Cp*Rh(Ⅲ)／酢酸銅触媒存在下，*o*-キシレン中，空気雰囲気，120℃で反応させると，カルボキシル基の両側のオルト位でのアルケニル化および分子内求核付加が起こり，7-アルケニルフタリド誘導体が76%の収率で得られる。同様の反応条件下，ジフェニルアセチレンとの反応では，3,4-ジフェニルイソクマリンが高収率で生成する。

これらの反応では，カルボキシ基がRh中心に配位し，オルト位の炭素-水素結合が切断されることにより開始されると考えられる。アルキンとの反応を例として図3に可能な反応機構を示す。オルトメタル化により生じた五員環中間体へのアルキン挿入および還元的脱離を経て酸化的カップリング生成物であるイソクマリンを与える。その際生じるⅠ価Rh種は，銅塩により再酸化され，Ⅲ価Rh種が再生する。銅塩も空気中で再酸化されるため，Rhに加えて銅塩の添加量も触媒量に低減でき，反応に伴う副生物が水のみのクリーンな反応系となる。

1-ナフトールやベンジルアルコールの水酸基も配向基として機能する。安息香酸の反応と同様の条件で，1-ナフトールとアルキンを反応させると，ペリ位の炭素-水素結合切断を伴って酸化的カップリングが進行し，ベンゾ[*de*]クロメン誘導体を与える（図4）[7]。

α,α-二置換ベンジルアルコールとアルキンとの酸化的カップリングは，カチオン性Cp*Rh触媒および量論量の銅塩を酸化剤として用いる条件で効率よく進行し，イソクロメン誘導体が得られる（図5）[8]。このように，これらの反応は簡便な縮合含酸素ヘテロ環化合物の合成法となる。

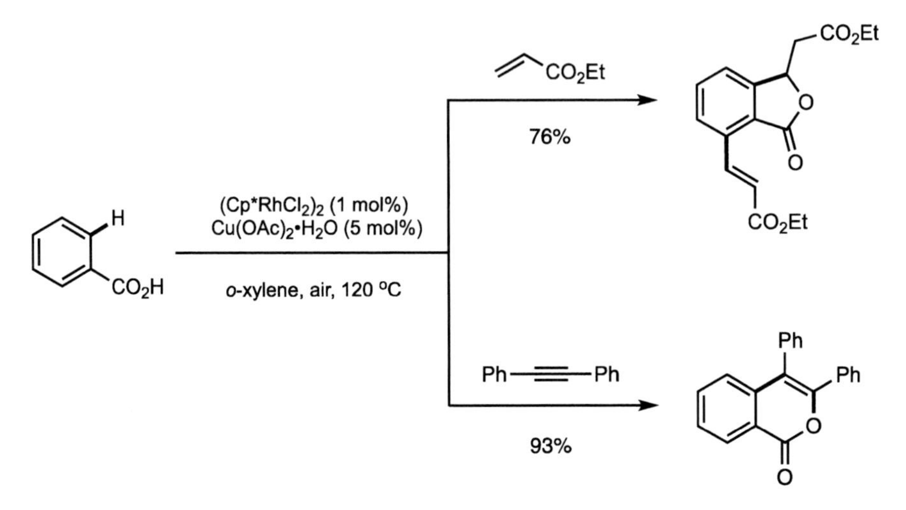

図２　安息香酸とアルケンおよびアルキンとのカップリング

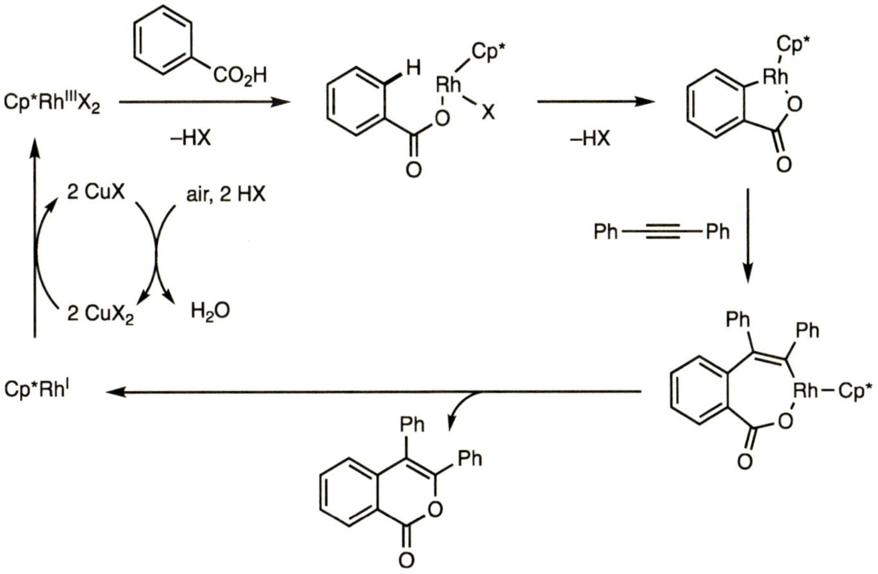

図3　安息香酸とアルキンとのカップリングの反応機構

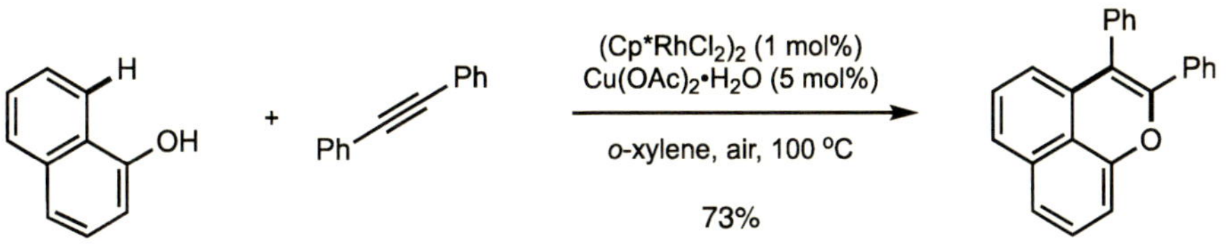

図4　1-ナフトールとアルキンとのカップリング

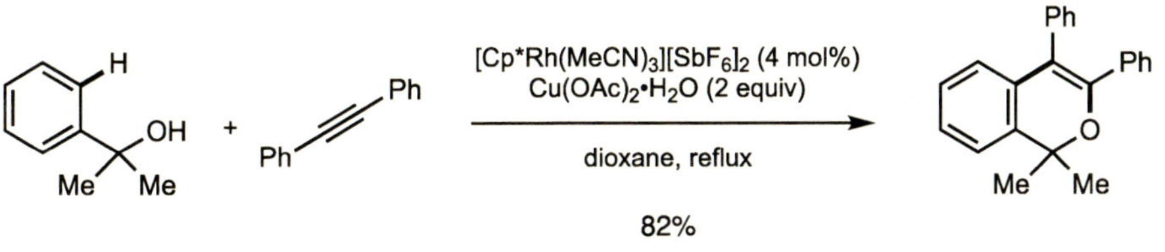

図5　ベンジルアルコールとアルキンとのカップリング

3　含窒素配向基を利用する反応

アミノ基をはじめとする含窒素官能基も配向基として機能し，近傍での酸化的カップリングが可能となる。上述のα,α-二置換ベンジルアルコールと同様の構造を有するα,α-二置換ベンジルアミンも，カチオン性Cp*Rh触媒および銅塩酸化剤存在下でスチレンと反応し，オルト位アルケニル化物を与える（図6）[9]。カップリングパートナーとしてアクリル酸ブチルを用いた場合，

図2の安息香酸の反応と同様に酸化的カップリングの後に分子内求核付加が起こり，イソインドリン誘導体が生成する。

様々なカルボニル基等で保護されたアミノ基も配向基として利用できる。例えば，*t*-ブトキシカルボニル基（Boc基）で保護したアニリンをアクリル酸ブチルと反応させると，オルト位アルケニル化物が生成する（図7）[10]。Boc基はトリフルオロ酢酸を用いる常法により，簡便に脱保護できることを確認している。

含窒素配向基を有する芳香族基質とアルキンとの酸化的カップリングでは，一連の縮合含窒素ヘテロ環化合物を合成できる。ベンズアニリドとジフェニルアセチレンの反応は，Cp*Rh触媒および銅塩を酸化剤として用いる条件で円滑に進行し，イソキノリノン誘導体を与える（図8）[11]。

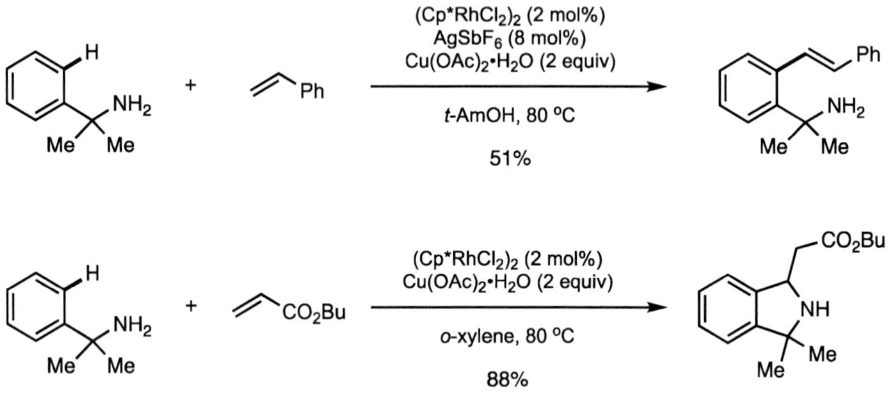

図6　ベンジルアミンとアルケンとのカップリング

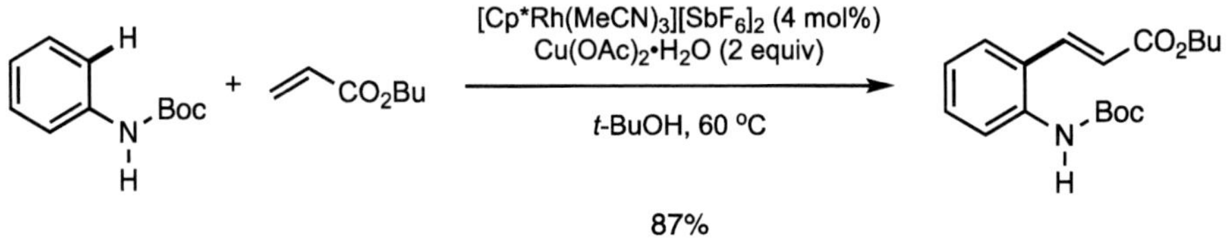

図7　*N*-Boc保護アニリンとアルケンとのカップリング

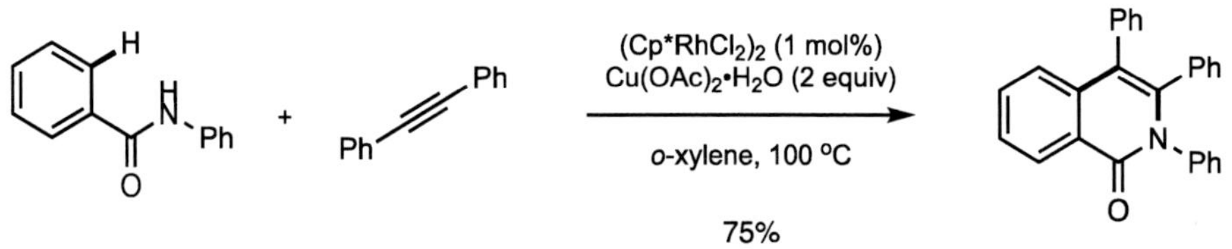

図8　ベンズアニリドとアルキンとのカップリング

同様の条件で，*N*-無置換ベンズアミドはアルキンと 1：2 の比でカップリングし，イソキノリノ[3,2-*a*]イソキノリン-8-オン誘導体が生成する（図 9）[11]。ここでは図 8 の反応と同様の 1：1 カップリングにより *N*-H イソキノリノンが一旦生成し，これがもう一分子のジフェニルアセチレンと酸化的カップリングすることで，最終生成物を与えるものと考えられる。

イミノ基も配向基として機能し，近傍での酸化的カップリングを可能とする。ベンジリデンアニリンをジフェニルアセチレンとともに，Cp*Rh 触媒および銅塩酸化剤存在下反応させると，五員環形成が起こり，インデノンイミン誘導体を与える（図 10）[12]。

同様の条件でベンゾフェノンイミンを反応させると，対照的に六員環が形成され，イソキノリンを高収率で与える（図 11）[12]。

酸化剤存在下で，ベンジルアミン類は容易に対応するベンジルイミンへと変換される。従って図 11 の条件で，ベンジルアミンを反応させると，系中で生じるイミンとアルキンとの酸化的カップリングが起こり，イソキノリン誘導体が一挙に合成される（図 12）[13]。

ピラゾールやピリジン環をはじめとする含窒素ヘテロ環も配向基として利用できる。1-フェニルピラゾールや 2-フェニルピリジンとアルケンとの酸化的カップリングでは，2′ 位で位置選択的にアルケニル化が起こり，条件に応じてモノおよびジアルケニル化物が得られる（図 13）[14]。

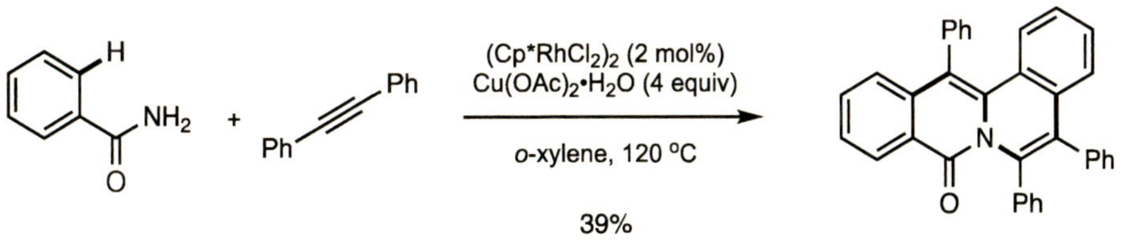

$(Cp^*RhCl_2)_2$ (2 mol%), $Cu(OAc)_2 \cdot H_2O$ (4 equiv), *o*-xylene, 120 °C, 39%

図 9　ベンズアミドとアルキンとのカップリング

$(Cp^*RhCl_2)_2$ (2 mol%), $Cu(OAc)_2 \cdot H_2O$ (2 equiv), DMF, 80 °C, 85%

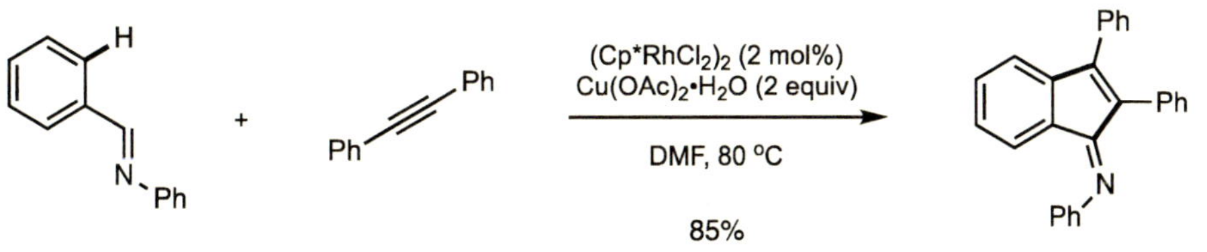

図 10　ベンジリデンアニリンとアルキンとのカップリング

$(Cp^*RhCl_2)_2$ (2 mol%), $Cu(OAc)_2 \cdot H_2O$ (2 equiv), DMF, 80 °C, 98%

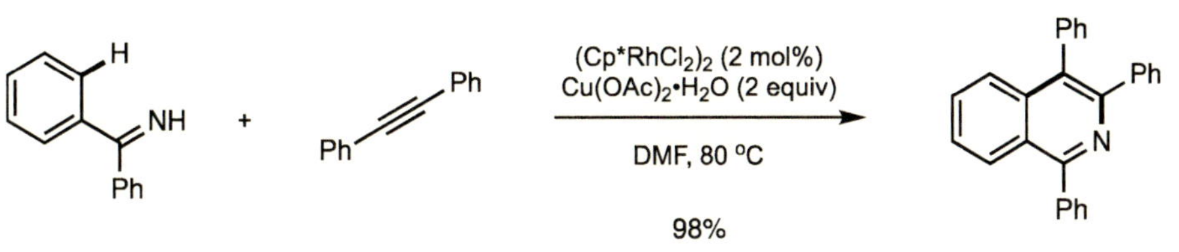

図 11　ベンゾフェノンイミンとアルキンとのカップリング

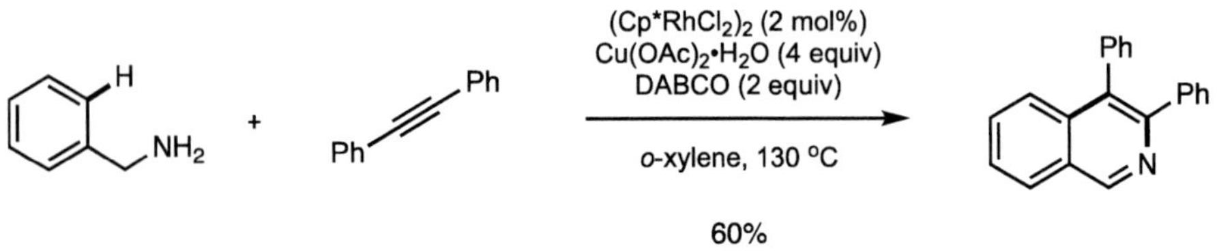

図 12　ベンジルアミンとアルキンとのカップリング

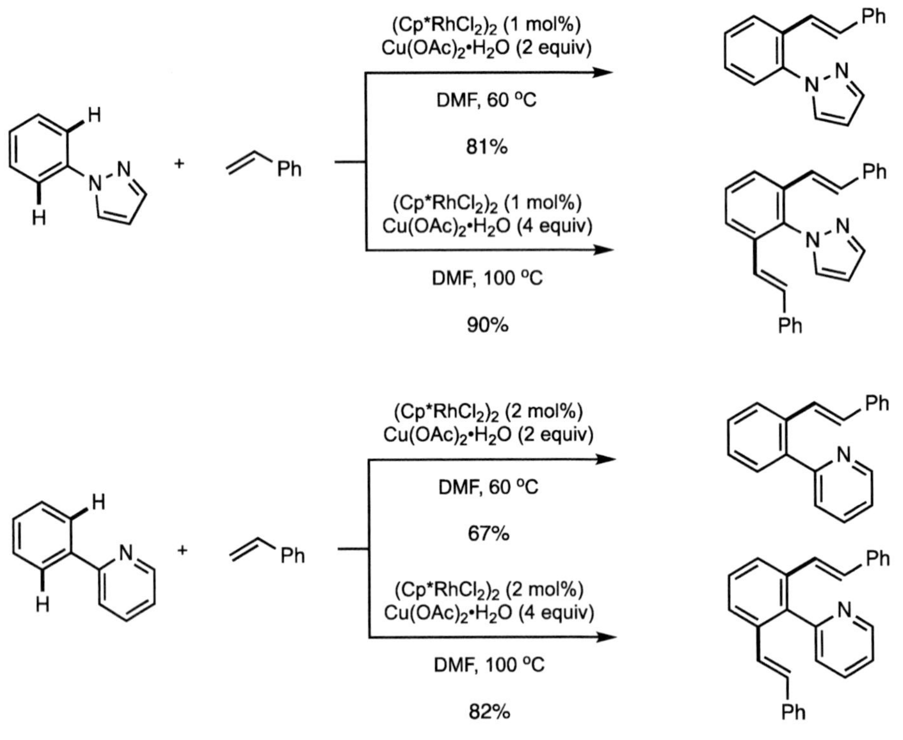

図 13　フェニルピラゾールおよび-ピリジンとアルケンとのカップリング

同様の条件下，これらの基質とアルキンとの酸化的カップリングも円滑に進行し，環化生成物を与える。例えば，1-フェニルピラゾールとジフェニルアセチレンとの反応では，反応条件により 1：1，1：2，および 1：4 カップリング生成物を選択的に合成できる（図 14）[15,16]。なお，1：2 および 1：4 カップリングでは，通常用いられる Cp^*Rh 触媒に加えて，配位子として $C_5H_2Ph_4$（1,2,3,4-テトラフェニル-1,3-シクロペンタジエン）を添加することで，生成物収率が向上する。

また，2-フェニルインドール[17]や 2-フェニルベンズイミダゾール[15]とアルキンの反応では，炭素-水素および窒素-水素結合切断を伴って 1：1 カップリング反応が進行し，それぞれ対応する四環式化合物を与える（図 15）。

$(Cp^*RhCl_2)_2$ (2 mol%)
$Cu(OAc)_2\cdot H_2O$ (2 equiv)
Na_2CO_3 (2 equiv)
o-xylene, 150 °C
81%

$(Cp^*RhCl_2)_2$ (2 mol%)
$C_5H_2Ph_4$ (8 mol%)
$Cu(OAc)_2\cdot H_2O$ (2 equiv)
DMF, 80 °C
93%

$(Cp^*RhCl_2)_2$ (8 mol%)
$C_5H_2Ph_4$ (32 mol%)
$Cu(OAc)_2\cdot H_2O$ (4 equiv)
DMF, 100 °C
74%

図14　フェニルピラゾールとアルキンとのカップリング

$(Cp^*RhCl_2)_2$ (2 mol%)
$Cu(OAc)_2\cdot H_2O$ (10 mol%)
Na_2CO_3 (2 equiv)
o-xylene, air, 100 °C
96%

$(Cp^*RhCl_2)_2$ (2 mol%)
$C_5H_2Ph_4$ (8 mol%)
$Cu(OAc)_2\cdot H_2O$ (2 equiv)
DMF, 80 °C
86%

図15　フェニルインドールおよび-ベンズイミダゾールとアルキンとのカップリング

4　含リン配向基を利用する反応

Ⅲ価Rh触媒を用いるC–Hカップリングでは，従来広く用いられている含酸素および含窒素配向基に加えて，含リンや次節で取り上げる含硫黄配向基を有する芳香族基質が最近，利用されている。まずジシクロヘキシルフェニルホスフィンオキシドをアクリル酸エチルとともに，カチオン性 Cp*Rh(Ⅲ) 触媒および銀塩酸化剤存在下，*o*-ジクロロベンゼン中，120℃で反応させると，オルト位アルケニル化物が生成する（図 16）[18]。ジメチルフェニルホスフィンオキシドのように，立体的に小さな配向基を持つ基質の反応ではジアルケニル化物を選択的に与える。

クロスカップリングに広く利用される配位子の合成法として，フェニルホスフィン骨格のオルト位アリール化が注目されている。アルケンとして 1,4-エポキシジヒドロナフタレンを用いて，ジシクロヘキシルフェニルホスフィンオキシドと反応させると，脱水を伴うカップリングが進行し，オルト(2-ナフチル)フェニルホスフィンオキシド誘導体が生成する（図 17）[19]。ここで得られるオルトアリールフェニルホスフィンオキシドは，トリクロロシランとともに処理することで容易に還元され，対応するホスフィンを与える。

カチオン性 Cp*Rh(Ⅲ) 触媒および銀塩酸化剤を用いる条件で，フェニルホスフィン酸をアル

[$Cp^*Rh(MeCN)_3$][SbF_6]$_2$ (8 mol%)
AgOAc (4 equiv)
o-dichlorobenzene, 120 ℃
64%

[$Cp^*Rh(MeCN)_3$][SbF_6]$_2$ (8 mol%)
AgOAc (4 equiv)
o-dichlorobenzene, 120 ℃
71%

図 16　フェニルホスフィンオキシドとアルケンとのカップリング

[$Cp^*Rh(MeCN)_3$][SbF_6]$_2$ (8 mol%)
AgOAc (20 mol%)
DCE, 130 ℃
80%

$HSiCl_3$ (3 equiv)
toluene, reflux
94%

図 17　フェニルホスフィンオキシドと 1,4-エポキシジヒドロナフタレンとのカップリング

キンと反応させると，安息香酸の反応と同様に酸化的環化が起こり，ホスファイソクマリン誘導体がほぼ定量的に得られる（図18）[18]。

ホスフィンオキシドに加えて，ホスフィンスルフィドとアルケンとの酸化的カップリングも，カチオン性Cp*Rh触媒および銅塩酸化剤存在下進行し，オルト位アルケニル化物を与える（図19）[20]。またこのようなオルト位アルケニル化物は，アルキンとのレドックスニュートラルなカップリングでも得られる。すなわち，カチオン性Cp*Rh触媒および酢酸を用いて，フェニルホスフィンスルフィドをジフェニルアセチレンとともに反応させると，オルトメタル化およびアルキン挿入の後に，酢酸によるプロトン化が起こり，オルト位アルケニル化物を生成する。

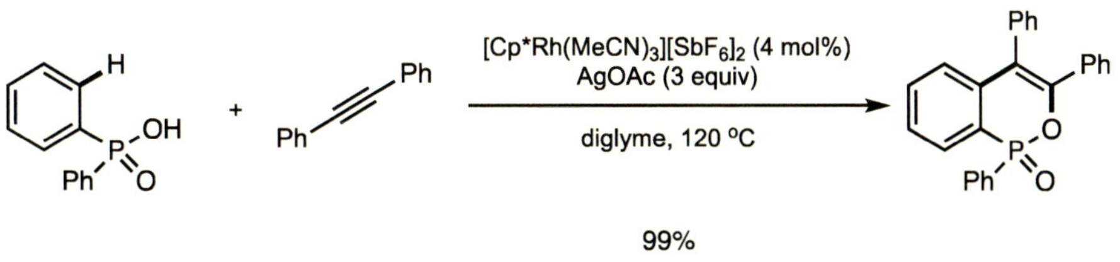

図18　フェニルホスフィン酸とアルキンとのカップリング

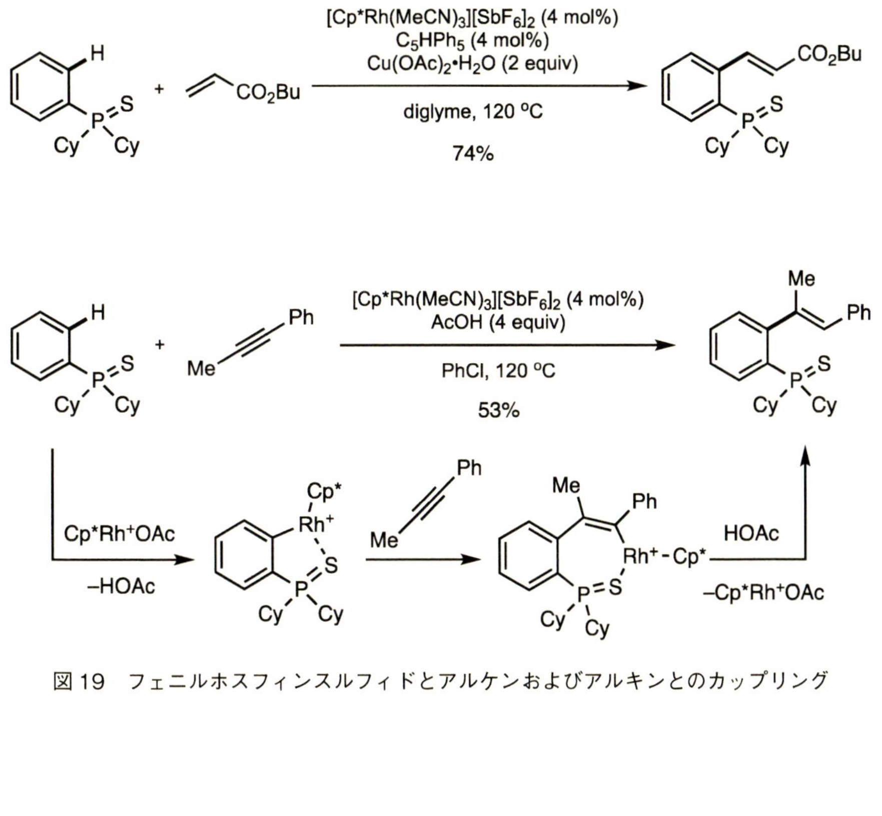

図19　フェニルホスフィンスルフィドとアルケンおよびアルキンとのカップリング

5　含硫黄配向基を利用する反応

メチルフェニルスルホキシドをアクリル酸エチルとともに，カチオン性Cp*Rh(Ⅲ)触媒および銀塩酸化剤存在下，クロロベンゼン中，120℃で反応させると，スルホキシド基オルト位での炭素-水素結合切断を伴って酸化的カップリングが起こり，オルトアルケニルフェニルスルホキシドが生成する（図20）[21]。1-アダマンタンカルボン酸をプロトン源として用いる条件で，この基質とアルキンとのレドックスニュートラルなカップリングを行なった場合にもオルト位アルケ

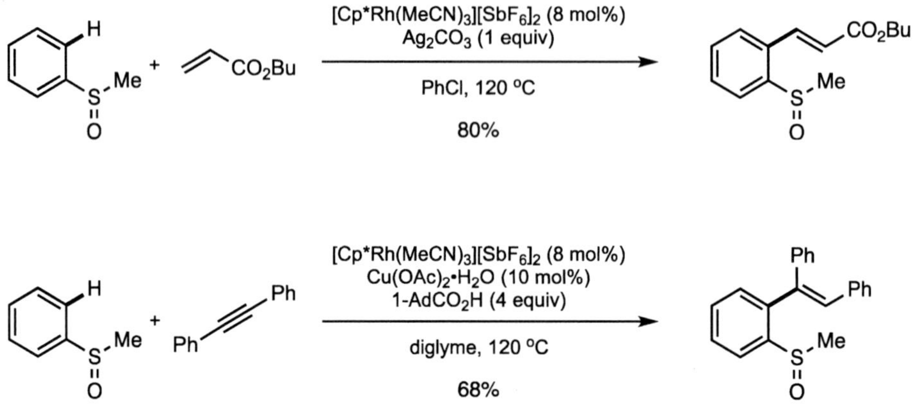

図20　フェニルスルホキシドとアルケンおよびアルキンとのカップリング

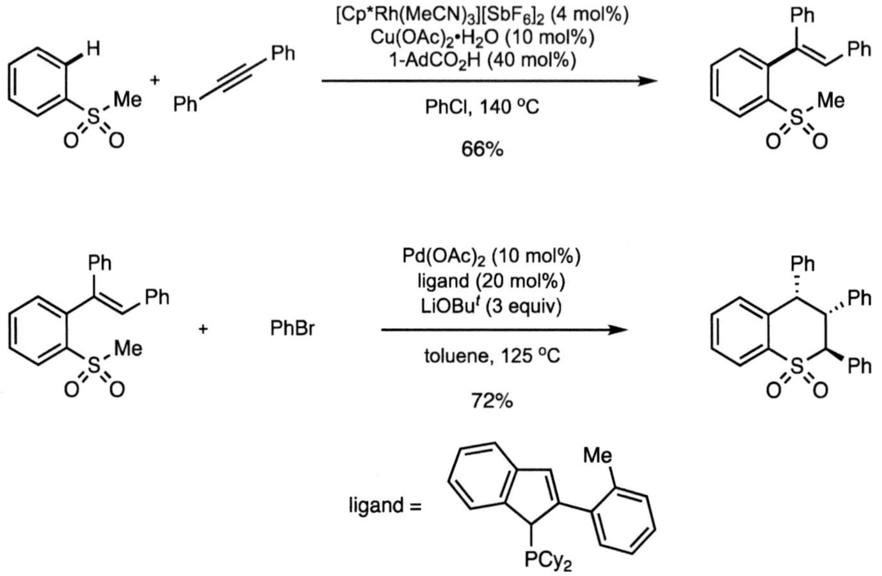

図21　フェニルスルホンとアルキンとのカップリング

ニル化物が合成できる。

1-アダマンタンカルボン酸をプロトン源として用いる条件で，メチルフェニルスルホンとアルキンのレドックスニュートラルなカップリングも行える（図 21）[22]。ここではスルホニル基が配向基として機能し，オルト位アルケニル化を可能とする。スルホニル基の電子求引性によりメチル基上の α 水素が活性化され，パラジウム触媒を用いると，α 位アリール化が行えることが報告されている[23]。これをオルト位がアルケニル化されたメチルフェニルスルホンに適用すると，α 位フェニル化の後にジアステレオ選択的な環化が起こり，2-フェニルチオクロマン-1,1-ジオキシド誘導体が生成する。

カチオン性 Cp*Rh(Ⅲ) 触媒および銅塩酸化剤を用いる条件では，2-フェニル-1,3-ジチアンとアルケンとの酸化的カップリングもスムーズに進行し，オルト位アルケニル化物を与える（図 22）[24]。チオアセタール部位の脱保護は，Dess-Martin ペルヨージナン試薬あるいはラネ-ニッケルを用いることで容易に行える。

Cp*Rh 触媒および銅塩酸化剤存在下，3-フェニルチオフェンをアクリル酸ブチルと反応させると，オルト位アルケニル化生成物が選択的に得られる（図 23）[25,26]。ここではチエニル基が配向基として機能すると考えられる。また同様の条件で，アルキンとの酸化的カップリングも円滑に進行し，ナフトチオフェン誘導体が生成する。

[Cp*Rh(MeCN)$_3$][SbF$_6$]$_2$ (8 mol%)
Cu(OAc)$_2$•H$_2$O (2 equiv)
THF, 60 °C
92%

Dess-Martin periodinane (2 equiv)
MeCN/DCM/H$_2$O, rt
94%

Raney-Ni (excess)
EtOH, rt
88%

図 22　フェニルジチアンとアルケンとのカップリング

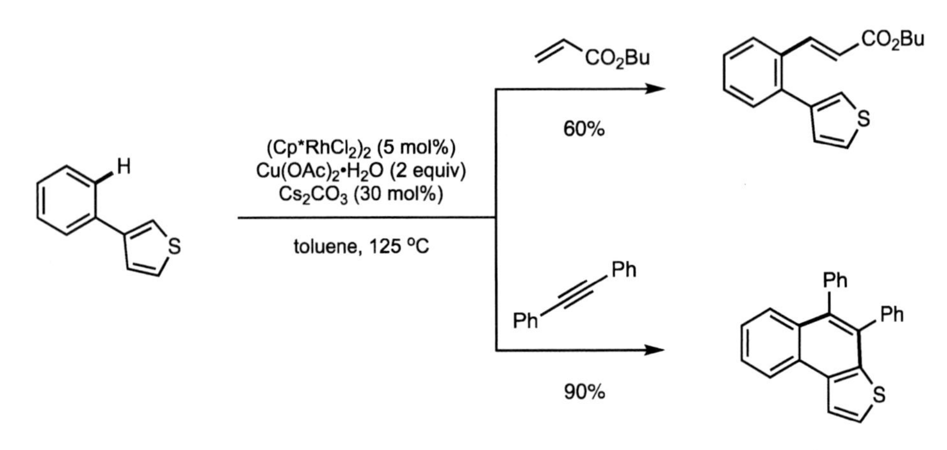

図23　フェニルチオフェンとアルケンおよびアルキンとのカップリング

6　おわりに

本稿では，Ⅲ価Rh触媒を用いる様々な配向基を有する芳香族基質とアルケンやアルキンとの酸化的カップリングについて，代表的な反応を紹介した。Rh触媒系を用いる反応では，従来から利用されている酸素や窒素を含む配向基だけでなく，含リンや含硫黄配向基を有する芳香族基質にも適用できるため，多様なπ共役分子が一段階で合成できる。今回，炭素–炭素結合形成反応に絞って示したが，炭素–窒素や炭素–酸素間での酸化的カップリング反応も数多く開発されている。今後も新規カップリング開発が継続され，有機合成ツールとしての価値が高められていくものと期待される。

文　　献

1）K. Kakiuchi, T. Kochi., *Synthesis*, 3013 (2008)
2）D. A. Colby, R. G. Bergman, J. A. Ellman, *Chem. Rev.*, **110**, 624 (2010)
3）T. Matsumoto, R. A. Periana, D. J. Taube, H. Yoshida, *J. Catal.*, **206**, 272 (2002)
4）K. Ueura, T. Satoh, M. Miura, *Org. Lett.*, **9**, 1407 (2007)
5）T. Satoh, M. Miura, *Chem. Eur. J.*, **16**, 11212 (2010)
6）K. Ueura, T. Satoh, M. Miura, *J. Org. Chem.*, **72**, 5362 (2007)
7）S. Mochida, M. Shimizu, K. Hirano, T. Satoh, M. Miura, *Chem. Asian J.*, **5**, 847 (2010)
8）K. Morimoto, K. Hirano, T. Satoh, M. Miura, *J. Org. Chem.*, **76**, 9548 (2011)
9）C. Suzuki, K. Morimoto, K. Hirano, T. Satoh, M. Miura, *Adv. Synth. Catal.*, **356**, 1521 (2014)
10）T. Morita, T. Satoh, M. Miura, *Org. Lett.*, **19**, 1800 (2017)

11）S. Mochida, N. Umeda, K. Hirano, T. Satoh, M. Miura, *Chem. Lett.*, **39**, 744 (2010)
12）T. Fukutani, N. Umeda, K. Hirano, T. Satoh, M. Miura, *Chem. Commun.*, 5141 (2009)
13）K. Morimoto, K. Hirano, T. Satoh, M. Miura, *Chem. Lett.*, **40**, 600 (2011)
14）N. Umeda, K. Hirano, T. Satoh, M. Miura, *J. Org. Chem.*, **74**, 7094 (2009)
15）N. Umeda, H. Tsurugi, T. Satoh, M. Miura, *Angew. Chem. Int. Ed.*, **47**, 4019 (2008)
16）N. Umeda, K. Hirano, T. Satoh, N. Shibata, H. Sato, M. Miura, *J. Org. Chem.*, **76**, 13 (2011)
17）K. Morimoto, K. Hirano, T. Satoh, M. Miura, *Org. Lett.*, **12**, 2068 (2010)
18）Y. Unoh, Y. Hashimoto, D. Takeda, K. Hirano, T. Satoh, M. Miura, *Org. Lett.*, **15**, 3258 (2013)
19）Y. Unoh, T. Satoh, K. Hirano, M. Miura, *ACS Catal.*, **5**, 6634 (2015)
20）Y. Yokoyama, Y, Unoh, K. Hirano, T. Satoh, M. Miura, *J. Org. Chem.*, **79**, 7649 (2014)
21）K. Nobushige, K. Hirano, T. Satoh, M. Miura, *Org. Lett.*, **16**, 1188 (2014)
22）K. Nobushige, K. Hirano, T. Satoh, M. Miura, *Tetrahedron*, **71**, 6506 (2015)
23）B. Zheng, T. Jia, P. J. Walsh, *Org. Lett.*, **15**, 1690 (2013)
24）Y. Unoh, K. Hirano, T. Satoh, M. Miura, *Org. Lett.*, **17**, 704 (2015)
25）T. Iitsuka, K. Hirano, T. Satoh, M. Miura, *Chem. Eur. J.*, **20**, 385 (2014)
26）T. Iitsuka, K. Hirano, T. Satoh, M. Miura, *J. Org. Chem.*, **80**, 2804 (2015)

第5章　Ir触媒芳香族C-Hカップリング反応

柴田高範*

1　はじめに

イリジウム錯体は，C-H結合活性化の歴史において，黎明期よりその高い活性が報告されている。例えば，Crabtreeは1979年に3価のジヒドリドイリジウム錯体により，シクロアルカンから脱水素が進行する当量反応を報告し，後に触媒反応を報告している[1)]。また，Bergmanは1982年に，配位不飽和な3価のCp*イリジウムジヒドリド錯体により，ベンゼンのsp^2C-H結合，さらにはメタンのsp^3C-H結合が開裂し，酸化的付加が進行する当量反応を報告している[2)]。合成的な付加価値の高い触媒反応としては，嵩高いビピリジル配位子を有する1価イリジウム触媒を用いたHartwig-Miyaura C-Hボリル化が挙げられる[3)]。一方，芳香族C-Hカップリング反応，すなわちC-Hアリール化に関しては，先行して報告されたパラジウム触媒やルテニウム触媒を用いた反応と比較して，報告例，反応形式ともに限られている。本章では，配向基を用いないsp^2C-Hアリール化，配向基を用いたsp^2C-Hアリール化，さらにsp^3C-Hアリール化に関して紹介する。

2　配向基を用いないsp^2C-Hアリール化

イリジウム触媒によるC-Hアリール化の先駆的な例として，2004年にFujita, Yamaguchiらにより報告された3価のCp*イリジウムヒドリド錯体を用いた反応が挙げられる。大過剰のベンゼンを必要とするが，塩基存在下，種々のヨウ化アリールとのカップリング反応が進行する(図1)[4)]。

アニソールとヨウ化ベンゼンとの反応おけるカップリング体のオルト，メタ，パラ体の比から，

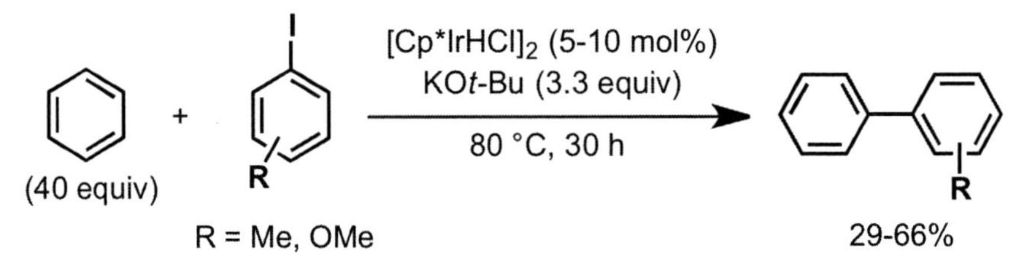

図1　ヨウ化アリールによる直接的C-Hアリール化

* Takanori Shibata　早稲田大学　先進理工学部　化学・生命化学科　教授

本反応は，ヨウ化アリールとイリジウム錯体から生じるアリールラジカルが活性種であると考えられている。

OMe
(40 equiv)
+
I
$[Cp^*IrHCl]_2$ (10 mol%)
KO*t*-Bu (3.3 equiv)
80 °C, 30 h
OMe
55%
o-OMe:*m*-OMe:*p*-OMe = 72:16:12

図2　アニソールの C-H アリール化における位置異性体比

その後，2009 年 Itami らにより，Crabtree 触媒を用いたヘテロール類の C-H アリール化が報告された[5)]。本反応では，炭酸銀存在下，フラン，ピロール，チオフェンに加え，ベンゾヘテロールも適用可能であり，ヨウ化アリールとの反応において，いずれの場合も 2 位選択的なアリール化が進行する（図 3）。ヘテロール類とアリール化剤が 1：1 のモル比で進行する点は特筆すべき点である。

R
Z
H
(1 equiv)
+ Ar—I
(1 equiv)
$[Ir(cod)(py)PCy_3]PF_6$ (10 mol%)
Ag_2CO_3 (1.05 equiv)
m-xylene, 160 °C, 18 h
R
Z
Ar
31-80%

R
Z
Ar
Z = O, NR', S
Z
Ar
Z = NR', S

図3　ヘテロール類の位置選択的 C-H アリール化

MeO
O
S
H
+
I
R
(1.4 equiv)
R = alkyl, Ph, CF_3, NO_2
$[Ir(cod)(py)PCy_3]PF_6$
(5 mol%)
Ag_2CO_3 (1.1 equiv)
1,4-dioxane
165 °C, 12 h
MeO
O
S
R
55-97%

図4　縮環型チオフェンの位置選択的 C-H アリール化

さらにItamiらは，本反応をCCR5拮抗薬であるTAK-779のチオフェン類縁体の合成後期修飾のツールとして利用しており，種々の置換アリールの直接的導入を達成している（図4）[6]。本反応は，パラジウムやロジウム触媒でも進行するが，イリジウム触媒により，位置選択的モノアリール化が可能である。また反応機構として，ヨウ化アリールとIr(Ⅰ)から，ArIr(Ⅲ)Iが生じ，炭酸銀との反応によりIrの炭酸塩を経るCMD機構のC-H結合開裂を提唱している。

3　配向基を用いた sp^2 C-H アリール化

2015年に3価のCp^*Ir錯体を用いた配向基による位置選択的なC-Hアリール化が相次いで報告された。Chungらは，アミドを配向基とし，アリールジアゾニウム塩を求核剤として用いることにより，芳香族sp^2C-H，さらにはビニルsp^2C-Hアリール化を達成した（図5）[7]。芳香族アミドとしては，電子求引基，供与基のいずれも利用可能である。本反応条件により，*N*-オキシドを配向基としてキノリンの8位選択的なアリール化も可能である。いずれの反応においても，ジアゾニウム塩としては，電子求引基を有するアリール基の例のみである。

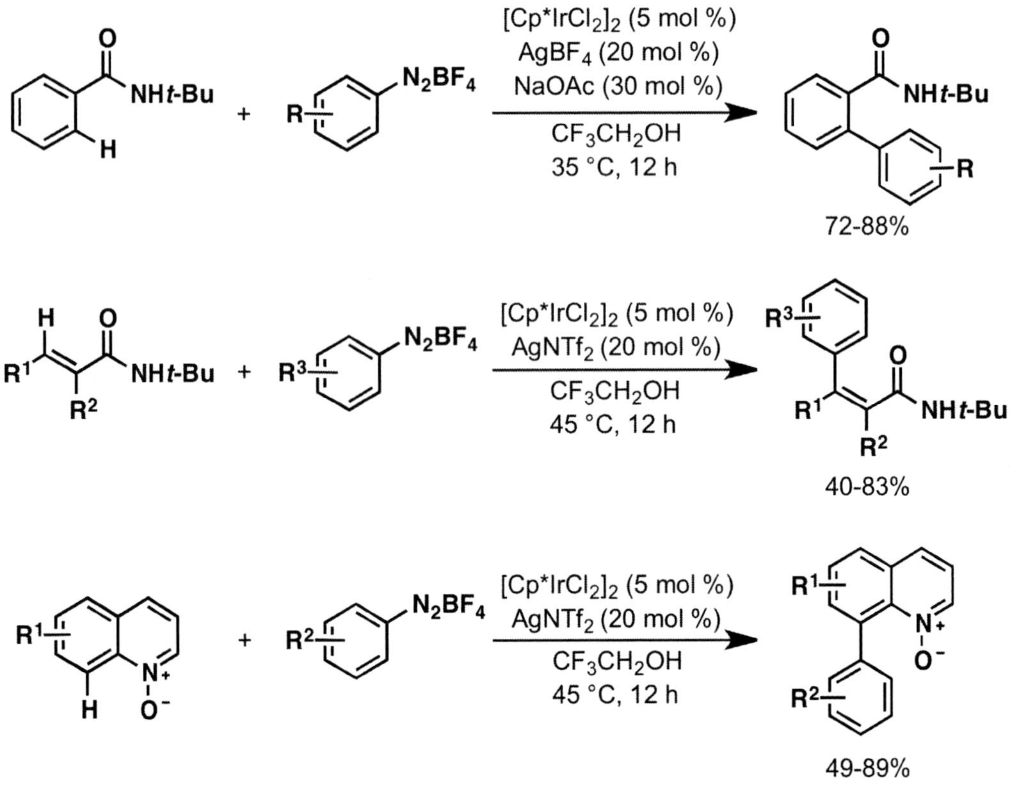

図5　ジアゾニウム塩による種々の配向基を用いた sp^2 C-H アリール化

一方Gooßenらは，カルボキシル基を配向基として，同様にアリールジアゾニウム塩を求核剤とするC-Hアリール化を報告した[8)]。本反応では，カルボン酸，ジアゾニウム塩，いずれのアレーンにも電子求引基，供与基の導入が可能であり，幅広い基質適用範囲が特徴である（図6）。さらに，合成変換として，脱カルボキシル化，あるいは酸化的環化によるラクトンへの変換も可能である。

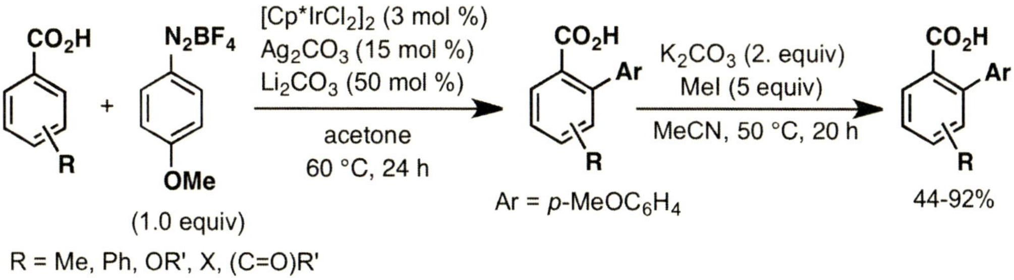

図6　カルボキシル基を配向基とするジアゾニウム塩による sp^2 C-H アリール化

またHongらは，アリールヨードニウム塩を求核剤として用い，イソキノロンに対する金属触媒制御による位置選択的なC-Hアリール化を達成した[9)]。2価パラジウム触媒存在下では，4位選択的反応が進行するのに対し，カチオン性3価イリジウム触媒を用いると，カルボニル基を配向基として8位選択的アリール化が進行する（図7）。ヨードニウム塩としては，電子不足から電子豊富アリールまで，幅広い一般性を有する。本反応は，対応する3価のCp*Rh錯体を用いても進行するが，収率が低下する。

Wangらにより，キノンジアジドをアリール化剤として用いる反応が報告された[10)]。上記とほぼ同様の触媒系において，2-ピリジル基や2,6-ピリミジル基など窒素系配向基のオルト位のC-

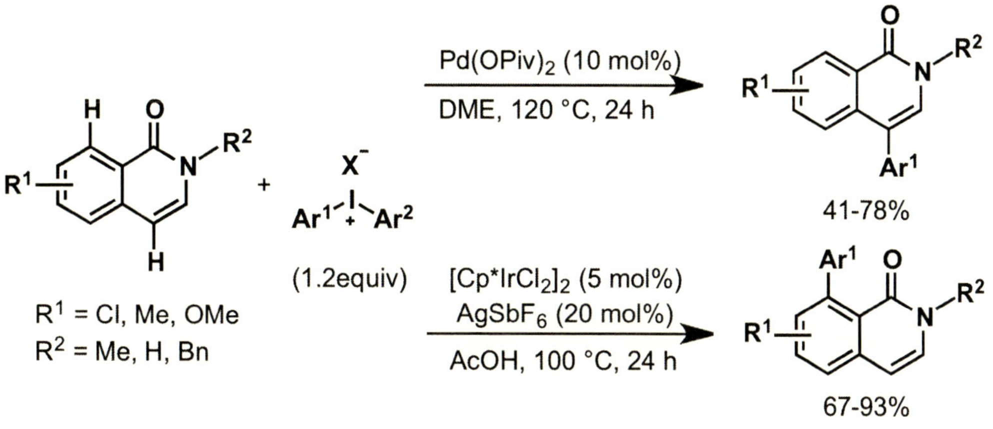

図7　ヨードニウム塩によるC-Hアリール化における触媒制御の位置選択性

[Cp*MCl_2]$_2$ (2.5 mol%)
$AgSbF_6$ (20 mol%)
PivOH (10 mol%)
DCM, 50 °C, ovn
Z = CH
(X equiv)
M = Rh (X =1.5) 73% 17%
M = Ir (X =1.5) trace 64%
(X = 2.5) trace 80%

[Cp*$IrCl_2$]$_2$ (2.5 mol%)
$AgSbF_6$ (20 mol%)
PivOH (10 mol%)
DCM, 50 °C, ovn
(2.5 equiv)
DG = 2-pyridyl, 2,6-pyrimidyl, 1-pyrazolyl
R = H, Me, Ac, OMe, CF_3, CO_2Et

図８　キノンジアジドを用いた種々の配向基による C-H ジアリール化

H 活性化が進行し，4-ヒドロキシフェニル基の導入が可能である。本反応では，ロジウム触媒とイリジウム触媒を選択することで，モノアリール体とジアリール化体の選択的合成が可能であり，配向基のパラ位の官能基耐性は高い（図 8）。

さらに Cramer らは，キノンジアジドを用いた対称ジアリールホスフィンオキシドの非対称化により，キラルなホスフィンオキシドのエナンチオ選択的合成を達成した。本不斉反応では，著者らが開発したキラル Cp 配位子とキラルアミノ酸誘導体の選択により，高い鏡像体過剰率が達成された（図 9）[11]。

chiral Ir cat. (3 mol%)
$AgSbF_6$ (12 mol%)
chiral acid(15 mol%)
dioxane, 15 °C, 12 h
R^1 = H, Me, OMe, Cl NMe_2
R^2 = *t*-Bu, *i*-Pr, Ad,
60-98%
89-97% *ee*
chiral acid
chiral Ir cat.

図９　ジアリールホスフィンオキシドの非対称化によるエナンチオ選択的 C-H アリール化

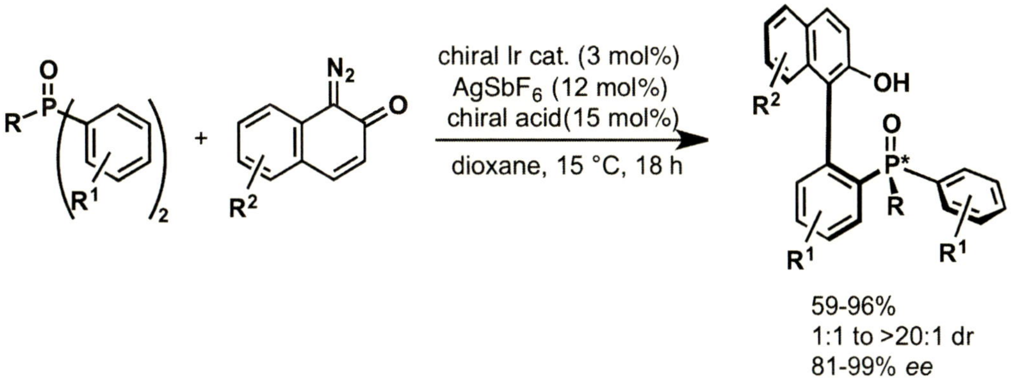

図10　ジアゾナフタレノンを用いた中心不斉と軸不斉の同時創製

アリール化剤として1-ジアゾ-2-ナフタレノンを用いると，中心不斉と軸不斉の同時創製が可能であり，反応はジアステレオ選択的かつエナンチオ選択的に進行する（図10)。生成物は立体特異的な還元により，不斉配位子として利用可能な軸不斉，P不斉を有するホスフィンに誘導可能である。

一方最近Chungは，アリールシランをアリール化剤として用い，アミド，ケトンやピリジンなど汎用な配向基のオルト位のC-Hアリール化を報告した（図11)[12]。ただし，アリールシランの芳香環上は，電子求引性基に限られる。

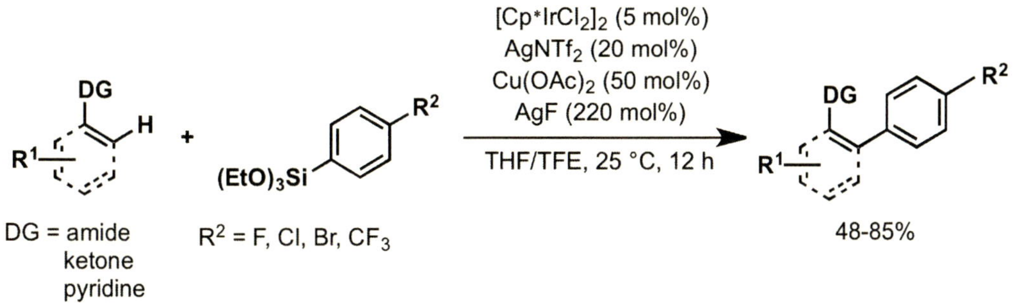

図11　銀塩を酸化剤として添加するアリールシランによるC-Hアリール化

なお，本反応では，1電子酸化としてフッ化銀を用いることが重要である。すなわち，従来のようにアリール金属種から直接的に還元的脱離が進行するのではなく，先に酸化されることで還元的脱離が促進されていると説明している。また，この反応機構をDFT計算から裏付けている（図12)。

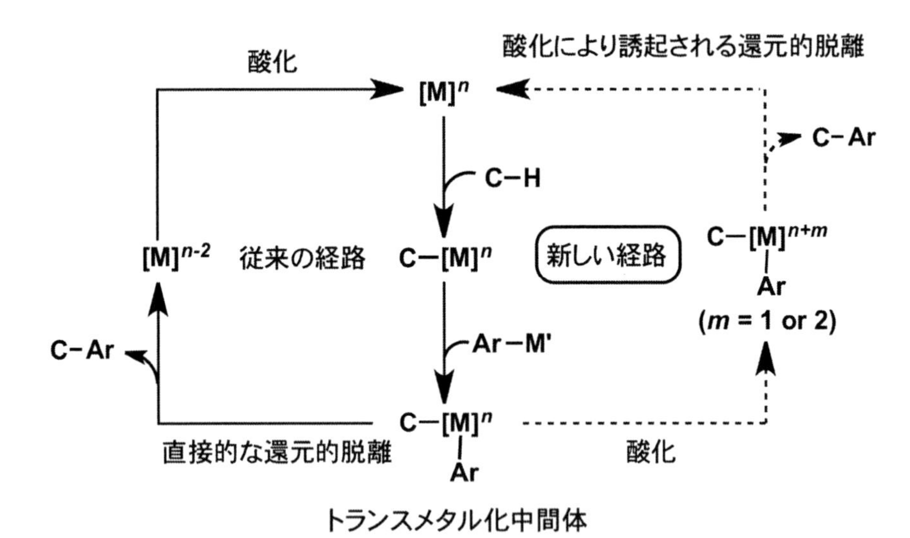

図 12　酸化により誘起される還元的脱離の機構の提案

4　sp^3 C-H アリール化

Shi らは，ジアリールヨードニウム塩を用いて，sp^{3}C-H アリール化を報告した（図 13）[13]。イミン，オキシム，ピリジンなどの窒素系配向基の β 位が選択的に開裂し，種々のアレーンの導入が可能である。

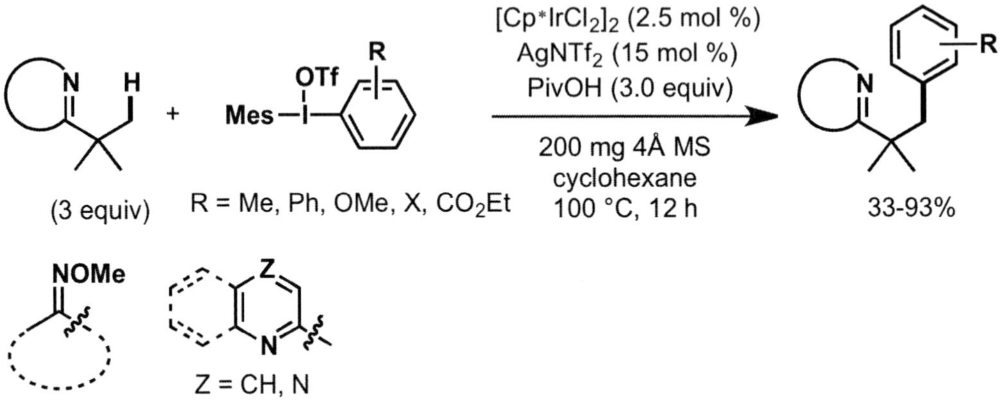

[Cp*IrCl$_2$]$_2$ (2.5 mol %)
AgNTf$_2$ (15 mol %)
PivOH (3.0 equiv)
200 mg 4Å MS
cyclohexane
100 °C, 12 h

N　H　+　Mes−I(OTf)−Ar(R)
(3 equiv)　R = Me, Ph, OMe, X, CO$_2$Et　33-93%

NOMe　Z = CH, N

図 13　窒素系配向基を用いたヨードニウム塩による sp^3 C-H アリール化

本反応は高い官能基許容性を示し，オレアナン骨格を有するトリテルペンの一種で，抗癌作用が認められているオレアノール酸誘導体の立体選択的修飾を達成している（図 14）。すなわち，オキシムを導入することにより，β-メチルの sp^{3}C-H アリール化が進行し，引き続き，加水分

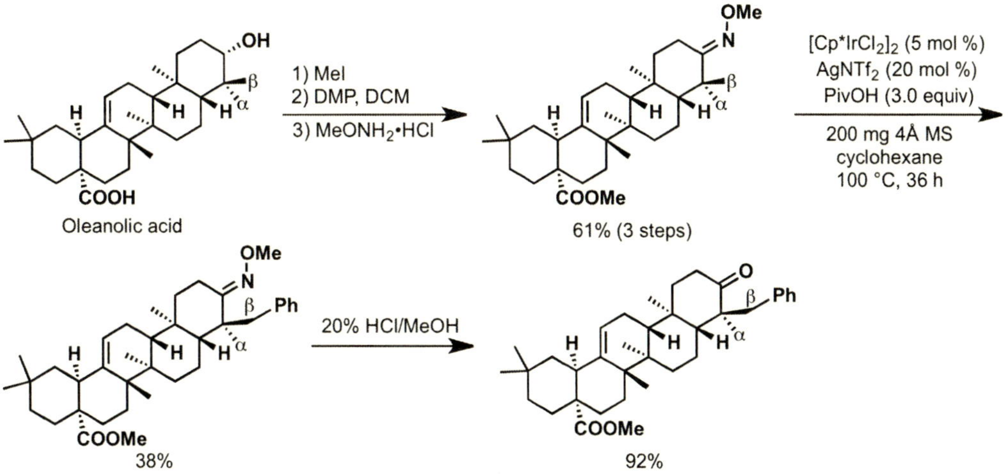

図14　オレアノール酸誘導体の立体選択的 sp^3 C-H アリール化

解によりケトンを得ている。

C-H結合開裂の機構は全く異なるが，MacMillanらは可視光レドックス触媒と有機触媒との組み合わせにより，アリル位の sp^3 C-H結合のアリール化を報告した（図15）[14]。すなわち，イリジウム触媒により発生させた嵩高いチオールラジカルがアリル位の水素を引き抜き，生じたアリルラジカルがベンゾニトリル類で捕捉されることにより，アリール化体が得られる。

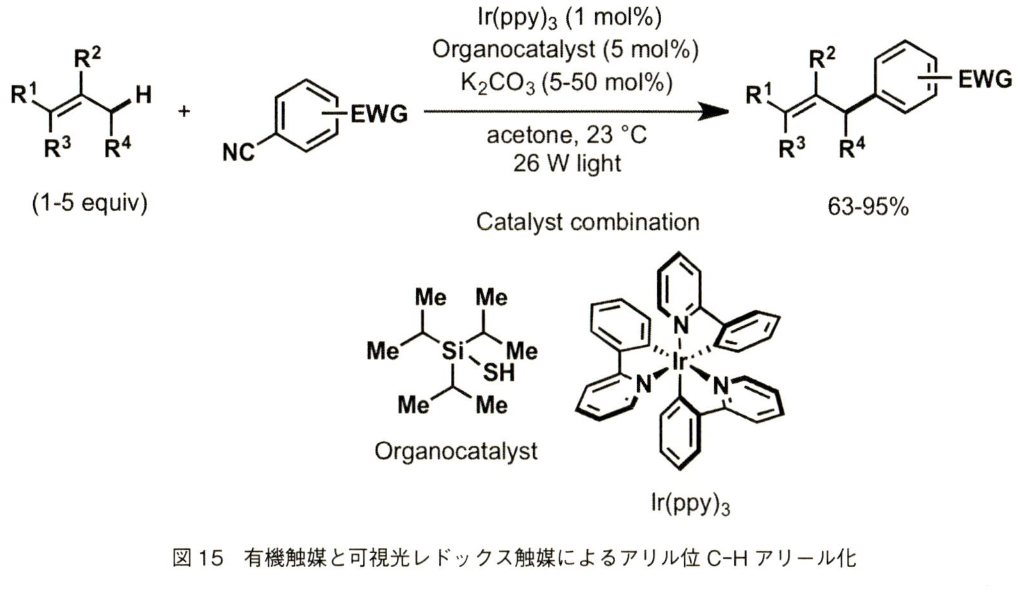

図15　有機触媒と可視光レドックス触媒によるアリル位C-Hアリール化

5 おわりに

イリジウム錯体は，同族のロジウム錯体とほぼ同様の触媒活性を示す場合，異なる活性を示す場合，全く異なる活性を示す場合と様々であり，これらの違いを総括的説明することは現時点では困難である。アルケンやアルキンによるC-Hアルキル化においては，イリジウム触媒はmajor playerであり，エナンチオ選択的な反応も知られている[15]。一方，C-Hアリール化においては，依然としてminor playerであり，用いられているイリジウム錯体も限られている。今後，C-Hアリール化の中でも例が少ないエナンチオ選択的な反応，あるいはsp^3C-Hアリール化において，イリジウム錯体の活躍が期待される。

文　　献

1) (a) R. H. Crabtree, J. M. Mihelcic, J. M. Quirk, *J. Am. Chem. Soc.*, **101**, 7738 (1979)；総説 (b) J. Choi, A. H. R. MacArthur, M. Brookhart, A. S. Goldman, *Chem. Rev.*, **111**, 1761 (2011)
2) A. H. Janowicz, R. G. Bergman, *J. Am. Chem. Soc.*, **104**, 352 (1982)
3) (a) T. Ishiyama, J. Takagi, K. Ishida, N. Miyaura, N. R. Anastasi, J. F. Hartwig, *J. Am. Chem. Soc.*, **124**, 390 (2002)；(b) J.-Y. Cho, M. K. Tse, D. Holmes, R. E. Maleczka Jr., M. R. Smith III, *Science*, **295**, 305 (2002)
4) K. Fujita, M. Nonogawa, R. Yamaguchi, *Chem. Commun.*, 1926 (2004)
5) B. Join, T. Yamamoto, K. Itami, *Angew. Chem. Int. Ed.*, **48**, 3644 (2009)
6) A. Junker, J. Yamaguchi, K. Itami, B. Wünsch, *J. Org. Chem.*, **78**, 5579 (2013)
7) K. Shin, S.-W. Park, S. Chang, *J. Am. Chem. Soc.*, **137**, 8584 (2015)
8) L. Huang, D. Hackenberger, L. J. Gooßen, *Angew. Chem. Int. Ed.*, **54**, 12607 (2015)
9) S. Lee, S. Mah, S. Hong, *Org. Lett.*, **17**, 3864 (2015)
10) S.-S. Zhang, C.-Y. Jiang, J.-Q. Wu, X.-G. Liu, Q. Li, Z.-S. Huang, D. Li, H. Wang, *Chem. Commun.*, **51**, 10240 (2015)
11) Y.-S. Jang, Ł. Woźniak, J. Pedroni, N. Cramer, *Angew. Chem. Int. Ed.*, **57**, 12901 (2018)
12) K. Shin, Y. Park, M.-H. Baik, S. Chang, *Nat. Chem.*, **10**, 218 (2018)
13) P. Gao, W. Guo, J. Xue, Y. Zhao, Y. Yuan, Y. Xia, Z. Shi, *J. Am. Chem. Soc.*, **137**, 12231 (2015)
14) J. D. Cuthbertson, D. W. C. MacMillan, *Nature*, **519**, 74 (2015)
15) (a) S. Pan, T. Shibata, *ACS Catal.*, **3**, 704 (2013)；(b) 柴田高範，ファインケミカル, **45**, 2月号, 5 (2016)

第6章　Fe触媒芳香族C-Hカップリング反応

道場貴大[*1]，中村栄一[*2]

1　はじめに

鉄は宇宙空間での元素合成の最終生成物であるがゆえに，地球上に最も多く存在する遷移金属である。そのため安価かつ低毒性であり，元素戦略の観点から見ても，反応の触媒として用いることのメリットが大きい。しかしながら，鉄は様々なスピン状態を取り，反応性の制御が難しいために，合成的に有用な反応を触媒するサイクルを構築することが困難であると考えられてきた。従って鉄触媒を用いた炭素-水素結合活性化反応の開発は他の金属のものと比べて歴史が浅く，2006年に中村らがクロスカップリング反応の副生成物として炭素-水素結合活性化反応を見出し，2008年に報告するまでは鉄触媒芳香族C-Hカップリング反応は知られていなかった[1]。国内外の研究グループによる10年間の研究の結果，数多くの鉄触媒芳香族C-Hカップリング反応が報告され，近年最も精力的に研究が進められている分野の一つとなっている[2]。

近年，様々な形の炭素-水素結合活性化反応が知られるようになったことを考慮し，本章ではSamesらの反応に関する議論に則り[3]，炭素-水素結合が鉄に配位することで炭素-水素結合が鉄触媒と反応し，炭素-鉄結合を生成する内圏型の反応についてのみ記述することにする。従って，鉄媒介のラジカル反応，脱水素型クロスカップリング反応，フリーデル・クラフツ反応などは含まれない。また，等量の鉄を用いた炭素-水素結合活性化反応は紙面の都合上割愛した。詳細は参考文献2を参照されたい。「2　炭素-炭素結合生成反応」では現在最も盛んに研究が行われている炭素-炭素結合生成反応についてC-H基質との反応形式ごとに説明する。続いて「3　炭素-ヘテロ原子結合生成反応」ではヘテロ原子の種類ごとに紹介する。

2　炭素-炭素結合生成反応

2.1　有機金属試薬とのカップリング反応

本章では，2008年に中村らが報告した反応の形式であるC-H基質と有機金属試薬とのカップリング反応を紹介する（図1a)。本形式の反応では反応剤の有機金属試薬が塩基としても用いられ，炭素-水素結合の切断は有機金属試薬由来の炭素-鉄結合から基質由来の炭素-鉄結合への切り替えが起こるσ-bond metathesis機構により進行する[4]。また，酸化剤としてはジハロアルカ

＊1　Takahiro Doba　東京大学　理学系研究科
＊2　Eiichi Nakamura　東京大学　理学系研究科　特任教授

a)

Fe(III)/L

R–m

DG

H + $LFeR_n$ → − RH

DG FeL R_{n-1}

(oxidant) →

DG R

b)

N H + [2PhMgBr + $ZnBr_2$•TMEDA] (3.0 equiv)

$Fe(acac)_3$ (10 mol %)
1,10-phenanthroline (10 mol %)
DCIB (2.0 equiv)
THF, 0 °C, 16 h

N Ph
99%

c)

Q

Ph O NH N H + [2PhMgBr + $ZnBr_2$•TMEDA] (3.0 equiv)

$Fe(acac)_3$ (10 mol %)
dppbz (10 mol %)
PhMgBr (1.0 equiv)
DCIB (2.0 equiv)
THF, 50 °C, 36 h

Ph O Q NH Ph
80% (+ 14% recovery)

d)

O Q NH H + [Bu Bpin]$^-$ Li^+ (4.0 equiv) (*Z*/*E* = 93:7)

$Fe(acac)_3$ (10 mol %)
dppen (10 mol %)
$ZnBr_2$•TMEDA (1.0 equiv)
DCIB (2.0 equiv)
THF, 70 °C, 24 h

O Q NH
90%
(*Z*,*Z*/*Z*,*E* = 82:18)

e)

O Q NH O H + $AlMe_3$ (2 equiv)

$Fe(acac)_3$ (1.0 mol %)
dppen (1.1 mol %)
2,3-DCB (2.0 equiv)
THF/hexane, 70 °C, 24 h

O Q NH O Me
99%
65% with 0.01 mol % Fe

f)

O Q NH H + [Ph MgCl + $ZnCl_2$•TMEDA] (3 equiv)

$Fe(acac)_3$ (10 mol %)
dppen (10 mol %)
$PhCH_2CH_2MgCl$ (1.0 equiv)
DCIB (2.0 equiv)
THF, 70 °C, 15 h

O NHQ Ph
85%
(*Z*/*E* = > 99:1)

Ph (styrene) < 5%

$Ph(CH_2)_4Ph$ < 1%

Ph_2P PPh_2 dppbz

Ph_2P PPh_2 dppen

Cl Cl DCIB

Cl Cl 2,3-DCB

図1　C-H 基質と有機金属試薬とのカップリング反応

ンが一般的であり，酸化剤一分子が二電子を受け取り，アルケンとハロゲン化物イオンに還元される。2008年に中村らが報告した反応ではピリジル基を配向基，臭化亜鉛TMEDA錯体とアリールグリニャール試薬より系中生成したジアリール亜鉛を塩基かつ反応剤として用いている（図1b）。TMEDAと系中生成により副生するマグネシウム塩は必須であり，モノアリール亜鉛ハライドでは反応は進行しない。本反応は0℃という低温で進行し，これは鉄触媒の高反応性を示している。以降中村らは同様の反応条件下，イミン[5]やアミド[6]を配向基として用いた反応，酸素を酸化剤として用いた反応[7]，グリニャール試薬を利用した反応[8~10]を報告している。

これらの反応に続き，2013年に中村らは8-アミノキノリニルアミド基を配向基，ジホスフィンを配位子として用いることで，C(sp^3)-H結合の直接アリール化が進行することを見出した（図1c）[11]。1等量のグリニャール試薬は8-アミノキノリニルアミド基の脱プロトンにより消費される。基質のベンジル位は反応せず，メチル部位のみがアリール化されることから，反応はラジカル種ではなく図1aに示した有機金属種を介する機構で進行するものと考えられる。C(sp^3)-H結合活性化反応は本書の域を超えるが，のちに二座配向基と二座ホスフィン配位子の組み合わせはC(sp^2)-H結合活性化反応にも広く適用可能であることがわかった（図1d-f）。2014年にAckermannらは1,2,3-トリアゾール部位を有する二座配向基（TAM）を用いた鉄触媒芳香族C-Hアリール化反応を報告した[12]。同じく2014年に中村らはボロン酸エステルを用いた鉄触媒芳香族C-Hカップリング反応を報告した（図1d）[13]。本反応ではボロン酸エステルをブチルリチウムと反応させることで反応性の高いボレート種を生成させ，トランスメタル化を促進するために亜鉛錯体を添加している。これにより本反応は幅広い基質適用範囲を示し，アルケニル-アルケニルカップリングが可能である。また，本反応では塩基のホモカップリングが抑えられていることから，Fe(Ⅲ)/Fe(Ⅰ)サイクルで反応が進行していると考えられる。2015年に中村らは温和なトリメチルアルミニウム試薬を用いることにより，鉄触媒C-Hメチル化反応を開発した（図1e）[14]。本反応ではグリニャール試薬や有機亜鉛試薬よりも還元力の弱いトリメチルアルミニウムを用いているために，ジメチル亜鉛を用いたメチル化反応[15]よりもはるかに高い触媒回転数6,500という高い効率を達成している。本反応は有機アルミニウム試薬の立体障害に敏感であり，トリイソブチルアルミニウムやトリオクチルアルミニウムでは反応が進行しない。さらに二座配向基と二座ホスフィン配位子の組み合わせはアルキル亜鉛とのトランスメタル化により生成するアルキル鉄種の安定化が可能であることが見出された（図1f）[16]。有機金属試薬としてモノアルキル亜鉛ハライドを用いた場合，β-水素脱離や塩基同士のホモカップリングは進行せず，一級アルキル及びベンジル基が効率的に導入される。一方で二級アルキルを用いた場合は，その一部が異性化し直鎖アルキル化体と分岐アルキル化体の混合物が得られる。

以上の反応は配位性の強い配向基を用いているが，合成的実用性の観点から，より単純な配向基を用いた鉄触媒芳香族C-Hカップリング反応が望まれる。2016年に中村らは三座ホスフィン配位子を用いることで，カルボン酸，エステル，アミド，ケトンに見られる単純なカルボニル基を配向基とした炭素-水素結合活性化反応の開発に成功した（図2）。本反応の着想は，図1c-fの

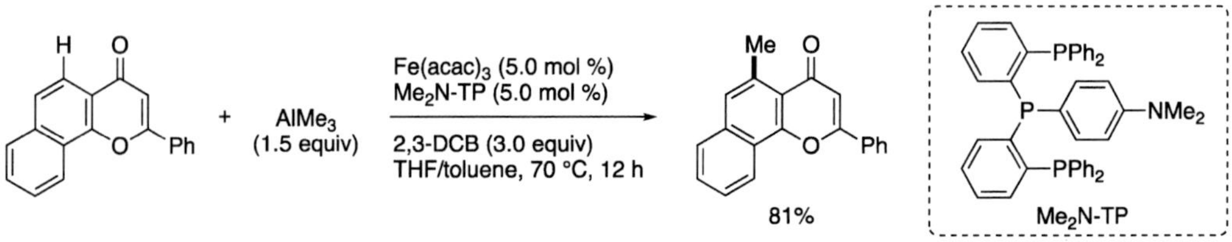

図2　芳香族ケトンのオルト位メチル化反応

反応において鉄触媒の配位圏を構成する二座配向基と二座ホスフィン配位子の組み合わせを単座配向基と三座ホスフィン配位子に置き換えるというものである。本反応はトリメチルアルミニウムを用いた場合にのみ進行し，他のメチル基を有する有機金属試薬やトリエチルアルミニウムでは反応が進行しない。

2.2　(擬) ハロゲン化物とのカップリング反応

「2.1　有機金属試薬とのカップリング反応」では図1aに示した通り，有機金属試薬が塩基と反応剤の両方の役割を果たす反応を紹介したが，有機金属試薬を塩基としてのみ用いれば，生成したフェラサイクル中間体を求電子剤と反応させることでC–H基質と求電子剤とのカップリング反応が達成可能である（図3a）。この形式の反応は2013年に中村らによってアリルエーテルを用いたアリル化反応として初めて報告された（図3b）[17]。3.4等量のグリニャール試薬のうち1等量は配向基の脱プロトンに用いられ，残りの2.4等量が1.2等量の亜鉛錯体と反応することにより1.2等量のジアルキル亜鉛を塩基として生成する。

ネオペンチル基を用いることが有機金属試薬とC–H基質及びアリルエーテルとの副反応を抑えるための鍵であり，フェニル基やメチル基を用いた場合には目的のアリル化体は痕跡量しか得られない。本反応では速度論的同位体効果は観測されず，炭素–水素結合活性化により生成したフェラサイクル中間体とアリルエーテルとの反応が律速段階であると推定される。重水素により標識されたアリルエーテルを用いた実験からアリルエーテルへの付加は γ 選択的に進行することが示された。TAM配向基を用いた同様の反応がAckermannらによって報告されている[18]。また，図1bと同様の反応条件を用いた*N*-アリールピラゾールのアリル化反応も報告されている[19]。2014年に中村らは同様の手法を用いてアルキルトシラート，メシラート，ハライドとのカップリング反応を報告した（図3c）[20]。ヨウ化ナトリウムは塩基によるアリール化と求電子剤によるアルキル化の選択性を向上させる目的で添加されている。本反応においてシクロプロピルメチルハライドを用いた場合にはシクロプロパン環が完全に開環したカップリング体が得られることから，アルキル鉄種がラジカル性を有することが示唆された。同時期にCookらは，dppenの代わりにdppe，有機亜鉛の代わりにグリニャール試薬を用いて同様の反応を報告した[21, 22]。

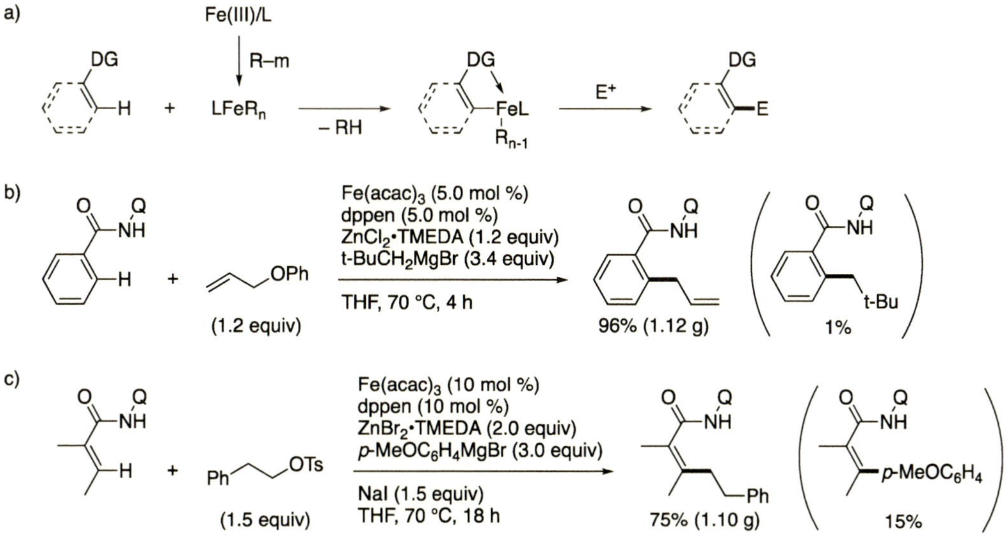

図3　C-H基質と（擬）ハロゲン化物とのカップリング反応

2.3　オレフィンとのカップリング反応

有機鉄種は（擬）ハロゲン化物に限らず，様々な不飽和炭化水素と反応することが可能である。炭素-水素結合活性化を伴うオレフィンとの反応は2011年より中村[23,24]，吉戒[25,26]らによって報告されているが，二座配向基と二座ホスフィン配位子の組み合わせを用いた反応系もオレフィンに対して多様な反応性を示すことが報告されている。2016年に中村らはトリメチルシリルメチルグリニャール試薬と臭化亜鉛TMEDA錯体より系中生成したジアルキル亜鉛を塩基として用いることにより，炭素-水素結合活性化により生成したフェラサイクル中間体がアルキンに挿入後，還元的脱離を経て環化体が得られることを見出した（図4a）[27]。本反応は立体障害に敏感であり，大きさの異なる置換基からなる非対称アルキンを用いた場合には高い位置選択性でピリドンまたはイソキノロンが得られる。本反応では，モノアルキル亜鉛ハライドを塩基として用いた場合にはアルケニル化体が主生成物として得られることから，ジアルキル亜鉛を用いることで鉄アート種が生成し，還元的脱離を促進していると考えられる。一方で2018年に中村らは，フェニルグリニャール試薬と塩化亜鉛より系中生成したモノフェニル亜鉛ハライドを塩基として用いることにより，フェラサイクル中間体がアルキンに挿入後，アミドへの求核攻撃を経てイミドを生成し，加水分解後インデノンが得られることを見出した（図4b）[28]。本反応は塩化亜鉛TMEDA錯体では進行しないことから，塩化亜鉛のルイス酸性が反応を促進していると考えられる。2018年に中村らは，ビピリジン配位子を用いることによりアルケンのカルボ亜鉛化が進行することを見出した（図4c）[29]。生成した有機亜鉛種はさらに臭化アリルとの反応によりアリル化することが可能である。興味深いことに本反応はdppen配位子では進行せず，また，グリニャール試薬の等量と収率の関係からFe(Ⅱ)活性種が反応を触媒していることが示唆された。他のアルケンと

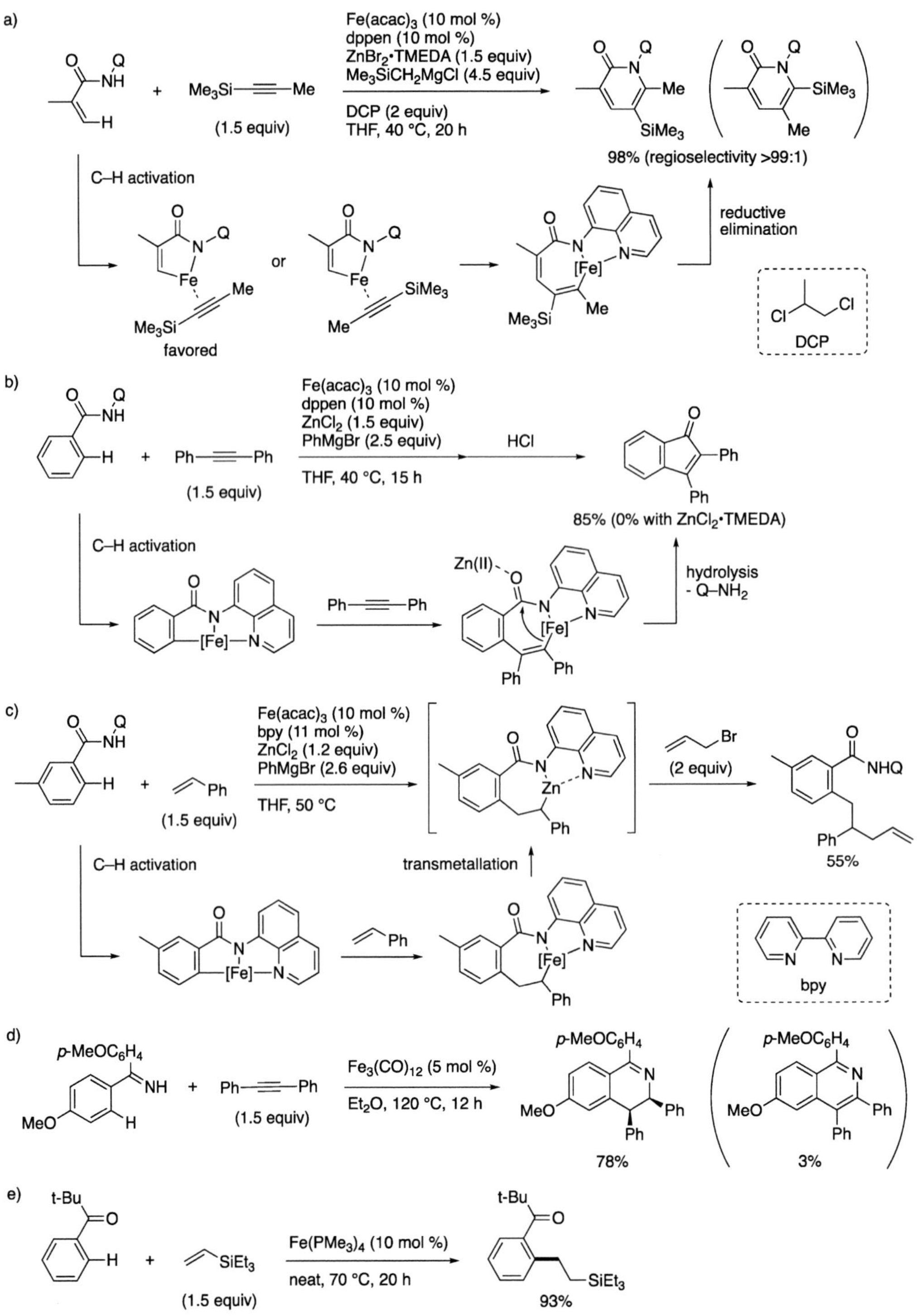

図4　C-H 基質とオレフィンとのカップリング反応

のカップリング反応としてはAckermannらによるアレンを用いた反応が報告されている[30]。

以上の高原子価鉄と有機金属試薬を用いた反応とは対照的に，近年Fe(0)の反応性に着目した触媒反応が報告されている。2016年にWangらは$Fe_3(CO)_{12}$を触媒として用いたイミンとアルキンとの[4+2]環化反応を報告した（図4d）[31]。本反応ではFe(0)の炭素-水素結合への酸化的付加により炭素-水素結合が切断され，生成した鉄ヒドリド種がアルキンに挿入し，還元的脱離を経ることで生成物が得られる。2017年に垣内らは$Fe(PMe_3)_4$を触媒として用いた芳香族ケトンとアルケンとの反応を報告した（図4e）[32]。本反応はビニルシラン，脂肪族末端アルケン，スチレン，エノールエーテル，エナミンなど幅広いアルケンに適用可能であり，逆マルコフニコフ付加体が選択的に得られる。本反応もFe(0)の炭素-水素への酸化的付加を経る同様の反応機構で進行し，律速段階は還元的脱離であると考えられる。

2.4　C-H基質どうしのクロスカップリング反応

2019年に中村らは二座配向基を有するカルボキサミドと配向基を有さない（ヘテロ）アレーンとの酸化的クロスカップリング反応を報告した[33]。本反応はカルボキサミドの炭素-水素結合活性化により生成したフェラサイクル中間体が（ヘテロ）アレーンの炭素-水素結合と選択的に反応するという仮説のもと見出された（図5a）。（ヘテロ）アレーンの炭素-水素結合活性化後に生成する中間体には二つの基質が同時に鉄に結合しているため，再びカルボキサミドの炭素-水素結合活性化が容易に進行し，ヘテロレプティック種が選択的に生成する。この仮説は等量の触媒を用いた実験と一方を重水素標識した両基質間での重水素の交換により裏付けられた。本反応ではカルボキサミドまたは（ヘテロ）アレーンのいずれのホモカップリングも進行せず，有機エレクトロニクス分野で頻用され，複数の反応点を有するチオフェン材料にも適用可能である（図5b）。

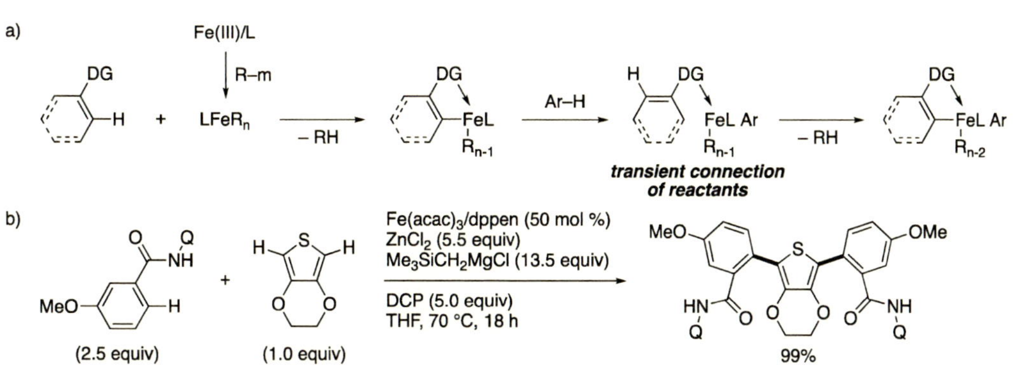

図5　C-H基質どうしのクロスカップリング反応

3 炭素-ヘテロ原子結合生成反応

3.1 アミノ化反応

鉄触媒を用いたC-Hアミノ化反応は主に鉄ニトレン種の炭素-水素結合への挿入により達成される。この反応形式は鉄-炭素結合の生成を伴わない。一方で炭素-水素結合活性化による鉄-炭素結合生成を伴うアミノ化反応は報告例がほとんどない。2014年に中村らは，二座配向基を有する基質と*N*-クロロアミンとの求電子的アミノ化反応を報告した（図6）[34]。

本反応では塩基のグリニャール試薬と*N*-クロロアミンが直接反応するのを防ぐために両者を同時に滴下する手法をとっている。また電子不足の二座ホスフィン配位子を用いることで塩基によるフェニル化が抑えられ，目的のアミノ化体が定量的に得られる。

3.2 ホウ素化反応

C-Hホウ素化反応は1990年代からハーフサンドイッチ型鉄錯体を用いた等量反応が研究され，2010年に巽らによって触媒反応が初めて報告された（図7）[35]。本反応はメチル基による脱プロトンを経て鉄-炭素結合が生成し，引き続きピナコールボランと反応し鉄ヒドリド種とホウ素化体が得られる。鉄ヒドリド種はアルケンへの挿入により有機鉄種となり，再びC-H基質の脱プロトンを行う。本反応はフランのみならずチオフェンにも適用可能である。この他に鉄-銅結合による共同触媒作用を用いた反応[36, 37]，紫外線照射下Fe(0)の反応性を利用した反応[38]，ホウ素と窒素のルイス酸-塩基相互作用を利用した反応[39]が報告されている。

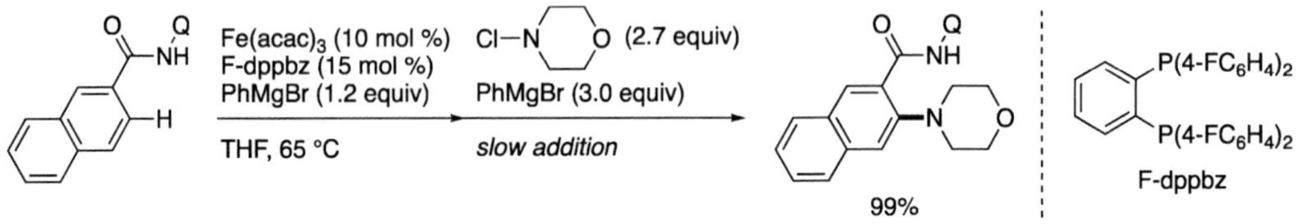

図6 C-Hアミノ化反応

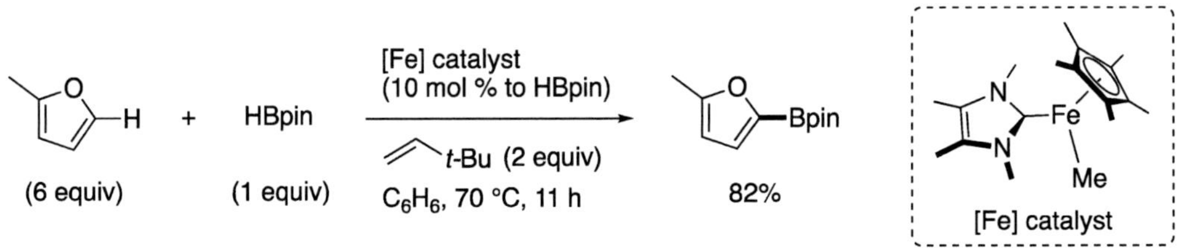

図7 C-Hホウ素化反応

3. 3　シリル化反応

鉄触媒を用いたC-Hシリル化反応は報告例がほとんどない。2014年に永島らによってジシラフェラサイクルジカルボニル錯体を用いた*N*-メチルインドールのC-Hシリル化反応が報告された（図8）[40]。本反応はη_2-(H-Si) 配位子が乖離することにより進行し，本触媒は*N*-フェニルピラゾールのノルボルネンによるオルト位アルキル化反応も触媒することが可能である。

3. 4　重水素化反応

Fe(0) 錯体は炭素-水素結合に可逆的に酸化的付加・還元的脱離を行うことが知られている。したがって，この性質を用いることでC-H基質の同位体標識が可能となる。2016年にChirikらはカルベンCNCピンサー配位子を有するFe(0) 錯体を用いた重水素化・三重水素化を報告した（図9）[41]。本反応ではアミドなどの配位性の置換基は配向基としては作用せず，立体障害が少なく酸性度の高い炭素-水素結合が優先的に標識される。これはCrabtree触媒と相補的な反応性である。

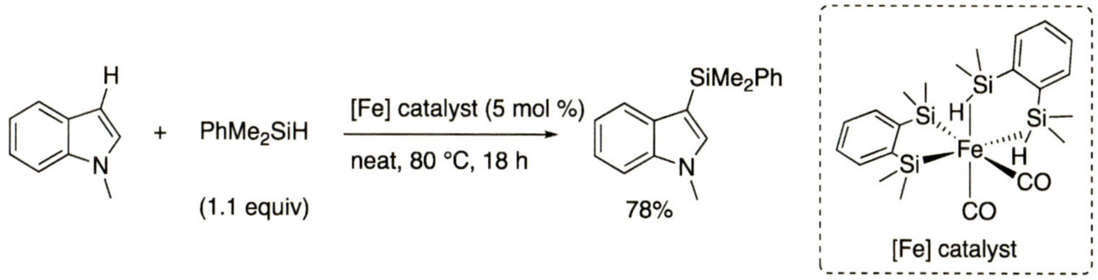

図8　C-H シリル化反応

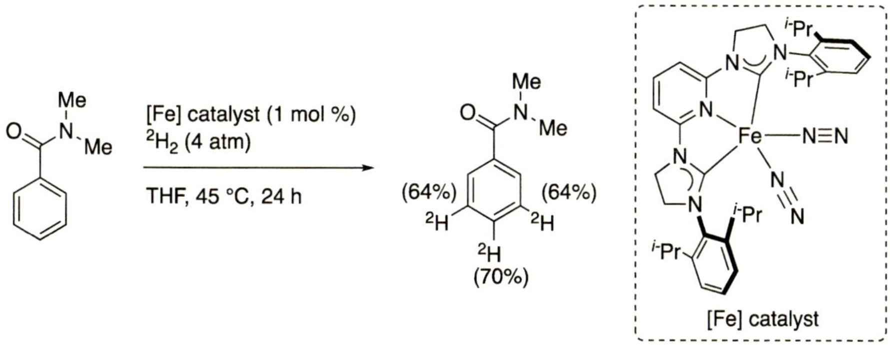

図9　C-H 重水素化反応

4　おわりに

本章では鉄触媒芳香族C–Hカップリング反応を反応形式ごとに紹介した。鉄触媒の反応性は近年急速に研究され，その適用範囲は徐々に拡大している。しかしながらその反応機構の大部分が未知であり，依然として勘に頼った手探りの状態である。鉄触媒C–Hカップリング反応の多くは空気中で扱うことのできない有機金属試薬や鉄触媒を用いる必要があり，鉄の普遍性，低毒性，低価格を考慮しても実用性に乏しい。さらに，ほとんどの反応において配向基が必要であり，これらの手法により合成できる化合物の多様性も乏しい。パラジウム化学がホスフィン配位子やカルボキシレートとともに急速に発展したように，鉄化学も強力な「相棒」を手にし，今後ますます発展していくことを期待したい。

文　　献

1) J. Norinder, A. Matsumoto, N. Yoshikai, E. Nakamura, *J. Am. Chem. Soc.*, **130**, 5858–5859 (2008)
2) R. Shang, L. Ilies, E. Nakamura, *Chem. Rev.*, **117**, 9086–9139 (2017)
3) B. Sezen, D. Sames, “Handbook of C–H Transformations”, p. 3–10, Wiley-VCH (2005)
4) Y. Sun, H. Tang, K. Chen, L. Hu, J. Yao, S. Shaik, H. Chen, *J. Am. Chem. Soc.*, **138**, 3715–3730 (2016)
5) N. Yoshikai, A. Matsumoto, J. Norinder, E. Nakamura, *Angew. Chem., Int. Ed.*, **48**, 2925–2928 (2009)
6) L. Ilies, E. Konno, Q. Chen, E. Nakamura, *Asian J. Org. Chem.*, **1**, 142–145 (2012)
7) N. Yoshikai, A. Matsumoto, J. Norinder, E. Nakamura, E. *Synlett*, 313–316 (2010)
8) L. Ilies, S. Asako, E. Nakamura, *J. Am. Chem. Soc.*, **133**, 7672–7675 (2011)
9) N.Yoshikai, S. Asako, T. Yamakawa, L. Ilies, E. Nakamura, *Chem.—Asian J.*, **6**, 3059–3065 (2011)
10) L. Ilies, M. Kobayashi, A. Matsumoto, N. Yoshikai, E. Nakamura, *Adv. Synth. Catal.*, **354**, 593–596 (2012)
11) R. Shang, L. Ilies, A. Matsumoto, E. Nakamura, *J. Am. Chem. Soc.*, **135**, 6030–6032 (2013)
12) Q. Gu, H. H. Al Mamari, K. Graczyk, E. Diers, L. Ackermann, *Angew. Chem., Int. Ed.*, **53**, 3868–3871 (2014)
13) R. Shang, L. Ilies, S. Asako, E. Nakamura, *J. Am. Chem. Soc.*, **136**, 14349–14352 (2014)
14) R. Shang, L. Ilies, E. Nakamura, *J. Am. Chem. Soc.*, **137**, 7660–7663 (2015)
15) K. Graczyk, T. Haven, L. Ackermann, *Chem.—Eur. J.*, **21**, 8812–8815 (2015)
16) L. Ilies, S. Ichikawa, S. Asako, T. Matsubara, E. Nakamura, *Adv. Synth. Catal.*, **357**, 2175–2179 (2015)

17) S. Asako, L. Ilies, E. Nakamura, *J. Am. Chem. Soc.*, **135**, 17755-17757 (2013)
18) G. Cera, T. Haven, L. Ackermann, *Angew. Chem., Int. Ed.*, **55**, 1484-1488 (2016)
19) S. Asako, J. Norinder, L. Ilies, N. Yoshikai, E. Nakamura, *Adv. Synth. Catal.*, **356**, 1481-1485 (2014)
20) L. Ilies, T. Matsubara, S. Ichikawa, S. Asako, E. Nakamura, *J. Am. Chem. Soc.*, **136**, 13126-13129 (2014)
21) E. R. Fruchey, B. M. Monks, S. P. Cook, *J. Am. Chem. Soc.*, **136**, 13130-13133 (2014)
22) B. M. Monks, E. R. Fruchey, S. P. Cook, *Angew. Chem., Int. Ed.*, **53**, 11065-11069 (2014)
23) A. Matsumoto, L. Ilies, E. Nakamura, *J. Am. Chem. Soc.*, **133**, 6557-6559 (2011)
24) L. Ilies, A. Matsumoto, M. Kobayashi, N. Yoshikai, E. Nakamura, *Synlett*, **23**, 2381-2384 (2012)
25) L. Adak, N. Yoshikai, *Tetrahedron*, **68**, 5167-5171 (2012)
26) M. Y. Wong, T. Yamakawa, N. Yoshikai, *Org. Lett.*, **17**, 442-445 (2015)
27) T. Matsubara, L. Ilies, E. Nakamura, *Chem.—Asian J.*, **11**, 380-384 (2016)
28) L. Ilies, Y. Arslanoglu, T. Matsubara, E. Nakamura, *Asian J. Org. Chem.*, **7**, 1327-1329 (2018)
29) L. Ilies, Y. Zhou, H. Yang, T. Matsubara, R. Shang, E. Nakamura, *ACS Catal.*, **8**, 11478-11482 (2018)
30) J. Mo, T. Müller, J. C. A. Oliveira, L. Ackermann, *Angew. Chem., Int. Ed.*, **57**, 7719-7723 (2018)
31) T. Jia, C. Zhao, R. He, H. Chen, C. Wang, *Angew. Chem., Int. Ed.*, **55**, 5268-5271 (2016)
32) N. Kimura, T. Kochi, F. Kakiuchi, *J. Am. Chem. Soc.*, **139**, 14849-14852 (2017)
33) T. Doba, T. Matsubara, L. Ilies, R. Shang, E. Nakamura, *Nat. Catal.*, DOI:10.1038/s41929-019-0245-3.
34) T. Matsubara, S. Asako, L. Ilies, E. Nakamura, *J. Am. Chem. Soc.*, **136**, 646-649 (2014)
35) T. Hatanaka, Y. Ohki, K. Tatsumi, *Chem.—Asian J.*, **5**, 1657-1666 (2010)
36) T. J. Mazzacano, N. P. Mankad, *J. Am. Chem. Soc.*, **135**, 17258-17261 (2013)
37) N. P. Mankad, *Synlett*, **25**, 1197-1201 (2014)
38) T. Dombray, C. G. Werncke, S. Jiang, M. Grellier, L. Vendier, S. Bontemps, J.-B. Sortais, S. Sabo-Etienne, C. Darcel, *J. Am. Chem. Soc.*, **137**, 4062-4065 (2015)
39) Y. Yoshigoe, Y, Kuninobu, *Org. Lett.*, **19**, 3450-3453 (2017)
40) Y. Sunada, H. Soejima, H. Nagashima, *Organometallics*, **33**, 5936-5939 (2014)
41) R. P. Yu, D. Hesk, N. Rivera, I. Pelczer, P. J. Chirik, *Nature*, **529**, 195-199 (2016)

第7章　Co触媒芳香族C–Hカップリング反応

松永茂樹[*1]，吉野達彦[*2]

1　はじめに

CoはRhやIrと同じ第9族元素であり，多くの化学変換反応において，触媒活性は劣るもののRhやIrと類似の反応性を示すことが知られている。1950年代から2000年初頭までの間に，Co触媒を用いた（芳香族）C–Hカップリング反応に関する報告が散見される[1~4]。しかしながら，初期の研究では，反応条件が過酷であったり，基質適用範囲に制約が多かったり，触媒の取り扱いが難しかったりと，合成化学的に改善の余地を残していた。初期の課題を克服したCo触媒が開発され，芳香族C–Hカップリング反応への適用が大きく注目を集めるようになったのは2010年以降のことである。徹底的な触媒検討が行われた結果，単純なRh触媒やIr触媒の代替にとどまらず，第1列遷移金属であるCo触媒に特徴的な化学変換反応も多数報告されるようになってきた。本稿では，触媒活性種の発生方法や価数に応じて分類し，低原子価Co触媒[5~7]，Co触媒と酸化剤を併用する触媒[8,9]，高原子価Co触媒[10~15]の3つについて，その代表的な反応について紹介する。すべての反応例を網羅することはできないので，多彩な応用例の詳細については総説[5~15]を参照されたい。また誌面の都合上，金属カルベン種を経るC–H挿入反応やラジカル連鎖機構によるC–H官能基化についても，本稿では取り扱わない。

2　低原子価Co触媒

2010年，吉戒らは安価なコバルト塩（例えば$CoBr_2$など）を触媒前駆体として利用し，Grignard試薬を過剰量加えることで反応容器中にて発生させた低原子価Co触媒が，芳香族C–Hカップリングに有効であることを報告した[16]。2010年以降，Co触媒による芳香族C–Hカップリングに注目が集まる端緒となる成果であった。芳香環上の配向基の種類に応じて，還元剤となるGrignard試薬やホスフィン配位子を最適化することで，様々な変換反応が達成されている。例えば，図1に示すようにイミンを配向基としたアルキンとのC–Hアルケニル化が室温で効率良く進行する[17]。Rh(Ⅰ)触媒を用いた類似反応と比較し，温和な条件でC–H活性化が進行する例が多い。芳香環メタ位にメチル基等の立体障害基がある場合には，立体的にすいた位置での反応が優先するのに対し，メトキシ基やハロゲンなど配位性の官能基がある場合には立体的に混ん

＊1　Shigeki Matsunaga　北海道大学　大学院薬学研究院　教授
＊2　Tatsuhiko Yoshino　北海道大学　大学院薬学研究院　講師

だ位置での反応が進行する。また，非対称ジアルキルアルキンを利用した場合，立体障害を避ける形での反応が優先することで高い位置選択性が発現する。他にも様々な配向基・基質が適用可能であり，α，β-不飽和イミンの β 位，インドールの C2 位，アゾールの 2 位選択的な C–H アルケニル化[18~20]なども達成されている。触媒活性種について不明瞭な点は残るものの，Grignard 試薬のホモカップリング体の生成を伴い低原子価 Co(0) 種が発生していると考えられている。配向基により適切な位置に Co 触媒が誘導され，オルト位 C–H 結合が選択的に低原子価 Co(0) へ酸化的付加することで C–H 官能基化が進行する。

アルケンとの反応による芳香族 C–H アルキル化においては，低原子価 Co 触媒に対する配位子を使い分けることで，直鎖生成物あるいは分岐生成物を作り分けることが可能である（図 2）[21]。スチレンと 2-フェニルピリジンの反応において，ホスフィン配位子を用いた場合には 96：4 の選択性で分岐体が優先するのに対し，*N*-ヘテロ環状カルベンを配位子とすることで 3：97 の選択性で直鎖体を優先的に生成する。基質の電子的性質を乗り越えて，触媒制御により生成物を選択的に得られる点で価値が高い。アルキル化反応は，モデル基質として初期に検討された 2-アリールピリジン以外にも，イミンを配向基とする反応などにも拡張されている[22]。塩化アリール，アリールスルファメート，アリールカーバメートとの芳香族 C–H アリール化や[23,24]，塩化アルキルあるいは臭化アルキルとのカップリングによる C–H アルキル化も室温で効率良く進行する（図 3）[25,26]。ハロゲン化アルキルとの C–H アルキル化反応は，Co 触媒からハロゲン化アルキルへの 1 電子移動を伴うラジカルカップリングにより進行すると考えられている。

低原子価 Co 触媒を利用すると，多くの反応例において室温〜60℃付近と温和な条件下で芳香族 C–H カップリングが効率良く進行する。一方，活性種を発生させる際に Grignard 試薬などを Co 触媒前駆体に対して過剰量使用する例が多く，官能基許容性に制約が生じる可能性がある。この課題に対しては，触媒量の Mg，Zn，あるいは Mn などの 0 価金属を還元剤として活性種を発生させる条件[27]が開発されるなど，課題克服に向けた優れた官能基許容性と高い反応活性を両

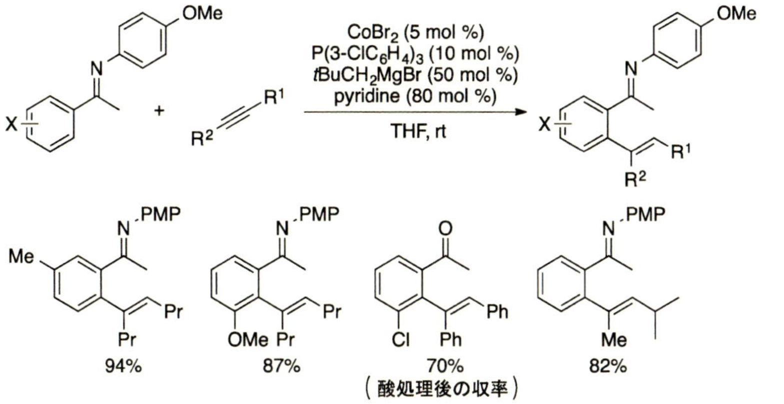

図 1　イミン配向基を利用した芳香族 C–H アルケニル化

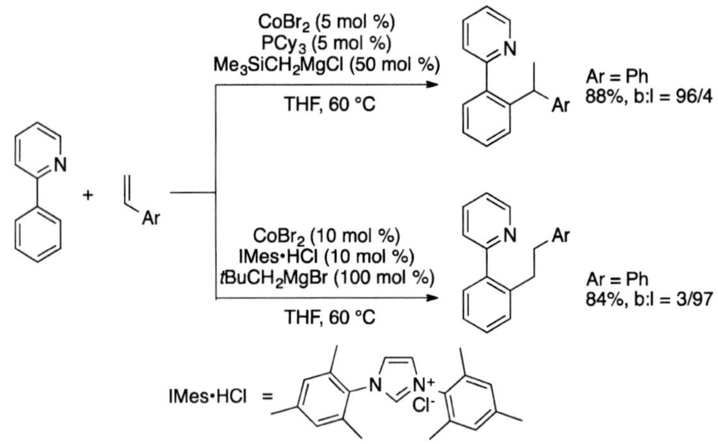

図2　配位子による直鎖あるいは分岐選択的な芳香族 C-H アルキル化

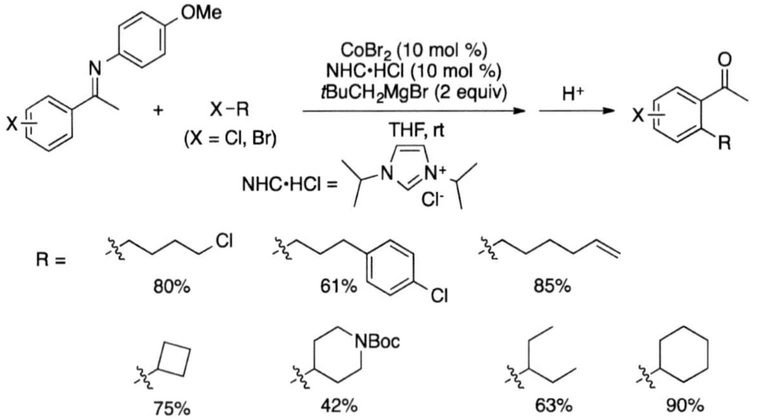

図3　低原子価 Co 触媒による芳香族 C-H アルキル化

立した低原子価 Co 触媒の開発が進んでいる。他にも，Me_3P を配位子とする構造の明確に定まった低原子価 Co 触媒を利用する反応[28]や，過剰量の $LiEt_3BH$ と $CoBr_2$ から発生させた Co ヒドリド種を利用するピリジン 4 位の選択的アルキル化反応[29]，光酸化還元触媒による還元を利用することで低原子価 Co 活性種を発生させる手法など，多様な低原子価 Co 触媒が反応形式に応じて開発されている。低原子価 Co 活性種の発生法により Co 触媒の反応性が大きく変化する点は注目に値する。目的反応に応じて最適な低原子価 Co 活性種を選択することで多彩な反応様式に対応可能なのが Co 触媒の魅力である。また，キラルホスフィン配位子を使用した不斉反応への展開も実施され始めており[30]，今後の発展に期待したい。

3　Co 触媒と酸化剤の併用

低原子価 Co 触媒では酸化的付加による C–H 活性化が起きていると考えられているのに対し，3 価の Co 触媒を利用した協奏的なメタル化–脱プロトン化を経る C–H 活性化も可能である。三価の Co 触媒を発生させる手法の一つに，高い価数の金属種を安定化可能な二座配向基を利用する反応が知られている。2014 年 Daugulis らは，図 4 に示すようなキノリンアミド型の二座配向基を利用し，安価なコバルト塩と酸化剤を併用することで，芳香族 C–H 環化アルケニル化[31]，環化アルキル化[32]，環化カルボニル化[33]が進行することを見出した。図 4 中の点線枠内に示すようなメタラサイクル中間体を経て反応が進行すると考えられている。安価で入手可能な 2 価の Co 塩，$Co(OAc)_2$ や $Co(acac)_2$ などを触媒前駆体とし，二座配向基により安定化することで酸化条件下にて 3 価の Co 活性種を発生させる方法論は，操作が簡便で反応を実施しやすいという利点がある。そのため，Daugulis らの報告以降，二座配向基を利用した Co 触媒による芳香族 C–H カップリング反応は爆発的に研究が行われるようになった。短期間の間に酸化的な芳香族 C–H/C–H カップリングによるアリール化[34]，アリールボロン酸との芳香族 C–H アリール化[35]，アリル化[36, 37]，アルキル化[38]などの多彩な炭素–炭素結合形成反応に加え，芳香族 C–H アミノ化などの炭素–ヘテロ元素結合形成反応も報告されている[39]。また，二座配向基としてスルホンアミドを用いるスルタム合成[40, 41]や電子不足アルケンとの反応によるイソインドリノン合成[42]など多彩な複素環構築に利用可能である。

初期の多くの報告では，化学両論量の酢酸マンガンや銀塩などを酸化剤として使用することが多かったのに対し，近年では光酸化還元触媒を利用することで酸素のみを酸化剤とする反応条件など環境調和性の高い酸化反応条件を追求する研究が盛んになされている。図 5 には Eosin Y と Co 触媒を併用した例を示した[43]。可視光照射下で反応を行うことで，効率良く酸化的な環化ア

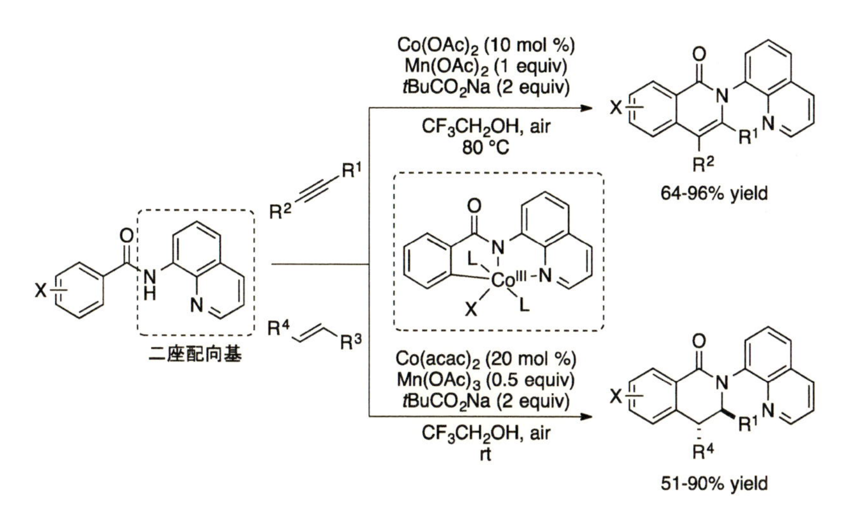

図 4　二座配向基を利用した酸化的な環化アルケニル化およびアルキル化

ルケニル化が進行する。一方，2017年以降，電気化学的な条件での芳香族C-Hカップリング反応についても，芳香族C-Hエーテル化[44]，アミノ化[45]，環化アルケニル化[46~50]，環化アルキル

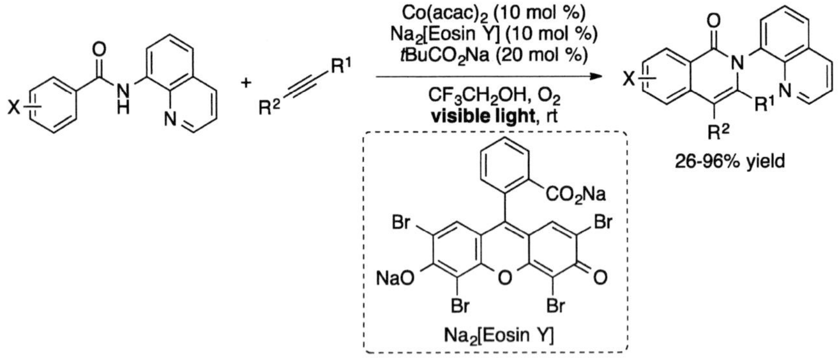

図5　有機光酸化還元触媒とCo触媒を併用した環化アルケニル化

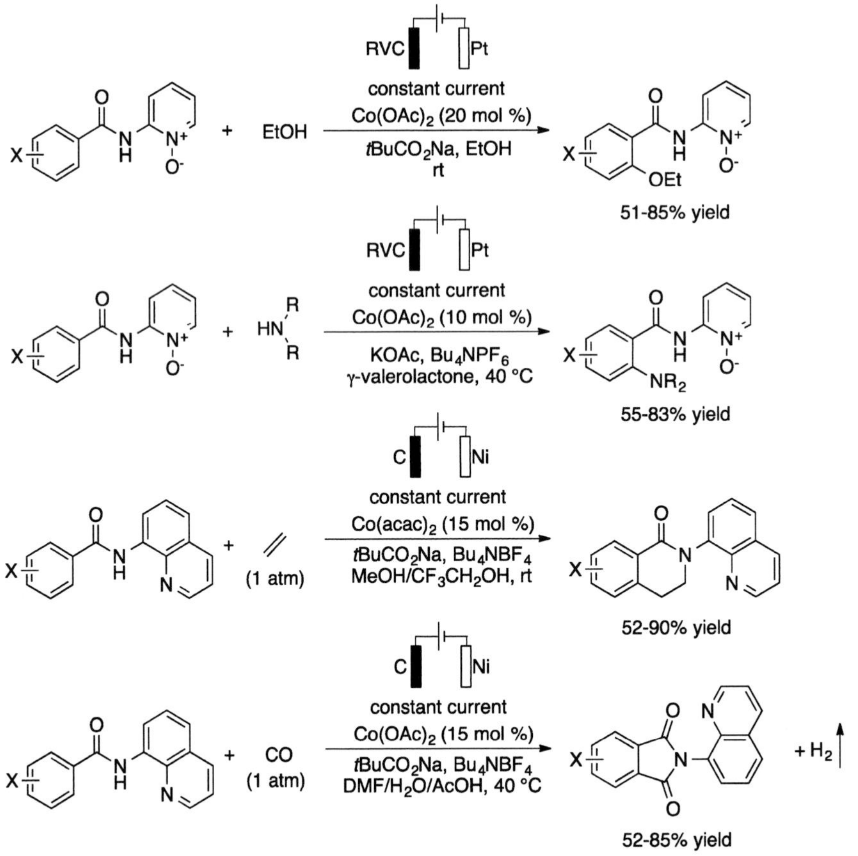

図6　電気化学的な酸化的芳香族C-Hカップリングの代表例

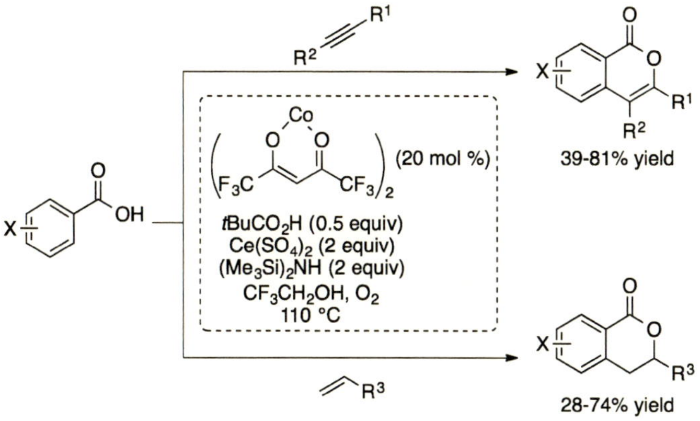

図7　カルボン酸を配向基としたCo触媒による環化アルケニル化およびアルキル化

化[50]，カルボニル化[51]などが，次々と報告されている（図6）。それぞれの反応において，電極やセルの種類，電解質などの細かい最適化が必要ではあるものの，電気化学的な反応条件とCo触媒および二座配向基を利用した芳香族C-Hカップリング反応は非常に相性が良いと考えられ，多くの反応が室温付近で効率良く進行する。今後，さらなる適用範囲の拡張が期待される。

一方，3価Co活性種を安定化するために二座配向基を有する芳香環が必須であるという点が，合成化学的には大きな制約となっていた。Leiらによる反応機構解析から，銀塩等の温和な酸化剤を使用する場合，二座配向基との相互作用を経てはじめて3価Co活性種が発生することが確認されている[52]。この問題点に対して，$Ce(SO_4)_2$と酸素を組み合わせる酸化条件を利用することで，単純なカルボキシ基を配向基とした芳香族C-H環化アルケニル化や環化アルキル化を実現できることがDaugulisらにより報告された。やや高い反応温度が必要で，試薬の組み合わせについて厳密な最適化をしても，なお，収率に改善の余地は残してはいる。しかしながら，二座配向基を使用しなくても3価Co活性種を発生させることができ，芳香族C-Hカップリングが進行する（図7）[53,54]。二座配向基の着脱というこれまでは避けることのできなかった工程を省けるという点で合成化学的には大きな進歩である。

4　高原子価Co触媒

2013年，金井，松永らによりペンタメチルシクロペンタジエニル(Cp*)基で安定化された3価のCo触媒，Cp*Co(Ⅲ)が芳香族C-Hカップリング反応に有用であることが報告され[55]，その後，多くの研究者らによって精力的に応用範囲の拡張がなされている。よく使用されるCp*Co(Ⅲ)触媒の前駆体を図8に示す。前駆体は空気中でも安定で取り扱いが容易であり，反応容器中で加熱あるいは銀塩と混合することでカチオン性の活性種を発生させて使用するのが一般的である。$Cp^*Co(CO)I_2$錯体[56]は市販化されており，様々な銀塩と混合することで簡便に触媒活

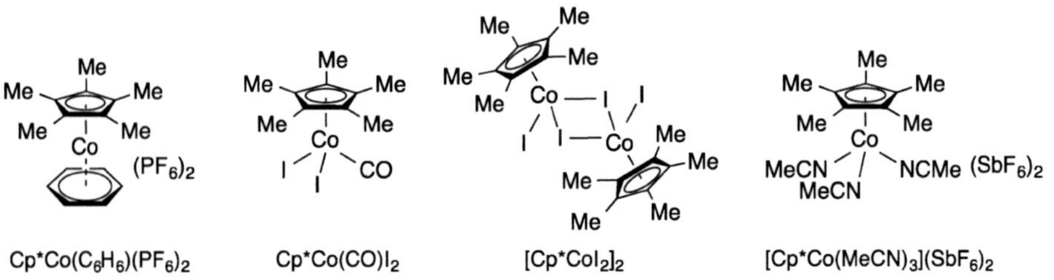

$Cp^*Co(C_6H_6)(PF_6)_2$　$Cp^*Co(CO)I_2$　$[Cp^*CoI_2]_2$　$[Cp^*Co(MeCN)_3](SbF_6)_2$

図8　代表的な Cp*Co(Ⅲ) 触媒の前駆体

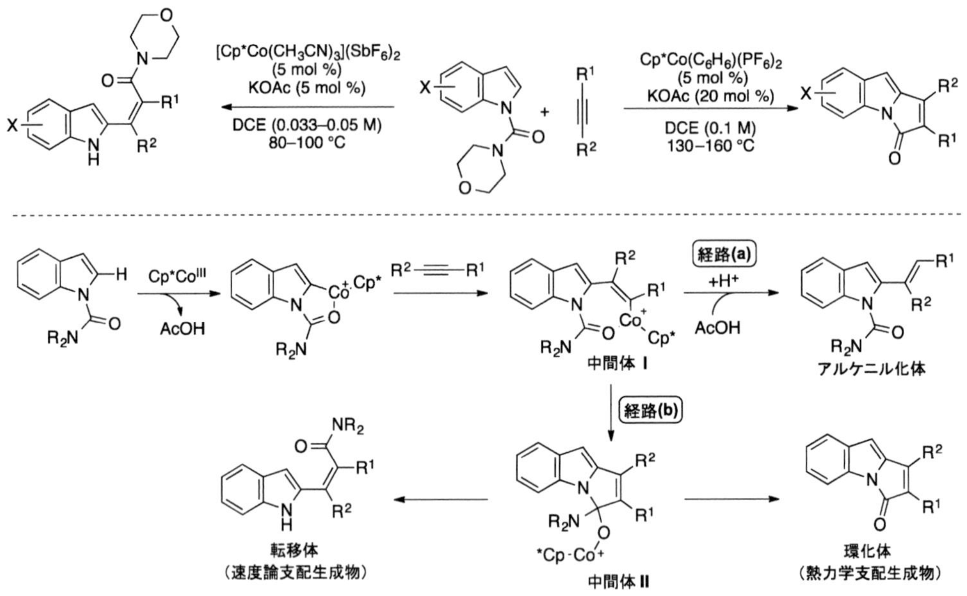

図9　Cp*Co(Ⅲ) 触媒の強い Lewis 酸性を生かしたアルケニル化-転移およびアルケニル化-環化

性種を発生できる点で便利である。初期の反応例では，同族の Cp*Rh(Ⅲ) 触媒の単純な代替としての報告が多くなされていたが，2015 年以降，Cp*Co(Ⅲ) 特有の反応も報告されるようになってきた。

図9に示すように，カルバモイル基で保護されたインドールとアルキンの反応では，反応条件によってはロジウム触媒とは異なる生成物が得られる。Cp*Rh(Ⅲ) 触媒では C-H アルケニル化体を与える経路（a）のみが進行するのに対し，Cp*Co(Ⅲ) 触媒では，配向基であるカルバモイル基が反応に関与する経路（b）を経る生成物が得られる。Cp*Co(Ⅲ) は Cp*Rh(Ⅲ) よりもルイス酸性が高く，さらに，金属-炭素結合の分極も大きいことからカルバモイル基のような求電子性の低い官能基とも反応すると考えられている。反応条件を微調整することで中間体から得られる最終生成物が変わり，速度論支配条件下では C-H 活性化と配向基の転移を経る四置換アルケンが立体選択的に得られる[57]。一方，熱力学支配条件では生物活性化合物合成に有用なピロロ

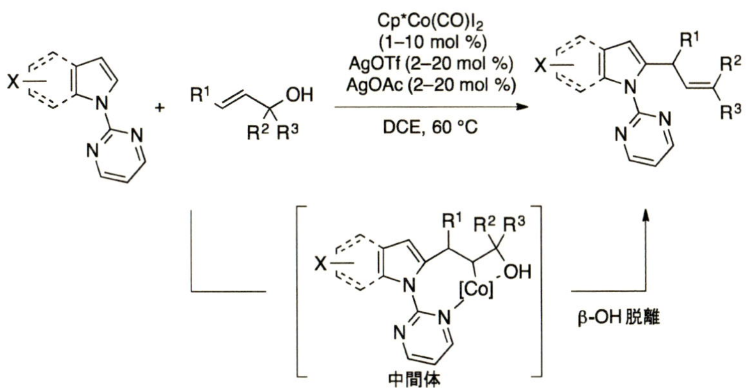

図10　Cp*Co(Ⅲ)触媒の高い酸素親和性を生かした脱水的C-Hアリル化

インドロン骨格の構築[58]が達成されている。

Cp*Co(Ⅲ)触媒の“硬い酸”としての性質を利用すると，アリルアルコールを直接用いたC-Hアリル化が進行する（図10）[59,60]。二重結合の挿入により生じる中間体からβ-OH脱離を経てアリル化体が得られると考えられている。Cp*Rh(Ⅲ)触媒では，アリルアルコールを用いるとβ-ヒドリド脱離が優先しエノールを経てアルデヒドが得られるのに対し[61]，Cp*Co(Ⅲ)触媒では，カチオン性Co(Ⅲ)の高い酸素親和性のためにβ-OH脱離が優先する。インドール，ピロール，6-アリールプリン，アミド，Weinrebアミド[62]など様々な基質が適用可能である。また，含フッ素アルケンとの反応では，類似のβ-フッ素脱離が容易に進行することでフルオロアルケンやパーフルオロアリル化体が得られる[63]。

反応の位置選択性についても顕著な違いが見られる場合がある。図11に示すイソキノリン合成において[64]，メタ位に比較的小さな置換基を有する非対称オキシム誘導体を用いた場合，Cp*Rh(Ⅲ)触媒ではm-Cl体で反応の位置選択性は1：1.3と低い。一方，Cp*Co(Ⅲ)触媒では17：1という高い位置選択性にて反応が進行する。この位置選択性の違いはCoとRhのイオン半径の違いに起因する。すなわち，Coのイオン半径が小さいため，メタラサイクル形成段階においてメタ位置換基とかさ高いCp*基との立体反発の影響が出やすく，Clのような小さな置換基の場合でも高い位置選択性が発現すると考えられている。非対称ピロールの位置選択的アルケニル化反応[65]においてもコバルト触媒が優れた位置選択性を示すことが報告されている。ピロールのアルケニル化反応では，モノアルケニル化体が高収率で得られる点も他の触媒とは異なる。

Cp*Co(Ⅲ)触媒による不斉芳香族C-Hカップリングの例はいまだ少ない。キラルカルボン酸をキラルプロトン源とすることで，C-Hアルキル化におけるプロトン化段階における不斉誘導が実現されている[66]。キラルカルボン酸によるC-H活性化段階による不斉化[67]と合わせ，今後の進展が期待される。

図11　Cp*Co(Ⅲ)触媒による高位置選択的C–H官能基化

5 おわりに

以上のように，Co触媒による芳香族C–Hカップリング反応は大きく進歩を遂げてきた。非対称原料の位置選択的なC–Hカップリングなど，Co触媒がベストとなる反応例も報告されるようになってきた。他の金属触媒の代替にとどまらないCo触媒の特性を活かした反応開発のさらなる進展が期待される。一方，不斉C–Hカップリングに関しては，いまだ報告例が限定的で，大きく開発の余地を残している。今後，反応中間体の構造情報や鍵工程の遷移状態に関する考察を通じて，高度な立体制御を実現するCo触媒の創出が望まれる。

文　　献

1) S. Murahashi, *J. Am. Chem. Soc.*, **77**, 6403 (1955)
2) G. Halbritter, F. Knoch, A. Wolski, H. Kisch, *Angew. Chem., Int. Ed. Engl.*, **33**, 1603 (1994)
3) C. P. Lenges, M. Brookhart, *J. Am. Chem. Soc.*, **119**, 3165 (1997)
4) A. D. Bolig, M. Brookhart, *J. Am. Chem. Soc.*, **129**, 14544 (2007)
5) K. Gao, N. Yoshikai, *Acc. Chem. Res.*, **47**, 1208 (2014)
6) M. Moselage, J. Li, L. Ackermann, *ACS Catal.*, **6**, 498 (2016)
7) M. Usman, Z.-H. Ren, Y.-Y. Wang, Z.-H. Guan, *Synthesis*, **49**, 1419 (2017)
8) Y. Kommagalla, N. Chatani, *Coord. Chem. Rev.*, **350**, 117 (2017)
9) T. Yoshino, S. Matsunaga, *Asian J. Org. Chem.*, **8**, 1193 (2018)
10) T. Yoshino, S. Matsunaga, *Adv. Synth. Catal.*, **359**, 1245 (2017)
11) T. Yoshino, S. Matsunaga, *Adv. Organomet. Chem.*, **68**, 197 (2017)

12) S. Wang, S.-Y. Chen, X.-Q. Yu, *Chem. Commun.*, **53**, 3165 (2017)
13) P. G. Chirila, C. J. Whiteoak, *Dalton Trans.*, **46**, 9721 (2017)
14) J. Park, S. Chang, *Chem. Asian J.*, **13**, 1089 (2018)
15) A. Peneau, C. Guillou, L. Chabaud, *Eur. J. Org. Chem.*, 5777 (2018)
16) K. Gao, P.-S. Lee, T. Fujita, N. Yoshikai, *J. Am. Chem. Soc.*, **132**, 12249 (2010)
17) P.-S. Lee, T. Fujita, N. Yoshikai, *J. Am. Chem. Soc.*, **133**, 17283 (2011)
18) T. Yamakawa, N. Yoshikai, *Org. Lett.*, **15**, 196 (2013)
19) Z. Ding, N. Yoshikai, *Angew. Chem., Int. Ed.*, **51**, 4698 (2012)
20) Z. Ding, N. Yoshikai, *Org. Lett.*, **12**, 4180 (2010)
21) K. Gao, N. Yoshikai, *J. Am. Chem. Soc.*, **133**, 400 (2011)
22) P.-S. Lee, N. Yoshikai, *Angew. Chem., Int. Ed.*, **52**, 1240 (2013)
23) K. Gao, P.-S. Lee, C. Long, N. Yoshikai, *Org. Lett.*, **14**, 4234 (2012)
24) W. Song, L. Ackermann, *Angew. Chem., Int. Ed.*, **51**, 8251 (2012)
25) K. Gao, N. Yoshikai, *J. Am. Chem. Soc.*, **135**, 9279 (2013)
26) Q. Chen, L. Ilies, E. Nakamura, *J. Am. Chem. Soc.*, **133**, 428 (2011)
27) W. Xu, J.-H. Pek, N. Yoshikai, *Adv. Synth. Catal.*, **358**, 2564 (2016)
28) B. J. Fallon, E. Derat, M. Amatore, C. Aubert, F. Chemla, F. Ferreira, A. Perez-Luna, M. Petit, *J. Am. Chem. Soc.*, **137**, 2448 (2015)
29) T. Andou, Y. Saga, H. Komai, S. Matsunaga, M. Kanai, *Angew. Chem., Int. Ed.*, **52**, 3213 (2013)
30) J. Yang, A. Rérat, Y.-J. Lim, C. Gosmini, N. Yoshikai, *Angew. Chem., Int. Ed.*, **56**, 2449 (2017)
31) L. Grigorjeva, O. Daugulis, *Angew. Chem., Int. Ed.*, **53**, 10209 (2014)
32) L. Grigorjeva, O. Daugulis, *Org. Lett.*, **16**, 4684 (2014)
33) L. Grigorjeva, O. Daugulis, *Org. Lett.*, **16**, 4688 (2014)
34) G. Tan, S. He, X. Huang, X. Liao, Y. Cheng, J. You, *Angew. Chem., Int. Ed.*, **55**, 10414 (2016)
35) C. Du, Q. Gui, X. Chen, Z. Tan, G. Zhu, *Angew. Chem., Int. Ed.*, **55**, 13571 (2016)
36) T. Yamaguchi, Y. Kommagalla, Y. Aihara, N. Chatani, *Chem. Commun.*, **52**, 10129 (2016)
37) S. Maiti, R. Kancherla, U. Dhawa, E. Hoque, S. Pimoarkar, D. Maiti, *ACS Catal.*, **6**, 5493 (2016)
38) H. Wang, S. Zhang, Z. Wang, M. He, K. Xu, *Org. Lett.*, **18**, 5628 (2016)
39) Q. Yan, T. Xiao, Z. Liu, Y. Zhang, *Adv. Synth. Catal.*, **358**, 2707 (2016)
40) D. Kalsi, D. Sundararaju, *Org. Lett.*, **17**, 6118 (2015)
41) O. Planas, C. J. Whiteoak, A. Company, X. Ribas, *Adv. Synth. Catal.*, **357**, 4003 (2015)
42) W. Ma, L. Ackermann, *ACS Catal.*, **5**, 2822 (2015)
43) D. Kalsi, S. Dutta, N. Barsu, M. Rueping, B. Sundararaju, *ACS Catal.*, **8**, 8115 (2018)
44) N. Sauermann, T. H. Meyer, C. Tian, L. Ackermann, *J. Am. Chem. Soc.*, **139**, 18452 (2017)
45) N. Sauermann, R. Mei, L. Ackermann, *Angew. Chem., Int. Ed.*, **57**, 5090 (2018)
46) X. Gao, P. Wang, L. Zeng, S. Tang, A. Lei, *J. Am. Chem. Soc.*, **140**, 4195 (2018)

47) C. Tian, L. Massignan, T. H. Meyer, L. Ackermann, *Angew. Chem., Int. Ed.*, **57**, 2383 (2018)
48) R. Mei, N. Sauermann, J. C. A. Oliveira, L. Ackermann, *J. Am. Chem. Soc.*, **140**, 7913 (2018)
49) T. H. Meyer, J. C. A. Oliveira, S. C. Sau, N. W. J. Ang, L. Ackermann, *ACS Catal.*, **8**, 9140 (2018)
50) S. Tang, D. Wang, Y. Liu, L. Zeng, A. Lei, *Nat. Commun.*, **9**, 798 (2018)
51) L. Zeng, H. Li, S. Tang, X. Gao, Y. Deng, G. Zhang, C.-W. Pao, J.-L. Chen, J.-F. Lee, A. Lei, *ACS Catal.*, **8**, 5448 (2018)
52) L. Zeng, S. Tang, D. Wang, Y. Deng, J.-L. Chen, J.-F. Lee, A. Lei, *Org. Lett.*, **19**, 2170 (2017)
53) T. T. Nguyen, L. Grigorjeva, O. Daugulis, *Angew. Chem., Int. Ed.*, **57**, 1688 (2018)
54) Z. Zhu, J.-H. Su, C. Du, Z.-L. Wang, C.-J. Ren, J.-L. Niu, M.-P. Song, *Org. Lett.*, **19**, 596 (2017)
55) T. Yoshino, H. Ikemoto, S. Matsunaga, M. Kanai, *Angew. Chem., Int. Ed.*, **52**, 2207 (2013)
56) B. Sun, T. Yoshino, S. Matsunaga, M. Kanai, *Adv. Synth. Catal.*, **356**, 1491 (2014)
57) H. Ikemoto, R. Tanaka, K. Sakata, M. Kanai, T. Yoshino, S. Matsunaga, *Angew. Chem., Int. Ed.*, **56**, 7156 (2017)
58) H. Ikemoto, T. Yoshino, K. Sakata, S. Matsunaga, M. Kanai, *J. Am. Chem. Soc.*, **136**, 5424 (2014)
59) Y. Suzuki, B. Sun, K. Sakata, T. Yoshino, S. Matsunaga, M. Kanai, *Angew. Chem., Int. Ed.*, **54**, 9944 (2015)
60) Y. Bunno, N. Murakami, Y. Suzuki, M. Kanai, T. Yoshino, S. Matsunaga, *Org. Lett.*, **18**, 2216 (2016)
61) Z. Shi, M. Boultadakis-Arapinis, F. Glorius, *Chem. Commun.*, **49**, 6489 (2013)
62) K. Kawai, Y. Bunno, T. Yoshino, S. Matsunaga, *Chem. Eur. J.*, **24**, 10231 (2018)
63) N. Murakami, M. Yoshida, T. Yoshino, S. Matsunaga, *Chem. Pharm. Bull.*, **66**, 51 (2018)
64) B. Sun, T. Yoshino, M. Kanai, S. Matsunaga, *Angew. Chem., Int. Ed.*, **54**, 12968 (2015)
65) R. Tanaka, H. Ikemoto, M. Kanai, T. Yoshino, S. Matsunaga, *Org. Lett.*, **18**, 5732 (2016)
66) F. Pesciaioli, U. Dhawa, J. C. A. Oliveira, R. Yin, M. John, L. Ackermann, *Angew. Chem., Int. Ed.*, **57**, 15425 (2018)
67) S. Fukagawa, Y. Kato, R. Tanaka, M. Kojima, T. Yoshino, S. Matsunaga, *Angew. Chem., Int. Ed.*, **58**, 1153 (2019)

第8章　Ni触媒芳香族C–Hカップリング反応

中尾佳亮*

1　はじめに

ニッケル（Ni）によるC–H活性化は，1963年にすでに量論反応が報告されていたにもかかわらず（式1）[1]，触媒反応が報告されるようになったのは比較的最近になってからである。C–H官能基化の先行研究に用いられたパラジウムやロジウム，ルテニウムなどの貴金属触媒に比べ，ユニークな反応性を持つことが明らかになりつつあり，豊富に存在し安価な第一周期遷移金属を用いる手法としても注目されている。本章では，反応形式を大きく二つに大別して，Ni触媒芳香族C–Hカップリング反応について述べる。なお，紙面の都合上，本章で紹介できなかった他の例についてはすでに出版された総説[2,3]を参考にしてほしい。

Ni + H N N → 135 °C – Cp–H → Ni N N　（式1）

2　Ni触媒による芳香族C–H結合と不飽和化合物のカップリング反応

芳香族C–H結合と不飽和化合物のカップリング反応とは，芳香族C–H結合間にアルケンやアルキンなどの不飽和結合を挿入させて，C–C結合形成を行う反応であり，より簡単にヒドロアリール化とも呼ばれる。複素環を基質に用いるヒドロヘテロアリール化反応の研究において，C–H官能基化におけるNi触媒が注目されるようになった。まず，Ni触媒存在下，イミダゾリウム塩の2位C–H結合にアルケンを挿入させてアルキル化する反応が2004年に報告された（式2）[4]。次に，3位電子求引性基置換インドール（式3）やアゾール類（式4）の2位C–H結合に，Ni/トリシクロペンチルホスフィン（$PCyp_3$）触媒存在下，アルキンがシス型に挿入する反応が報告された[5~8]。*N*-置換インドールやイミダゾールでの反応は，同反応条件下，低収率であった。したがって，電子豊富なNi(0)触媒が比較的酸性度の高いC–H結合の活性化を経るヒドロヘテロアリール化に有効であることが明らかになった。

*　Yoshiaki Nakao　京都大学　大学院工学研究科　教授

Ni(cod)$_2$ (10 mol %)
PPh$_3$ (21 mol %)
acetone/THF, 55 °C
100%

（式 2）

Ni(cod)$_2$ (10 mol%)
PCyp$_3$ (10 mol%)
toluene, 50 °C
97%, E/Z = >95:5

（式 3）

Ni(cod)$_2$ (10 mol%)
PCyp$_3$ (10 mol%)
toluene, 35 °C
E/Z = >95:5
X/Y = NMe/N: 92%
O/N: 89%
O/CH: 94%
S/CH: 47%

（式 4）

反応性の低い複素芳香環に対しては，ルイス塩基性部位をルイス酸触媒に配位させて，酸性 C-H 結合を有する化学種を触媒的に生じさせる手法が有効である。例えばイミダゾールのアルケニル化反応は，Ni/AlMe$_3$ 協働触媒によって収率よく進行する（式 5）[9]。ピリジンの 2 位アルケニル化反応にも有効である（式 6）[10]。*N*-ヘテロ環状カルベン（NHC）を配位子として用いると，同反応を主として 4 位選択的に進行させることもできる（式 7）[11, 12]。これらの反応は，ルイス酸触媒を用いない条件ではほとんど進行しない。一方，ピリジン-*N*-オキシドのアルケニル化は，ルイス酸触媒を添加しなくても 2 位選択的に進行する（式 8）[13]。

Ni(cod)$_2$ (3 mol%)
P^{t}Bu$_3$ (12 mol%)
AlMe$_3$ (6 mol%)
toluene, 100 °C
63%, E/Z = 93:7

（式 5）

Ni(cod)$_2$ (3 mol%)
P^{i}Pr$_3$ (12 mol%)
ZnMe$_2$ (6 mol%)
toluene, 100 °C
30%, E/Z = >99:1

（式 6）

N H + Pr—≡—Pr
$Ni(cod)_2$ (5 mol%)
IMes (5 mol%)
$AlMe_3$ (20 mol%)
toluene, 110 °C
N Pr Pr
53%
+ 3-alkenylation (15%)
（式7）

Me Me N+ O− H + Pr—≡—Pr
$Ni(cod)_2$ (10 mol%)
$PCyp_3$ (10 mol%)
toluene, 35 °C
Me Me N+ O− Pr Pr
66%, E/Z = >99:1
（式8）

NHC配位子を用いると，複素芳香環のアルケンとの反応によるアルキル化反応が進行する。ベンズイミダゾール，オキサゾール，チアゾール（式9）[14]，インドール（式10）やベンゾフラン（式11）の2位アルキル化反応[15]が報告されている。1–アルケンを反応させると直鎖選択的に，ビニルアレーンを反応させると分岐選択的にアルキル化が進行する。

N X H + Ph
$Ni(cod)_2$ (5 mol%)
IMes (5 mol%)
hexane, 130 °C
N X Ph
X = NMe: 86% (9 h)
O: 97% (2 h)
S: 81% (4 h)
（式9）

N Me H +
$Ni(cod)_2$ (10 mol%)
IPr^{Me} (10 mol%)
100 °C
N Me
90%
（式10）

O OMe H + C_8H_{17}
$Ni(cod)_2$ (10 mol%)
IPr^{Me} (10 mol%)
NaO^tBu (10 mol%)
65 °C
O OMe C_8H_{17}
98%
R R ArN NAr
R = H; Ar = mesityl: IMes
R = H; Ar = 2,6-^{i}Pr_2–C_6H_3: IPr
R = Me; Ar = 2,6-^{i}Pr_2–C_6H_3: IPr^{Me}
（式11）

NHC配位子の利用によって，Ni/ルイス酸協働触媒によるピリジンの4位選択的アルキル化反応（式12）[8b]や，ベンズイミダゾールのビニルアレーンによる直鎖選択的アルキル化反応（式

13)[16]が進行する。前者においては，嵩高いMADとNi-NHC触媒との立体反発が4位選択性発現の理由である。

$Ni(cod)_2$ (5 mol%)
IPr (5 mol%)
MAD (20 mol%)
toluene, 130 °C
85%

（式 12）

$Ni(cod)_2$ (10 mol%)
amino-NHC (10 mol%)
$AlMe_3$ (10 mol%)
toluene, 100 °C
88%

amino NHC　　MAD

（式 13）

置換ベンゼンの反応は，酸性度の高いC-H結合を有するパーフルオロベンゼンとNi/$PCyp_3$触媒を用いてまず報告された（式 14）[17, 18]。NHC配位子を用いるとビス（トリフルオロメチル）ベンゼンの5位アルキル化反応が進行する（式 15）[19]。電子的に反応性の低い置換ベンゼンには，Ni/ルイス酸協働触媒の利用が有効である。芳香族カルボニル化合物を用いるアルケンのヒドロアリール化反応は，MADを用いることによりパラ位選択的に進行する（式 16）[20]。同選択性の制御は，外周部に3,5-二置換フェニルを有するNHC配位子の利用が重要であることが，DFT計算によって明らかにされた。スルホンアミド（式 17）[21]，アニリド（式 18）[22]のアルキル化反応も同様の反応条件下，パラ位選択的に進行する。

$Ni(cod)_2$ (3 mol%)
$PCyp_3$ (3 mol%)
toluene, 100 °C
63%, E/Z = >95:5

（式 14）

$Ni(IPr)_2$ (20 mol%)
NaO^tBu (50 mol%)
THF, 100 °C
78%

（式 15）

Ni(cod)$_2$ (10 mol%), NHC (10 mol%), MAD (40 mol%), toluene, 150 °C

[Si] = SiMe(OSiMe$_3$)$_2$　95%, *p*/others = 96:4

（式16）

Ni(cod)$_2$ (10 mol%), NHC (10 mol%), MAD (40 mol%), toluene, 150 °C

77%, *p*/others = 96:4

（式17）

Ni(cod)$_2$ (10 mol%), NHC (10 mol%), MAD (40 mol%), toluene, 100 °C

81%, *p*/others = 96:4

NHC (Ar = 3,5-Me$_2$–C$_6$H$_3$)

（式18）

Ni触媒によるヒドロ（ヘテロ）アリール化反応は，芳香族C–H結合と不飽和化合物が配位した中間体から，C–H結合活性化とC–H結合形成および二つのC–Ni結合形成が協奏的に進行するLigand-to-Ligand Hydrogen Transfer（LLHT）[23]の後，異性化と還元的脱離によるC–C結合形成を経て進行すると考えられている。LLHTは，定性的には不飽和化合物が塩基のように作用して芳香族C–Hを活性化しているとみなせる。パラジウム（II）触媒によるC–Hアリール化で提唱されているConcerted Metalation Deprotonation（CMD）機構[24, 25]に似ている。芳香族C–H酸性度と反応性に相関があることは合理的に理解できる。ルイス酸共触媒は，基質のルイス塩基性部位に作用して，芳香環をより電子不足にすることによって，C–H結合の酸性度を触媒的に向上させていると解釈できる。同時に，Ni触媒上の配位子との立体反発によってパラ位選択性の発現にも寄与している。

ヒドロアリール化反応に関連する反応として，ベンズアミド（式19）[26, 27]とアルキンの［4+2］環化付加反応が報告されている。この反応においても，C(sp^2)–H結合活性化はLLHT機構で進行している可能性がDFT計算によって示されている[28]。

Ni(OTf)$_2$ (10 mol%)
PPh$_3$ (20 mol%)
KO^{t}Bu (20 mol%)
toluene, 160 °C
67%
（式 19）

3　Ni 触媒による芳香族 C–H 結合と求電子剤とのカップリング反応

Ni 触媒による芳香族 C–H カップリングにおいて，ハロゲン化アリールやアルキルなどの求電子剤とカップリングさせる反応もよく研究されている。一連の研究は，2009 年に報告されたアゾール類とハロゲン化アリールとのカップリング反応（式 20）[29,30]に端を発している。その後，求電子剤の展開も精力的に検討され，アリールエステル（式 21）[31]やアリールカルボン酸エステル（式 22）[32]，ハロゲン化アルキル（式 23）[33,34]が反応させられるようになった。

Ni(OAc)$_2$ (10 mol%)
bipy (10 mol%)
LiO^{t}Bu
1,4-dioxane, 85 °C
62%
（式 20）

Ni(cod)$_2$ (10 mol%)
dcype (20 mol%)
Cs_2CO_3
1,4-dioxane, 120 °C
65%
（式 21）

Ni(cod)$_2$ (10 mol%)
dcype (20 mol%)
K_3PO_4
1,4-dioxane, 150 °C
86%
（式 22）

NiBr$_2$•diglyme (5 mol%)
terpyridine (5 mol%)
LiO^{t}Bu
diglyme, 85 °C
46%
（式 23）

R = H: bipy
2-pyridyl: terpyridine
dcype

末端アルキン（式24）[35]，アリール（式25）[36~38]あるいはアルキル求核剤（式26）[39]や，カルボン酸（式27）[40,41]との酸化的カップリング反応は，酸化剤共存下に進行する。

$NiBr_2$•diglyme (5 mol%)
dtbpy (5 mol%)
LiO^{t}Bu
toluene, 100 °C, O_2
48%
（式24）

$NiBr_2$•diglyme (10 mol%)
dtbpy (10 mol%)
CsF, CuF_2
DMAc, 150 °C
$(MeO)_3Si$—Ph
64%
dtbpy
（式25）

$Ni(dppp)Cl_2$ (20 mol%)
$Cl(CH_2)_2Cl$
THF, rt
BrMg
82%
（式26）

$Ni(PCy_3)Cl_2$ (20 mol%)
IPr•HCl (20 mol%)
Ag_2CO_3
$PhCF_3$, 170 °C
HO_2C, O_2N
75%
（式27）

置換ベンゼンの反応においては，酸性度の高いC-H結合を有するパーフルオロベンゼンの利用（式28）[42]に加え，二座配向基として知られる2-アミノメチルピリジンや8-アミノキノリンから合成した安息香酸アミドのオルト位選択的な反応が報告されている。ハロゲン化アルキニル（式29）[43~45]，アリール（式30）[46]，ハロゲン化アリル[47~49]，ハロゲン化第一級アルキル（式31）[50,51]，ハロゲン化第二級アルキル（式32）[52]とのカップリング反応が進行する。

$Ni(cod)_2$ (10 mol%)
dppb (10 mol%)
NaO^{t}Bu
toluene, 80 °C
PivO
2-Np
73%
（式28）

Me O N H 2-Py H + Br—≡—Ph

$Ni(OTf)_2$ (0.5 mol%)
DME (1 mol%)
$NaHCO_3$
${}^tBuCN$, 130 °C

Me O N H 2-Py Ph
64%

（式 29）

Me O N N H H + I—Ph

$Ni(OTf)_2$ (5 mol%)
$NaHCO_3$
toluene, 140 °C

Me O N H Q Ph
94%

（式 30）

Me O N N H H + X−R

$Ni(OTf)_2$ (5 mol%)
PPh_3 (20 mol%)
Na_2CO_3
toluene, 140 °C

Me O N H Q R

R/X = metallyl/Br: 88%
C_8H_{17}/I: 88%
C_8H_{17}/Br: 92%
C_8H_{17}/Cl: 0%

（式 31）

O N N H H + Br−Cy

$NiCl_2$•dme (10 mol%)
$[Me_2N(CH_2)_2]_2O$ (40 mol%)
LiO^tBu
o-xylene, 160 °C

O N H Q Cy
80%

（式 32）

酸化的な反応としては，ベンジル位 C-H との脱水素カップリング（式 33）[53]，カルボニル化（式 34）[54]も報告されている。

Me O N N H H + H_3C−Ph

$Ni(OTf)_2$ (10 mol%)
PPh_3 (10 mol%)
Na_2CO_3, ${}^iC_3F_7I$
${}^tBuC_6H_5$, 140 °C

Me O N H Q
94% Ph

（式 33）

O N N H H

NiI_2 (10 mol%)
$Cu(acac)_2$ (20 mol%)
Li_2CO_3, THAB
DMF, O_2, 160 °C

THAB = tetraheptylammonium bromide

O N N O
79%

（式 34）

これらの反応におけるC–H活性化は，CMD機構のようにNi(Ⅱ)中間体と塩基（これがNi(Ⅱ)の配位子である場合もある）およびC–H結合が協奏的に反応する機構を経るものと考えられている[55]。

4　おわりに

以上，Ni触媒芳香族C–Hカップリング反応について紹介した。ヒドロアリール化反応やエステルなどの通常不活性な求電子剤の利用はNiでしか実現されていない反応であり，他の遷移金属触媒によるC–H官能基化とは相補的である。同種の反応においても，Niが入手容易で安価な点で優位性が高い。一方，酸性度の高いC–H結合での反応や配向基の利用など，他の遷移金属触媒系とも共通する基質の制限がある。他の遷移金属触媒ですでに進行するC–H官能基化をNiでトレースする研究から脱却して，Ni特有の反応性をさらに精査し，Niによってはじめて達成できる芳香族C–Hカップリングの開発が進展することを期待している。

文　献

1) J. P. Kleiman, M. Dubeck, *J. Am. Chem. Soc.*, **85**, 1544 (1963)
2) N. Chatani, *Top. Organomet. Chem.*, **56**, 19 (2016)
3) J. Yamaguchi, K. Muto, K. Itami, *Top. Curr. Chem.*, **374**, 55 (2016)
4) N. D. Clement, K. J. Cavell, *Angew. Chem. Int. Ed.*, **43**, 3845 (2004)
5) Y. Nakao, K. S. Kanyiva, S. Oda, T. Hiyama, *J. Am. Chem. Soc.*, **128**, 8146 (2006)
6) K. S. Kanyiva, Y. Nakao, T. Hiyama, *Heterocycles*, **72**, 677 (2007)
7) A. J. Nett, W. Zhao, P. M. Zimmerman, J. Montgomery, *J. Am. Chem. Soc.*, **137**, 7636 (2015)
8) T. Mukai, K. Hirano, T. Satoh, M. Miura, *J. Org. Chem.*, **74**, 6410 (2009)
9) K. S. Kanyiva, F. Löbermann, Y. Nakao, T. Hiyama, *Tetrahedron Lett.*, **50**, 3463 (2009)
10) Y. Nakao, K. S. Kanyiva, T. Hiyama, *J. Am. Chem. Soc.*, **130**, 2448 (2008)
11) C.-C. Tsai, W.-C. Shih, C.-H. Fang, C.-Y. Li, T.-G. Ong, G. P. A. Yap, *J. Am. Chem. Soc.*, **132**, 11887 (2010)
12) Y. Nakao, Y. Yamada, N. Kashihara, T. Hiyama, *J. Am. Chem. Soc.*, **132**, 13666 (2010)
13) K. S. Kanyiva, Y. Nakao, T. Hiyama, *Angew. Chem. Int. Ed.*, **46**, 8872 (2007)
14) Y. Nakao, N. Kashihara, K. S. Kanyiva, T. Hiyama, *Angew. Chem. Int. Ed.*, **49**, 4451 (2010)
15) Y. Schramm, M. Takeuchi, K. Semba, Y. Nakao, J. F. Hartwig, *J. Am. Chem. Soc.*, **137**, 12215 (2015)
16) W.-C. Shih, W.-C. Chen, Y.-C. Lai, M.-S. Yu, J.-J. Ho, G. P. A. Yap, T.-G. Ong, *Org. Lett.*, **14**, 2046 (2012)

17) Y. Nakao, N. Kashihara, K. S. Kanyiva, T. Hiyama, *J. Am. Chem. Soc.*, **130**, 16170 (2008)
18) K. S. Kanyiva, N. Kashihara, Y. Nakao, T. Hiyama, M. Ohashi, S. Ogoshi, *Dalton Trans.*, **39**, 10483 (2010)
19) J. S. Bair, Y. Schramm, A. G. Sergeev, E. Clot, O. Eisenstein, J. F. Hartwig, *J. Am. Chem. Soc.*, **136**, 13098 (2014)
20) S. Okumura, S. Tang, T. Saito, K. Semba, S. Sakaki, Y. Nakao, *J. Am. Chem. Soc.*, **138**, 14699 (2016)
21) S. Okumura, Y. Nakao, *Org. Lett.*, **19**, 584 (2017)
22) S. Okumura, T. Komine, E. Shigeki, K. Semba, Y. Nakao, *Angew. Chem. Int. Ed.*, **57**, 929 (2018)
23) J. Guihaumé, S. Halbert, O. Eisenstein, R. N. Perutz, *Organometallics*, **31**, 1300 (2012)
24) D. Lapointe, K. Fagnou, *Chem. Lett.*, **39**, 1118 (2010)
25) K. Fagnou, *Top. Curr. Chem.*, **292**, 35 (2010)
26) H. Shiota, Y. Ano, Y. Aihara, Y. Fukumoto, N. Chatani, *J. Am. Chem. Soc.*, **133**, 14952 (2011)
27) A. Obata, Y. Ano, N. Chatani, *Chem. Sci.*, **8**, 6650 (2017)
28) K. Yamazaki, A. Obata, A. Sasagawa, Y. Ano, N. Chatani, *Organometallics*, **38**, 248 (2019)
29) J. Canivet, J. Yamaguchi, I. Ban, K. Itami, *Org. Lett.*, **11**, 1733 (2009)
30) H. Hachiya, K. Hirano, T. Satoh, M. Miura, *Org. Lett.*, **11**, 1737 (2009)
31) K. Muto, J. Yamaguchi, K. Itami, *J. Am. Chem. Soc.*, **134**, 169 (2012)
32) K. Amaike, K. Muto, J. Yamaguchi, K. Itami, *J. Am. Chem. Soc.*, **134**, 13573 (2012)
33) O. Vechorkin, V. Proust, X. Hu, *Angew. Chem. Int. Ed.*, **49**, 3061 (2010)
34) T. Yao, K. Hirano, T. Satoh, M. Miura, *Chem. Eur. J.*, **16**, 12307 (2010)
35) N. Matsuyama, M. Kitahara, K. Hirano, T. Satoh, M. Miura, *Org. Lett.*, **12**, 2358 (2010)
36) H. Hachiya, K. Hirano, T. Satoh, M. Miura, *Angew. Chem. Int. Ed.*, **49**, 2202 (2010)
37) H. Hachiya, K. Hirano, T. Satoh, M. Miura, *ChemCatChem*, **2**, 1403 (2010)
38) G.-R. Qu, P.-Y. Xin, H.-Y. Niu, D.-C. Wang, R.-F. Ding, H.-M. Guo, *Chem. Commun.*, **47**, 11140 (2011)
39) P.-Y. Xin, H.-Y. Niu G.-R. Qu, R.-F. Ding, H.-M. Guo, *Chem. Commun.*, **48**, 6717 (2012)
40) K. Yang, P. Wang, C. Zhang, A. A. Kadi, H.-K. Fun, Y. Zhang, H. Lu, Eur. *J. Org. Chem.*, **2014**, 7586 (2014)
41) K. Yang, C. Zhang, P. Wang, Y. Zhang, H. Ge, *Chem. Eur. J.*, **20**, 7241 (2014)
42) J. Xiao, T. Chen, L.-B. Han, *Org. Lett.*, **17**, 812 (2015)
43) Y.-J. Liu, Y.-H. Liu, S.-Y. Yan, B. F. Shi, *Chem. Commun.*, **51**, 63881 (2015)
44) J. Yi, L. Yang, C. Xia, F. Li, *J. Org. Chem.*, **80**, 6213 (2015)
45) V. G. Landge, C. H. Shewale, G. Jaiswal, M. K. Sahoo, S. P. Midya, E. Balaraman, *Catal. Sci. Technol.*, **6**, 1946 (2016)
46) A. Yokota, Y. Aihara, N. Chatani, *J. Org. Chem.*, **79**, 11922 (2014)
47) Y. Aihara, N. Chatani, *J. Am. Chem. Soc.*, **135**, 5308 (2013)
48) N. Barsu, D. Kalsi, B. Sundararaju, *Chem. Eur. J.*, **21**, 9364 (2015)

49) X. Cong, Y. Li, Y. Wei, Z. Zeng, *Org. Lett.*, **16**, 3926 (2014)
50) Y. Aihara, J. Wuelbern, N. Chatani, *Bull. Chem. Soc. Jpn.*, **88**, 438 (2015)
51) T. Uemura, M. Yamaguchi, N. Chatani, *Angew. Chem. Int. Ed.*, **55**, 3162 (2016)
52) W. Song, S. Lackner, L. Ackermann, *Angew. Chem. Int. Ed.*, **53**, 2477 (2014)
53) Y. Aihara, M. Tobisu, Y. Fukumoto, N. Chatani, *J. Am. Chem. Soc.*, **136**, 15509 (2014)
54) X. Wu, Y. Zhao, H. Ge, *J. Am. Chem. Soc.*, **137**, 4924 (2015)
55) H. Xu, K. Muto, J. Yamaguchi, C. Zhao, K. Itami, D. G. Musaev, *J. Am. Chem. Soc.*, **136**, 14834 (2014)

第9章　Cu触媒芳香族C–Hカップリング反応

平野康次*1，三浦雅博*2

1　はじめに

銅（Cu）はUllmannカップリングにおける反応促進剤やGilman試薬をはじめ，重要な反応剤として古くから有機合成化学に用いられてきた。一般に安価かつ低毒性であるが，活性はルテニウム，パラジウム，ロジウムといった第二周期以降の希少金属元素（レアメタル）に比較して乏しく，多くの場合化学量論量を必要とする。そのため，芳香族C–Hカップリング反応の開発においても当初はあまり注目されておらず，専ら触媒活性の高い，上述した第二周期以降の金属触媒を中心に検討が進められてきた。しかしながら2000年代中頃から，地殻埋蔵量の豊富な第一周期に属する卑金属元素（ベースメタル）を用いたレアメタルの機能代替に関する研究に注目が集まるようになった。埋蔵資源の乏しい我が国においても，2007年から「元素戦略プロジェクト」（文部科学省）における重要項目の一つとして，精力的に研究が行われている。このような背景のもと，Cu触媒を用いる芳香族C–Hカップリング反応も国内外で活発に研究がなされるようになった[1)]。本分野におけるCu触媒を用いた研究は，以下の二つの方向性に大別される。1）第二周期以降のレアメタルの触媒作用を代替する研究，2）レアメタルでもなし得ない，Cuが有する特異な一電子レドックス活性を利用した分子変換，である。本章では，これらの代表的な反応を紹介する。

2　（ヘテロ）芳香族化合物のC–Hアリール化

（ヘテロ）ビアリール骨格は様々な医薬品や有機電子材料の鍵骨格として知られており，その効率的な合成手法の開発は有機化学において極めて重要である。そのため，銅触媒芳香族C–Hカップリングの分野においても最も精力的に研究がなされている。

2.1　ハロゲン化アリール及びその等価体を用いる反応

Cuを用いた芳香族C–Hカップリング反応の初期の例として，筆者らはパラジウム触媒を用いたベンゾチアゾールのC–Hアリール化反応において，CuIによる反応の劇的な加速効果を見出した。また，N-メチルイミダゾールを用いた場合，銅塩単独でも低収率ながらC–Hアリール化

＊1　Koji Hirano　大阪大学　大学院工学研究科　准教授
＊2　Masahiro Miura　大阪大学　大学院工学研究科　教授

が進行した。この際，イミダゾール環の C2 位でのみ選択的に反応が進行しており，C2，C5 位でのジアリール化が競合するパラジウム触媒共存下での結果とは対照的である（図1）[2]。これを端緒として Cu を用いたハロゲン化アリールによる 1,3-アゾール類の C-H アリール化反応をいくつか見出した。用いるヘテロ芳香族化合物によっては触媒量の銅塩でも反応が円滑に進行する（式1）[3]。これらの反応では，塩基として無機塩である炭酸セシウム等を用いているが，これに代えて塩基性度の大きい有機塩基である *t*-BuOLi を用いると，より広範なヘテロ芳香族化合物のアリール化が進行することが，同時期に Daugulis によって報告されている（式2）[4]。これらは従来のレアメタル触媒系を安価な銅触媒で代替する反応例である。

上述した反応では，比較的酸性度の高い C-H 結合が良好な反応性を示す。一方，こうした酸性度に依存しない反応系として，アリール化剤として超原子価ヨウ素反応剤を用いる条件が報告されている。インドールを基質とした場合，窒素上の置換基によって反応点（C2 もしくは C3）を制御することが可能である（式3）[5]。また同様の反応条件を用いると，ベンズアミドやアリール酢酸等の置換ベンゼン類のメタ位選択的 C-H アリール化が進行する。窒素上の置換基を適切に選択すれば，従来法では修飾の難しいインドール環の C6 位を直接的にアリール化することも可能である。さらに，アニソールやアニリンを基質として用いた場合は，パラ位選択的に直接ア

Pd(OAc)$_2$ (5 mol%), PPh$_3$ (10 mol%), **CuI (2.0 equiv)**, Cs$_2$CO$_3$, DMF, 140 °C, 6 h: 82%; 40% w/o CuI

Pd(OAc)$_2$ (10 mol%), CuI (2 equiv), PPh$_3$ (20 mol%), Cs$_2$CO$_3$, DMF, 140 °C, 20 h: 37% + 40%

CuI (2 equiv), PPh$_3$ (60 mol%), Cs$_2$CO$_3$, DMF, 140 °C, 20 h: 37%

図1　銅触媒芳香族 C-H アリール化の初期の例

CuI (20 mol%), phen (40 mol%), Cs$_2$CO$_3$, DMSO, 100 °C, 4 h: 86%　（式1）

CuI (10 mol%), phen (10 mol%), *t*-BuOLi, DMPU, 125 °C, 1 h: 80%　（式2）

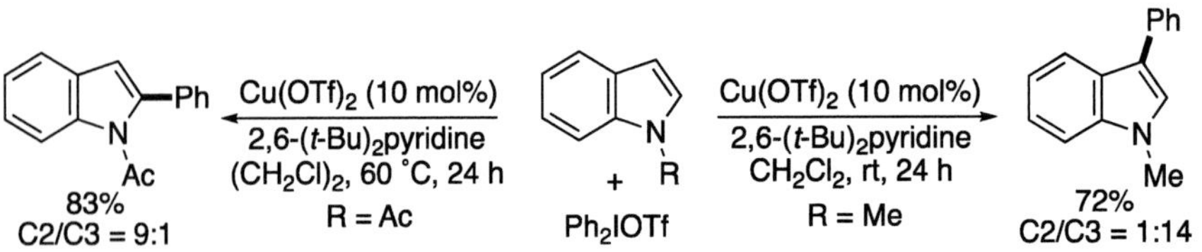

(式 3)

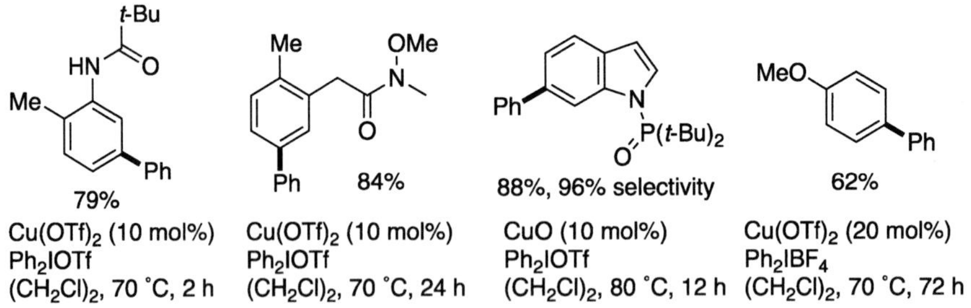

図2　銅／超原子価ヨウ素アリール化剤を用いる特異な位置選択的 C-H アリール化
太線は形成された C-C 結合，生成物下は反応条件を示す

リール化が進行する（図 2）[6]。これらの特異な位置選択性は銅を触媒とする本反応系に特有のものである。反応機構としては 3 価の有機銅種が介在する挿入形式の反応経路が現段階では支持されている[7]。

2. 2　アリール金属反応剤を用いる反応

2 価銅は一般に酸化剤として機能するため，アリール化剤としてアリール金属反応剤を用いた酸化的芳香族 C-H アリール化も可能である。特に，取り扱い容易で安定なアリールボロン酸誘導体は頻繁に用いられる。一例として，ピロールのフェニルボロン酸によるマルチアリール化が報告されている（式 4）[8]。この反応は過剰の 2 価銅を必要とするが，アゾールのような比較的酸性度の高い基質の C-H アリール化においては，分子状酸素を末端酸化剤とする銅の触媒化も達成されている（式 5）[9]。一方，より一般的な芳香環のアリール化には，配向性官能基の利用が有効である。特に二つの窒素原子で銅中心に配位することのできるオキサゾリンを有するベンズア

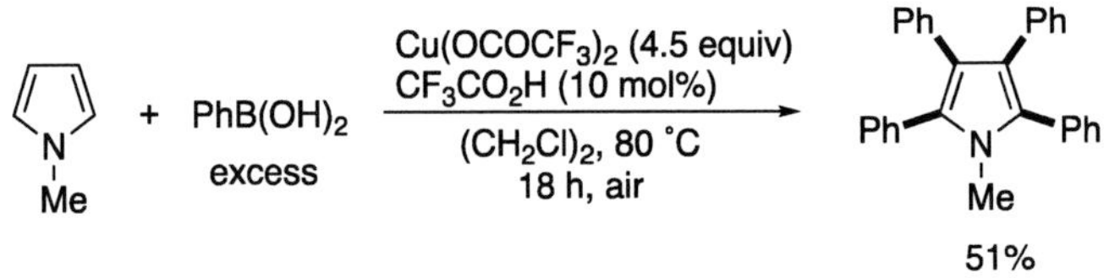

(式 4)

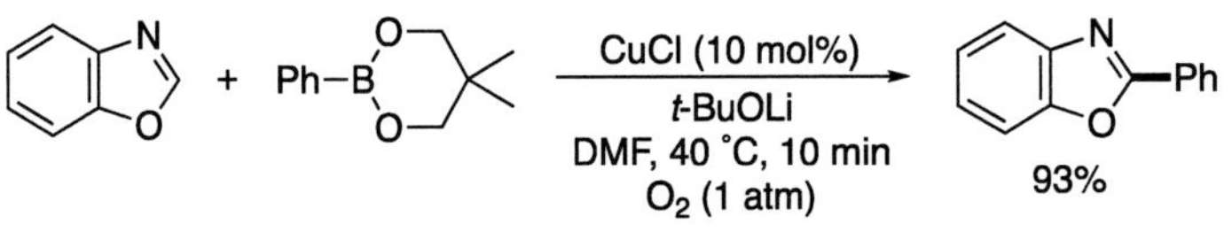

(式 5)

ミドは良い反応基質となる（式6）[10]。この場合，配向性官能基のオルト位で選択的に反応が進行する。アリール化後，アミド部位はより汎用性の高いチオエステルへと簡便に変換することもできる。厳密にはアリール金属反応剤ではないが，アリールカルボン酸類をアリール化剤として使用できる場合もある（式7）[11]。この場合，同じく二つの窒素原子で銅中心に配位することのできるキノリンアミドが効率良くアリール化を受ける。アリールカルボン酸としてはニトロ基の置換したものが必須であるが，導入されたニトロ基を足がかりとする連続的分子変換も可能である。

$Cu(OAc)_2$ (20 mol%)
Ag_2O, Na_2CO_3, KOAc
DMSO, 70 °C, 12 h
70%
1) Boc_2O, DMAP
MeCN, 40 °C
2) EtSH, LiHMDS
THF, r.t.
67% (2 steps)
N,N-二座配位によるC-H切断

（式6）

$Cu(OTf)_2$ (2.0 equiv)
DMSO, 100 °C, 23 h
74%
K_2CO_3
DMSO, 170 °C
98%
N,N-二座配位によるC-H切断

（式7）

2.3　単純アリール C-H を用いる反応

最も理想的であるが，より挑戦的と考えられるアリール C-H 同士のクロスカップリングによるビアリール骨格形成もいくつか報告されている。初期の研究では比較的酸性度の高いアゾールないしはフルオロアレーン間での反応に限られていたが（式8）[12]，著者らの研究により適切な配向基を用いることでより一般的なベンゼン類とアゾール間でのクロスカップリングが可能となった（図3）[13]。当初はフェニルピリジン類に限定的な反応様式であったが，現在ではインドール，ベンズアミド，ピリドン等，より広範な芳香族化合物に対して有効な系が報告されている。

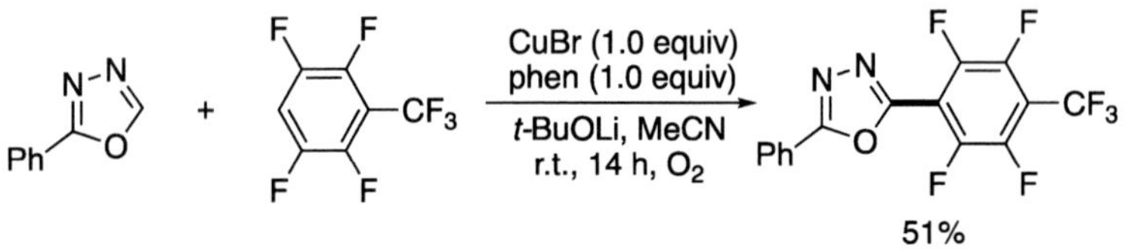
CuBr (1.0 equiv)
phen (1.0 equiv)
t-BuOLi, MeCN
r.t., 14 h, O2
51%

（式 8）

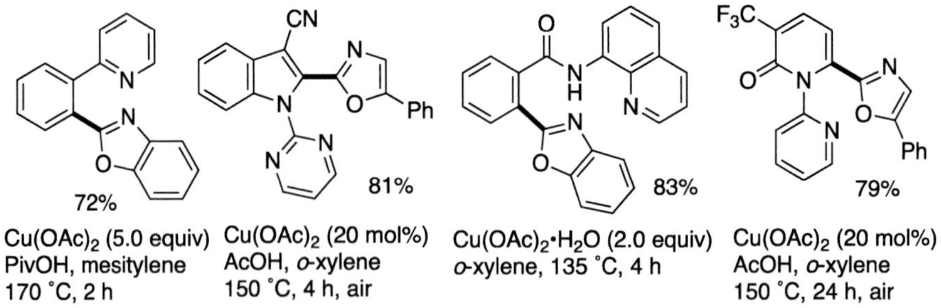
72%
Cu(OAc)2 (5.0 equiv)
PivOH, mesitylene
170 ˚C, 2 h
81%
Cu(OAc)2 (20 mol%)
AcOH, o-xylene
150 ˚C, 4 h, air
83%
Cu(OAc)2•H2O (2.0 equiv)
o-xylene, 135 ˚C, 4 h
79%
Cu(OAc)2 (20 mol%)
AcOH, o-xylene
150 ˚C, 24 h, air

図3　銅を用いる C-H/C-H 型ビアリールクロスカップリング
太線は形成された C-C 結合，生成物下は反応条件を示す

さらにいくつかの系では分子状酸素を末端酸化剤とする銅塩の触媒化も達成されており，この場合副生成物が水のみになる点において，環境調和性にも優れた手法と位置付けることができる。これらの反応では，2 価銅の不均化による 3 価銅の発生が鍵過程として提案されており[14]，これが従来系では困難な分子変換を可能にしていると考えられている。

3 （ヘテロ）芳香族化合物の C-H アミノ化

（ヘテロ）芳香族アミンも（ヘテロ）ビアリールとならび，様々な有用な有機分子に含まれる部分構造であり，種々の物性発現の鍵を握っている。そのため，芳香族 C-H 結合のアミノ化も活発に研究されている。一般に芳香族化合物の C-H 結合をアミノ基によって直接的にアミノ化する場合，C-N 結合形成過程が律速段階となることが多い。この素過程を促進させるため，パラジウム等を触媒とする場合には強力な酸化剤と高い反応温度を必要とすることが問題となる。一方銅を用いる場合，高酸化数の 3 価銅種の発生が不均化反応によって容易におこるため，比較的穏やかな条件で反応を進行させることができる。また，反応条件や基質によっては電子移動を伴うラジカル経路によって対応する C-N 結合形成を温和な条件で実施できる場合もあり，特異な一電子レドックス活性を有する銅触媒の多彩な反応特性が活かされている。

分子内芳香族 C-H アミノ化を利用した含窒素複素環の合成に関する報告は，すでに膨大な数にのぼっているため，ここではいくつかの代表例を簡単にとりあげるのに留める。詳細は文末の参考文献を参照されたい[15]。イミダゾール[16]やカルバゾール[17]，アクリドン[18]等，いずれの合成においても末端酸化剤として安価な酸素や二酸化マンガンを利用することができる（図 4）。

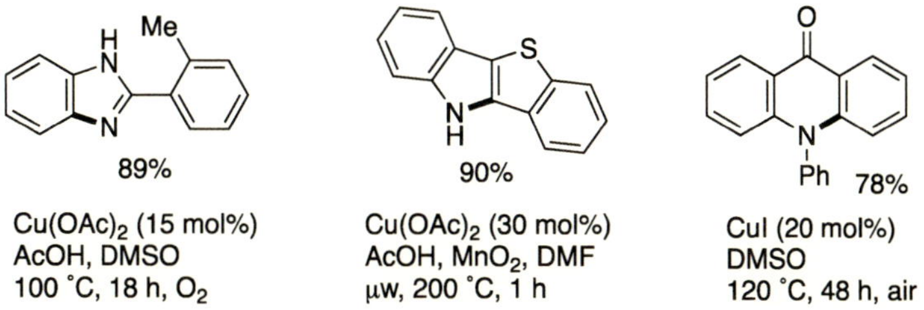

図4　銅を用いる分子内芳香族C-Hアミノ化反応による含窒素複素環の合成
太線は形成されたC-N結合，生成物下は反応条件を示す

一方，分子間芳香族C-Hアミノ化では，アリール化反応でも用いられていた二座型配向基の利用が有効である（式9，10，11）[19]。式11ではラジカル種の介在が示唆されており，いわゆる

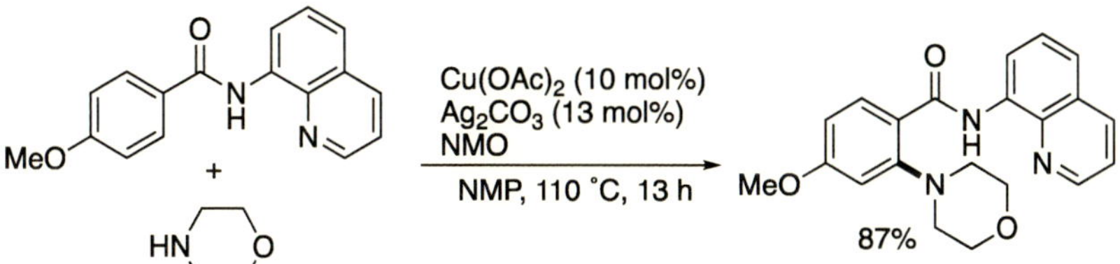

（式9）

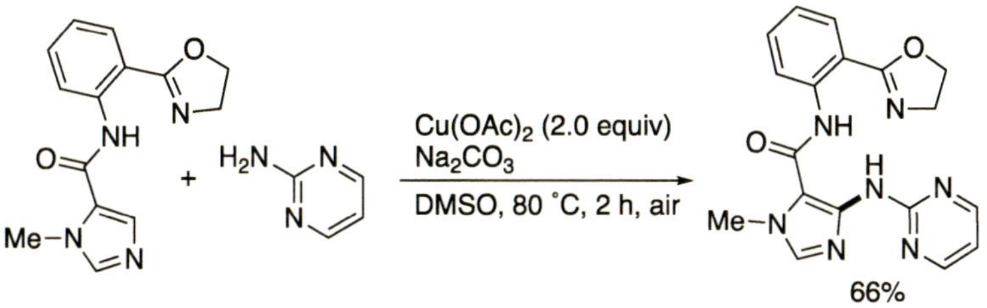

（式10）

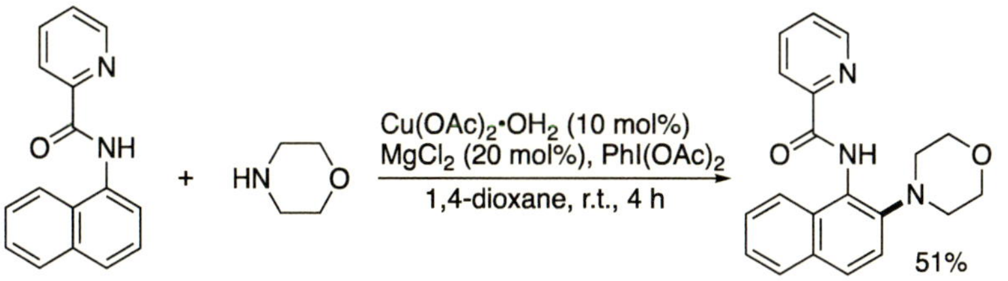

（式11）

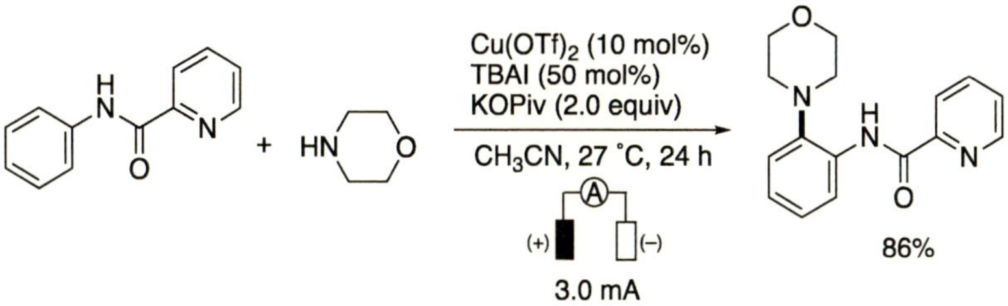

（式12）

通常のC–H活性化触媒とは異なる位置選択性が発現する。また最近では電気分解を利用することで末端酸化剤を用いることなく，水素の発生を伴いながらC–Hアミノ化をおこなうことも可能になってきている（式12）[20]。

4　その他の芳香族C–Hカップリング

C–CおよびC–N以外にも，C–O[21]，C–S[22]，C–P[23]，C–X（ハロゲン）[24]など，多様な結合形成反応がすでに報告されている（図5）。さらに，医薬品分子によく含まれるフッ素[25]やトリフルオロメチル基[26]等も，銅触媒を用いることで芳香環上へ直接的に導入することが可能となっている（式13，14）。

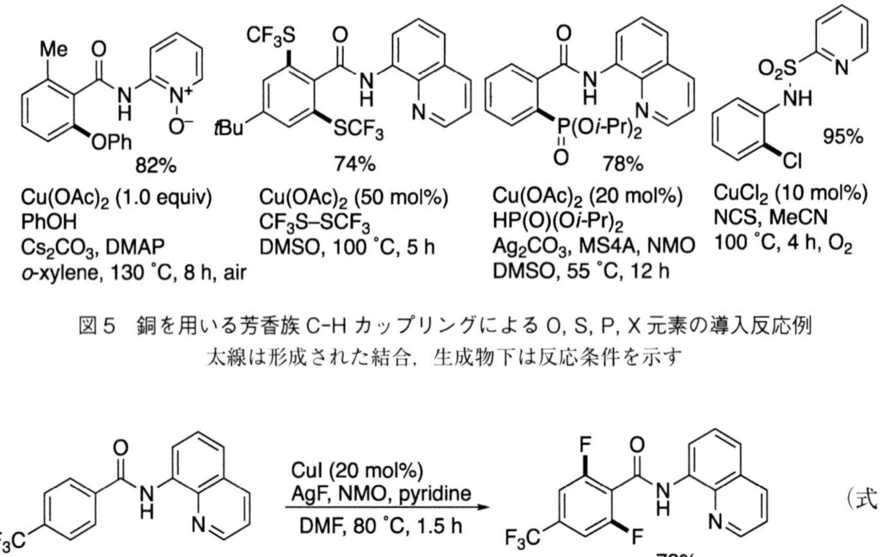

図5　銅を用いる芳香族C–Hカップリングによる O, S, P, X 元素の導入反応例
太線は形成された結合，生成物下は反応条件を示す

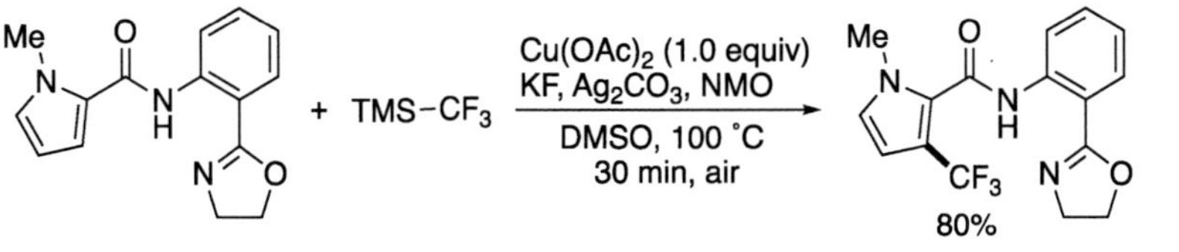

（式13）

（式14）

5　おわりに

冒頭でも述べたように銅触媒芳香族C-Hカップリングは現在も爆発的な勢いで研究が進められており，新たな反応形式が続々と報告されている。触媒活性という点ではやはりまだレアメタルには及ばず，化学量論量以上の銅塩を必要とするケースも少なくないため，より優れた触媒の設計が求められる。安価かつ低毒性というベースメタルがもつ経済的優位性と，レアメタルにはない特有の一電子レドックス活性をいかした斬新な触媒系の創出が今後もさらに発展するとともに，これらの反応法が様々な有用分子の合成へと応用されることを期待したい。

文　　献

1） 銅触媒を用いた芳香族C-Hカップリングに関する総説：a）O. Daugulis, H.-Q. Do, D. Shabashov, *Acc. Chem. Res.* **42**, 1074（2009）. b）A. A. Kulkarni, O. Daugulis, *Synthesis* 4087（2009）. c）K. Hirano, M. Miura, *Chem. Lett.* **44**, 868（2015）. d）J. Liu, G. Chen, Z. Tan, *Adv. Synth. Catal.* **358**, 1174（2016）
2） S. Pivsa-Art, T. Satoh, Y. Kawamura, M. Miura, M. Nomura, *Bull. Chem. Soc. Jpn.* **71**, 467（1998）
3） a）T. Yoshizumi, H. Tsurugi, T. Satoh, M. Miura, *Tetrahedron Lett.* **49**, 1598（2008）. b）T. Yoshizumi, T. Satoh, K. Hirano, D. Matsuo, A. Orita, J. Otera, M. Miura, *Tetrahedron Lett.* **50**, 3273（2009）. c）T. Kawano, T. Yoshizumi, K. Hirano, T. Satoh, M. Miura, *Org. Lett.* **11**, 3072（2009）
4） a）H.-Q. Do, O. Daugulis, *J. Am. Chem. Soc.* **129**, 12404（2007）. b）H.-Q. Do, R. M. K. Khan, O. Daugulis, *J. Am. Chem. Soc.* **130**, 15185（2008）
5） R. J. Phipps, N. P. Grimster, M. J. Gaunt, *J. Am. Chem. Soc.* **130**, 8172（2008）
6） a）R. J. Phipps, M. J. Gaunt, *Science* **323**, 1593（2009）. b）H. A. Duong, R. E. Gilligan, M. L. Cooke, R. J. Phipps, M. J. Gaunt, *Angew. Chem. Int. Ed.* **50**, 463（2011）. c）C.-L. Ciana, R. J. Phipps, J. R. Brandt, F.-M. Meyer, M. J. Gaunt, *Angew. Chem. Int. Ed.* **50**, 458（2011）. d）Y. Yang, R. Li, Y. Zhao, D. Zhao, Z. Shi, *J. Am. Chem. Soc.* **138**, 8734（2016）
7） B. Chen, X.-L. Hou, Y.-X. Li, Y.-D. Wu, *J. Am. Chem. Soc.* **133**, 7668（2011）
8） I. Ban, T. Sudo, T. Taniguchi, K. Itami, *Org. Lett.* **10**, 3607（2008）
9） F. Yang, Z. Xu, Z. Wang, Z. Yu, R. Wang, *Chem. Eur. J.* **17**, 6321（2011）
10） M. Shang, S.-Z. Sun, H.-X. Dai, J.-Q. Yu, *Org. Lett.* **16**, 5666（2014）
11） K. Takamatsu, K. Hirano, M. Miura, *Angew. Chem. Int. Ed.* **56**, 5353（2017）
12） L.-H. Zou, J. Mottweiler, D. L. Priebbenow, J. Wang, J. A. Stubenrauch, C. Bolm, *Chem. Eur. J.* **19**, 3302（2013）
13） a）M. Kitahara, N. Umeda, K. Hirano, T. Satoh, M. Miura, *J. Am. Chem. Soc.* **133**, 2160

(2011). b) M. Nishino, K. Hirano, T. Satoh, M. Miura, *Angew. Chem. Int. Ed.* **51**, 6993 (2012). c) M. Nishino, K. Hirano, T. Satoh, M. Miura, *Angew. Chem. Int. Ed.* **52**, 4457 (2013). d) R. Odani, K. Hirano, T. Satoh, M. Miura, *Angew. Chem. Int. Ed.* **53**, 10784 (2014)

14) a) A. E. King, L. M. Huffman, A. Casitas, M. Costas, X. Ribas, S. S. Stahl, *J. Am. Chem. Soc.* **132**, 12068 (2010). b) A. Casitas, M. Canta, M. Solá, M. Costas, X. Ribas, X. *J. Am. Chem. Soc.* **133**, 19386 (2011). c) A. M. Suess, M. Z. Ertem, C. J. Cramer, S. S. Stahl, *J. Am. Chem. Soc.* **135**, 9797 (2013)

15) X.-X. Guo, D.-W. Gu, Z. Wu, W. Zhang, *Chem. Rev.* **115**, 1622 (2015)

16) G. Brasche, S. L. Buchwald, *Angew. Chem. Int. Ed.* **47**, 1932 (2008)

17) K. Takamatsu, K, Hirano, T. Satoh, M. Miura, *Org. Lett.* **16**, 2892 (2014)

18) W. Zhou, Y. Liu, Y. Yang, G.-J. Deng, *Chem. Commun.* **48**, 10678 (2012)

19) a) L. D. Tran, J. Roane, O. Daugulis, *Angew. Chem. Int. Ed.* **52**, 6043 (2013). b) M. Shang, S.-Z. Sun, H.-X. Dai, J.-Q. Yu, *J. Am. Chem. Soc.* **136**, 3354 (2014). c) Li, S.-Y. Zhang, G. He, Z. Ai, W. A. Nack, G. Chen, *Org. Lett.* **16**, 1764 (2014)

20) G.-L, Yang, X.-Y. Wang, J.-Y. Lu, L.-P. Zhang, P. Fang, T.-S. Mei, *J. Am. Chem. Soc.* **140**, 11487 (2018)

21) X.-Q. Hao, L.-J. Chen, B. Ren, L.-Y. Li, X.-Y. Yang, J.-F. Gong, J.-L. Niu, M.-P. Song, *Org. Lett.* **16**, 1104 (2014)

22) L. D. Tran, I. Popov, O. Daugulis, *J. Am. Chem. Soc.* **134**, 18237 (2012)

23) S. Wang, R. Guo, G. Wang, S.-Y. Chen, X.-Q. Yu, *Chem. Commun.* **50**, 12718 (2014)

24) B. Urones, Á. M. Martínez, N. Rodríguez, R. G. Arrayás, J. C. Carretero, *Chem. Commun.* **49**, 11044 (2013)

25) T. Truong, K. Klimovica, O. Daugulis, *J. Am. Chem. Soc.* **135**, 9342 (2013)

26) M. Shang, S.-Z. Sun, H.-L. Wang, B. N. Laforteza, H.-X. Dai, J.-Q. Yu, *Angew. Chem. Int. Ed.* **53**, 10439 (2014)

第10章　3族～5族金属錯体による C–H結合活性化反応

長江春樹*1，劔　隼人*2，真島和志*3

1　はじめに

遷移金属錯体によるC–H結合の直接的な活性化とそれに続く官能基化反応は，原子効率に優れた触媒反応の一つであり，近年活発に研究されている。これまでに，ルテニウムをはじめ，ニッケルやパラジウム，コバルト，ロジウム，イリジウムなどの後周期遷移金属錯体触媒による酸化的付加を経由するC–H結合活性化反応が活発に研究され，炭素–炭素結合[1)]，炭素–窒素結合[1b, 1e, 1f, 2)]，炭素–酸素結合[1a, 1b, 1i, 2a, 3)]，炭素–ホウ素結合[1b, 1e, 4)]，炭素–ケイ素結合[1b, 4c, 5)]，炭素–リン結合[6)]，炭素–硫黄結合[7)]，炭素–ハロゲン結合[1b, 1i)]などへの変換反応が達成されている。一方，前周期遷移金属錯体を用いたC–H結合活性化反応は，σ–結合メタセシス機構（スキーム1）で進行することから後周期遷移金属とは異なった選択性や反応性を示すことが知られている[8)]。前周期遷移金属である3族～5族金属のアルキル錯体およびアミド錯体が，σ–結合メタセシス機構により芳香環や複素芳香環の$C(sp^2)$–H結合，および，メタンなどの炭化水素の$C(sp^3)$–H結合を活性化し，対応する金属–炭素結合へのアルケンやアルキン，イミン，イソニトリルなどの挿入反応が当量反応を中心に研究され，近年触媒反応へと発展している。本章では，σ–結合メタセシス機構を鍵反応とするC–H結合活性化の素反応を紹介するとともに，3族，4族，および5族金属錯体による触媒的C–H結合の官能基化反応に関する研究について紹介する。

$$[M]-R^1 + R^2-H \rightleftharpoons \left[[M] \cdots R^2 \cdots H \cdots R^1 \cdots [M] \right]^{\ddagger} \rightleftharpoons [M]-R^2 + R^1-H$$

スキーム1　σ–結合メタセシス機構によるC–H結合の活性化

＊1　Haruki Nagae　大阪大学　大学院基礎工学研究科　助教
＊2　Hayato Tsurugi　大阪大学　大学院基礎工学研究科　准教授
＊3　Kazushi Mashima　大阪大学　大学院基礎工学研究科　教授

2 当量反応

2.1 σ-結合メタセシス機構による C-H 結合活性化

Watson らは，1983 年にルテチウムのメタロセンヒドリド錯体およびメチル錯体 Cp^*_2LuR（**1a**：R＝H，**1b**：R＝Me）が，ベンゼンやピリジンなどの $C(sp^2)$-H 結合，および，テトラメチルシランなどの $C(sp^3)$-H 結合を活性化することやルテチウム錯体 **1b** もしくはイットリウム錯体 **2** が ^{13}C ラベルされたメタンとの間で $C(sp^3)$-H 結合活性化が可逆的に進行することを報告した[9]。さらに，Bercaw らは，スカンジウムのメタロセンメチル錯体 **3** も同様の反応が進行し，反応速度論解析により一次の速度論的同位体効果と大きな負の活性化エントロピーが観測されたことから，会合性の 4 員環遷移状態を経由する σ-結合メタセシス機構であることを明らかにした（スキーム 2）[10]。

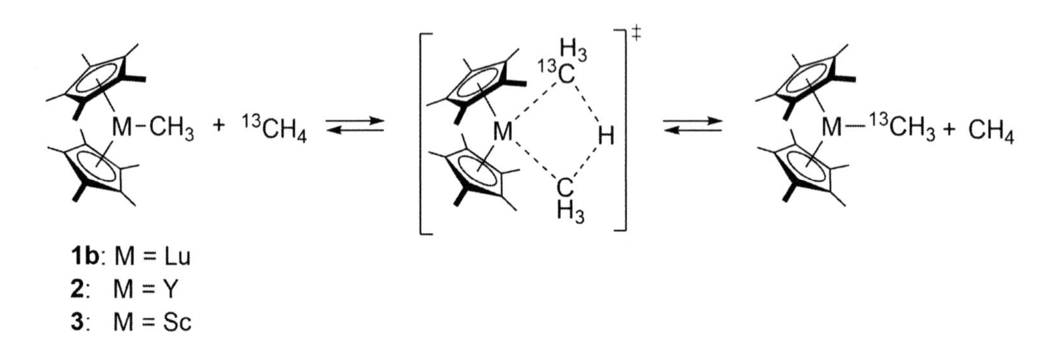

スキーム 2　σ-結合メタセシス機構を経由する 3 族金属のメタロセンメチル錯体によるメタンの $C(sp^3)$-H 結合活性化

2.2 ピリジン誘導体の C-H 結合活性化とオレフィンの挿入反応

前周期遷移金属のヒドリド錯体やアルキル錯体は，ピリジンおよびルチジンとの当量反応により，それぞれ 3 員環アザメタラサイクル錯体および 4 員環アザメタラサイクル錯体を形成する。また，2-フェニルピリジン誘導体を基質として用いた場合は，フェニル基のオルト位の $C(sp^2)$-H 結合活性化により 5 員環アザメタラサイクル錯体が得られるが，フェニル基のオルト位の直接的な C-H 結合活性化による反応機構の他に，一旦ピリジン環のオルト位の $C(sp^2)$-H 結合活性化により 3 員環アザメタラサイクル錯体が生成し，異性化反応により熱力学的に安定な 5 員環アザメタラサイクル錯体となる反応機構も可能である。これらのアザメタラサイクル錯体へのオレフィンの挿入反応により，環が拡大した生成物が得られている（スキーム 3）。これらの反応は，触媒的 C-H 結合アルキル化反応の素反応に相当する。

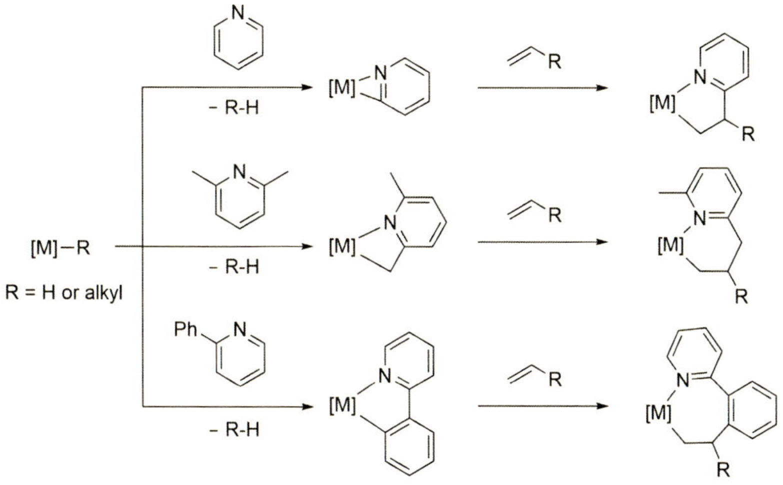

[M]−R
R = H or alkyl
− R-H
[M]
R

スキーム3　3員環～5員環のアザメタラサイクル錯体の形成とオレフィンの挿入反応

2. 2. 1　3族および4族金属の3員環アザメタラサイクル錯体：η^2-2-ピリジル金属錯体

典型的な3員環アザメタラサイクル錯体は，主としてピリジン誘導体と3族金属の中性アルキル錯体やヒドリド錯体，あるいは4族金属のカチオン性アルキル錯体やヒドリド錯体との反応により合成されている[11,12]。例えば，カチオン性ジルコニウムメチル錯体**4**は，2-メチルピリジンのピリジン環のオルト位のC(sp^2)-H結合を活性化し，対応する3員環アザメタラサイクル錯体**5**を与える（式1）。また，ピリジンや2-フェニルピリジン，2,5-ジメチルピラジン，キノリン，フェナントリジン，およびベンゾ[*h*]キノリンなどのピリジン誘導体との反応によっても，同様に対応する3員環アザメタラサイクル錯体が得られている[13]。3員環アザメタラサイクル錯体**6**に対して，α-オレフィンが1,2-挿入することにより錯体**7**を与える。一方，スチレンなどの電子求引性基を有するオレフィンにおいては2,1-挿入反応が進行し錯体**8**を与える（スキーム4）[14～16]。また，3員環アザメタラサイクル錯体と末端アルキンならびに内部アルキンとの反応は，アルキンの官能基とアザメタラサイクル錯体のピリジン部位との間の立体反発を避ける向きで挿入反応が進行する。

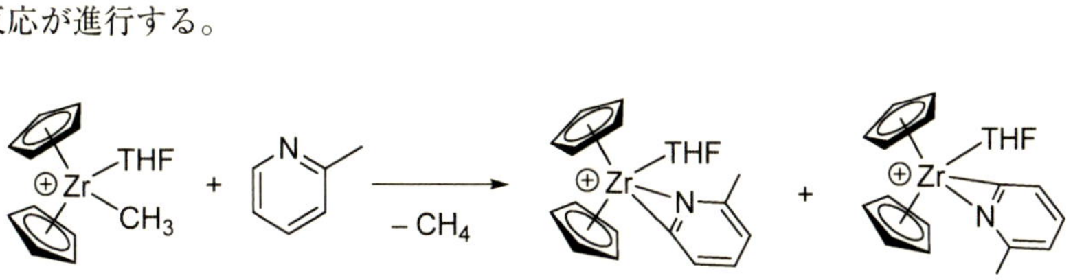

THF　CH₃　− CH_4　**4**　**5a**　**5b**

（式1）

スキーム4　3員環アザメタラサイクル錯体の金属-炭素結合へのオレフィンの挿入反応

Teubenらは，ヒドリド架橋イットリウム二核錯体**9**と2当量のピリジンの反応により，ピリジン環のオルト位のC(sp^2)-H結合活性化が進行した3員環アザメタラサイクル錯体**10**や，エチレンやプロピレンが挿入した5員環アザメタラサイクル錯体**11**および**12**を合成している（スキーム5）[17]。また，Diaconescuらは，非メタロセンアルキル錯体**13**を用いることで，同様にピリジン環のオルト位のC(sp^2)-H結合の切断により3員環アザメタラサイクル錯体**14**を合成し，それに続くオレフィンやアルキンの挿入による環拡大反応を経て5員環アザメタラサイクル錯体**15**および**16**が生成することを見出している（スキーム6）[18~20]。

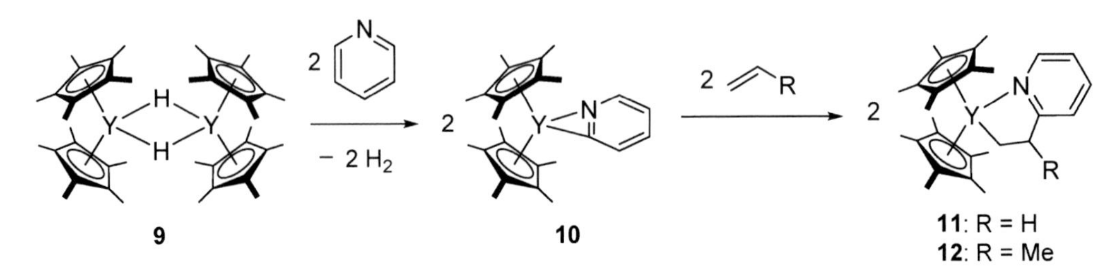

スキーム5　ヒドリド架橋イットリウム二核錯体**9**によるピリジン環のオルト位のC(sp^2)-H結合活性化とオレフィンの挿入反応

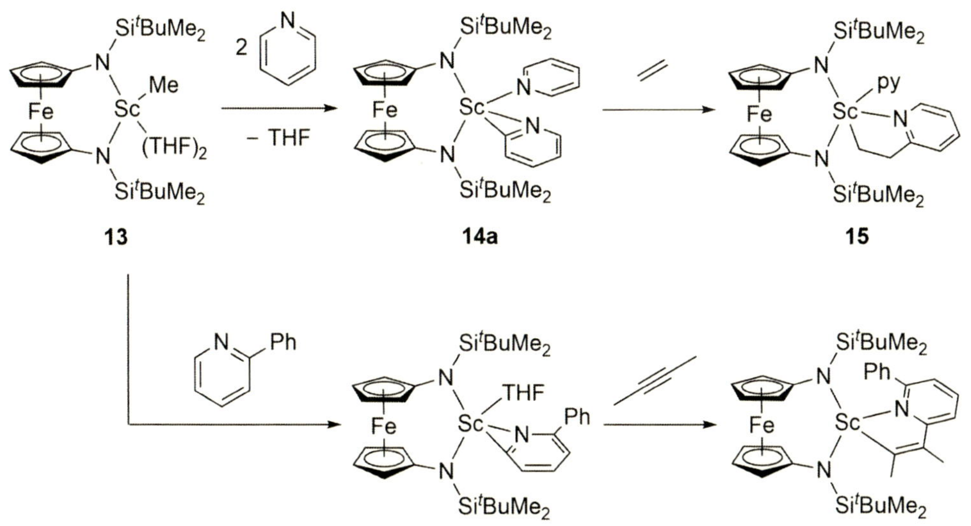

スキーム6　非メタロセン錯体13によるピリジン環のオルト位のC(sp^2)-H結合活性化とオレフィンやアルキンの挿入反応

2. 2. 2　3族および4族金属の4員環アザメタラサイクル錯体

カチオン性ジルコニウム錯体4は，2,6-ジメチルピリジンや2,6-ジエチルピリジンなどのジアルキルピリジン誘導体のピリジン環に結合するアルキル基のC(sp^3)-H結合を活性化し，対応する4員環アザメタラサイクル錯体17および18を与える。錯体17へのエチレンやプロピレンなどのオレフィン挿入反応やアルキンの挿入反応により，対応する6員環アザメタラサイクル錯体19および20が合成されている。また，アクリジンやフェナジンを基質とすると，縮環した芳香環のオルト位のC(sp^2)-H結合活性化により，対応する4員環アザメタラサイクル錯体21および22が得られている（スキーム7）[21]。

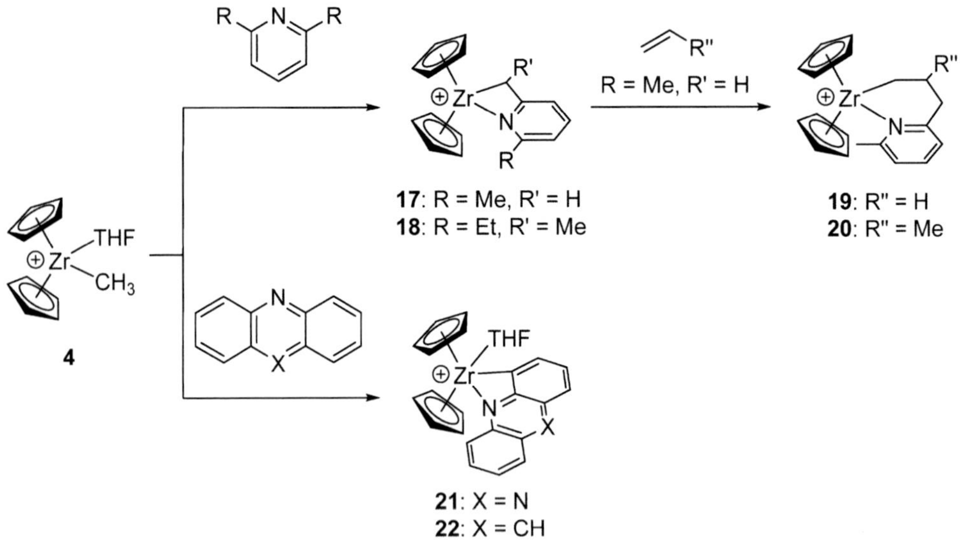

スキーム7　4員環アザメタラサイクル錯体の合成とエチレンやプロピレンの挿入反応

2. 2. 3　3族および4族金属の5員環アザメタラサイクル錯体

2-フェニルピリジンを基質とした場合，3族金属および4族金属のアルキル錯体によるピリジン環のオルト位のC(sp^2)-H結合活性化により一旦3員環アザメタラサイクル錯体が生成するが，異性化によって熱的に安定な5員環アザメタラサイクル錯体が得られる。例えば，カチオン性3員環アザメタラサイクル錯体**23**をフェニルシランあるいは水素と反応させることにより，5員環アザメタラサイクル錯体**24**が得られる（式2）[22]。同様に，3員環アザメタラサイクル錯体を有する非メタロセン錯体**25**および**26**は，塩基として作用するジアザビシクロウンデセン（DBU）存在下において，5員環アザメタラサイクル錯体**27**および**28**に異性化する（式3）。5員環アザメタラサイクル錯体**27**の金属-炭素結合へ挿入反応はケトン類などについて進行し，7員環メタラサイクル錯体**29**を与える（スキーム8）[23]。また，5員環アザメタラサイクル錯体ジメチルハフニウム錯体**30**は$B(C_6F_5)_3$とα-オレフィンと反応させることでカチオン性の7員環メタラサイクル錯体**31**を与える（式4）[24,25]。

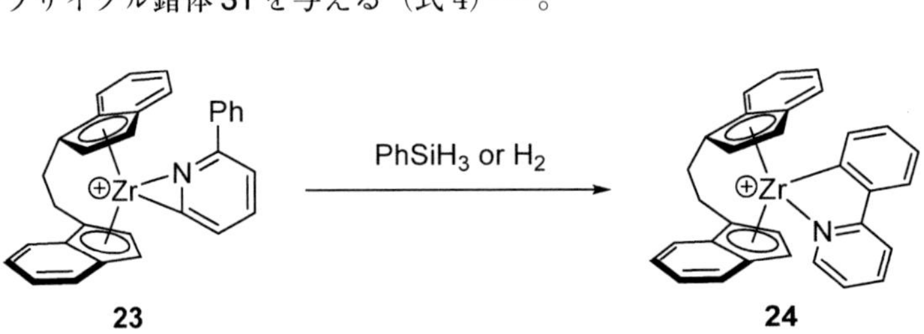

（式2）

(DBU)

25: M = Y
26: M = Lu

27: M = Y
28: M = Lu
L = DBU or THF

（式3）

(iqn)
– THF

2
(Ad=O)
– iqn

27

29

スキーム８　非メタロセン錯体の５員環アザメタラサイクル錯体とケトン類の挿入反応

$B(C_6F_5)_3$

30: Ar^1 = 2,6-$^iPr_2C_6H_3$
Ar^2 = 2-$^iPrC_6H_4$

31

（式4）

キレートジアミン配位子を有するイットリウムアルキル錯体**32**は2-フェニルピリジンと反応し，５員環アザメタラサイクル錯体**33**を経由し，二量化反応によりビピリジル配位子を有する錯体**34**が定量的に生成する（スキーム9）[26]。錯体**34**のビピリジル配位子の結合様式は，単結晶X線結晶構造解析により窒素原子と炭素-炭素二重結合のη^2配位によって架橋された二核構造であることが明らかとなっている。本反応は，ラベル実験から，式3の例とは反対に，５員環アザメタラサイクル錯体から3員環アザメタラサイクル錯体への異性化を経由して進行する。

C_6H_6
$-SiMe_4$

32: Ar = 2,6-$^i Pr_2C_6H_3$　**33**　**34**

スキーム9　非メタロセンアルキル錯体**32**を用いた2-フェニルピリジンのカップリング反応

3　触媒反応

3.1　複素芳香環およびアニソール誘導体のC(sp^2)-H結合へのオレフィン挿入反応

前周期遷移金属錯体を用いたC-H結合の触媒的アルキル化は，1989年にJordanらによって初めて報告された。本反応では常圧の水素ガス存在下，カチオン性アザメタラサイクル錯体**35**を触媒として用いることにより，2-メチルピリジンのピリジン環のオルト位のC(sp^2)-H結合に対して選択的にプロピレンの1,2-挿入反応が進行し，2-イソプロピル-6-メチルピリジン（**36**）が得られる（式5）[12,14d]。プロピレンの挿入によって生成した5員環メタラサイクル錯体**35**は安定であるが，水素ガスとは反応し，σ-結合メタセシス機構により化合物**36**が配位したカチオン性ヒドリド錯体**37**を生成する。錯体**37**は配位子交換により錯体**38**と化合物**36**を与える（スキーム10）。C(sp^2)-H結合の不斉アルキル化反応は，C_2対称の*ansa*-ジルコノセン錯体（[(*S,S*)-(EBTHI)Zr(η^2-6-Me-pyrd-2-yl)-(2-methylpyridine)][BPh_4]（**39**）{EBTHI＝ethylenebis(indenyl)}）を用いることで達成されている。触媒活性は低いものの，水素雰囲気下，2-メチルピリジンと1-ヘキセンのカップリング反応において58%eeを達成している（式6）[15]。

35 (4 mol%)
H_2 (1 atm)
CH_2Cl_2, 23 °C

36

（式5）

スキーム10　2-メチルピリジンとプロピレンを用いた触媒的$C(sp^2)$-H結合アルキル化反応の反応機構

（式6）

Teubenらは，1994年に3族金属であるイットリウムの3員環アザメタラサイクル錯体**10**を触媒として用いることにより，ピリジンとエチレンのカップリング反応により2-エチルピリジンが得られることを報告している（式7）[17]。上述のカチオン性ジルコノセン錯体と異なり，3族金属を用いた場合は水素ガスの添加は不要であるが，イットリウム触媒の触媒活性および選択性は低く，2-エチルピリジンに加え，少量の2-ブチルピリジンや2-ヘキシルピリジンが副生成物として生成する。

N Y
10 (3 mol%)
110 °C
40 bar

（式 7）

最近では，3族金属のハーフメタロセンジアルキル錯体 Cp*M($CH_2C_6H_4NMe_2$-*o*)$_2$（**40**：M＝Sc；**41**：M＝Y）に $B(C_6F_5)_3$ を加えてカチオン性モノアルキル錯体へと誘導することで，ピリジン環のオルト位の C(sp^2)-H 結合への α-オレフィンや共役ジエンなどの挿入によるアルキル化反応に対し，高い触媒活性を示すことが Hou らにより報告されている[27]。これまでの報告と同様に 1-ヘキセンや 1-オクテンを用いた場合には 1,2-挿入反応が進行し，スチレン誘導体を用いた場合には 2,1-挿入反応が進行する（スキーム 11）。さらに，キラル Cp 配位子を有するハーフメタロセン錯体 Cp'Sc(*o*-toluidine)$_2$（**42**）を［Ph_3C］［$B(C_6F_5)_4$］を用いてカチオン化することで，ピリジン誘導体と 1-ヘキセンのカップリング反応の触媒となり，96％ee という高エナンチオ選択性が達成されている（式 8）[28]。

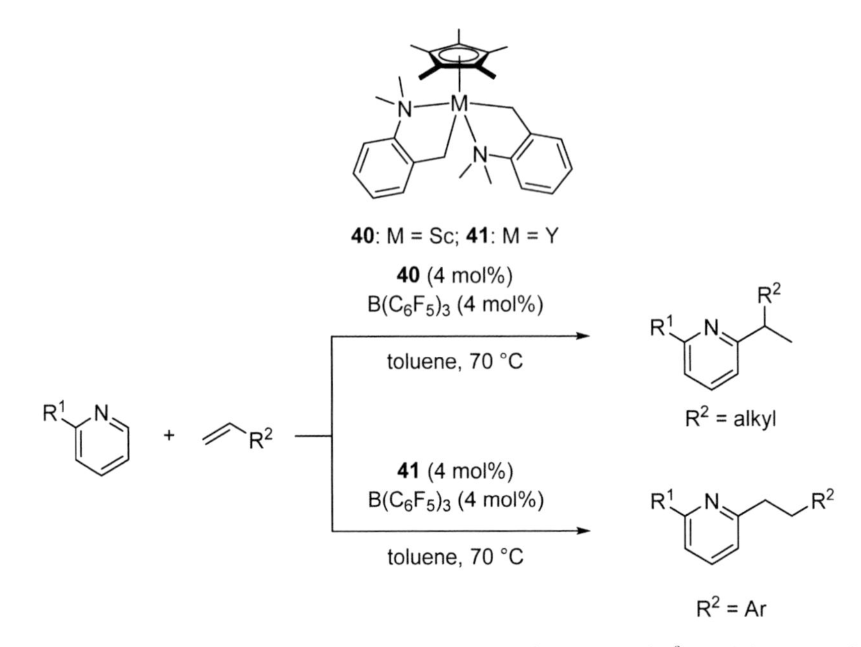

スキーム 11　3族金属ハーフメタロセン錯体による 2-置換ピリジンの C(sp^2)-H 結合アルキル化反応

R = OSi(^{i}Pr)$_3$
42 (5 mol%)
$[Ph_3C][B(C_6F_5)_4]$ (5 mol%)
up to 96% ee

（式8）

3族金属は酸素親和性が高く，ピリジン以外にもアニソール誘導体のC–H結合活性化が進行する[29]。スカンジウムを有するハーフメタロセン錯体**40**は$[Ph_3C][B(C_6F_5)_4]$を助触媒とすることで，アニソールのオルト位の$C(sp^2)$–H結合活性化と，それに続くオレフィンの挿入反応の触媒となる（式9）。

40 (2.5 mol%)
$[Ph_3C][B(C_6H_5)_4]$ (2.5 mol%)
toluene, 70 °C

（式9）

非メタロセン錯体による触媒反応として，アミンによって架橋されたビスフェノラート配位子を有するジルコニウムジベンジル錯体**43**と$[Ph_3C][B(C_6F_5)_4]$を組み合わせることで生成するカチオン性アルキル錯体が，Luo，YuanおよびYaoらにより報告されている（スキーム12）[30]。この反応では，水素を添加することなく2-メチルピリジンのピリジン環のオルト位の$C(sp^2)$–H結合およびピリジン環に結合するメチル基の$C(sp^3)$–H結合の逐次的なアルキル化反応が進行する。

43 (10 mol%)
$[Ph_3C][B(C_6F_5)_4]$ (10 mol%)
PhCl, 100 °C

99% yield

98% yield

スキーム 12　非メタロセンジアルキル錯体 **43** を触媒とする
2-メチルピリジンの C-H 結合アルキル化反応

C-H 結合活性化により高分子の末端に官能基を導入する重合反応が報告されている。チオフェン環の 2 位の C(sp^2)-H 結合が活性化されたランタン二核錯体 $[Cp^*{}_2La(\mu\text{-}C_4H_3S)]_2$ (**44**) を触媒として用いることにより，エチレンの連続的な挿入反応とそれに続くチオフェン環の 2 位の C(sp^2)-H 結合活性化が進行し，チオフェンを末端に有するポリエチレンが生成することが Hessen らにより報告されている（式 10）[31]。われわれは，エン-ジアミド配位子を有するイットリウムアルキル錯体 **45** による C-H 結合活性化後に，2-ビニルピリジンのイットリウム-炭素結合への 2,1-挿入反応を連続的に進行させることで開始末端に対応する官能基を有するイソタクチックポリ（2-ビニルピリジン）が得られることを報告している[32]。錯体 **45** は，3-メチルピリジンや 4-メチルピリジンだけでなく，2-アリールピリジン誘導体や 1-位に置換基を有するプロピンなどと速やかに反応し，C(sp^2)-H もしくは C(sp^3)-H を活性化し，新たなイットリウム-炭素結合を有する錯体を与える。系中で発生したこれらの錯体は，2-ビニルピリジンのリビング重合触媒となり，開始末端に対応する含窒素複素芳香環化合物やプロパルギル基およびアレニル基を有するポリ（2-ビニルピリジン）**46** が得られる（スキーム 13）。

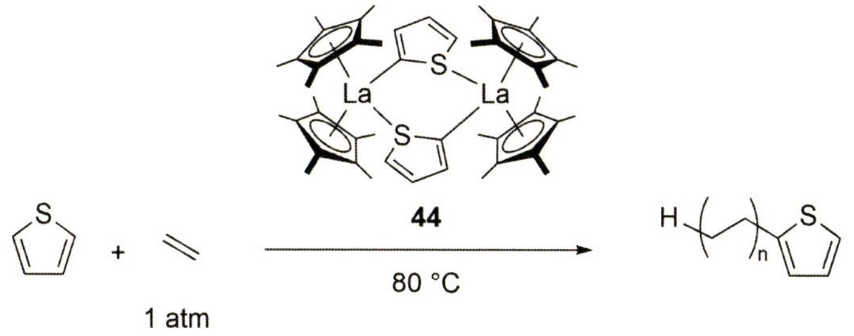

（式10）

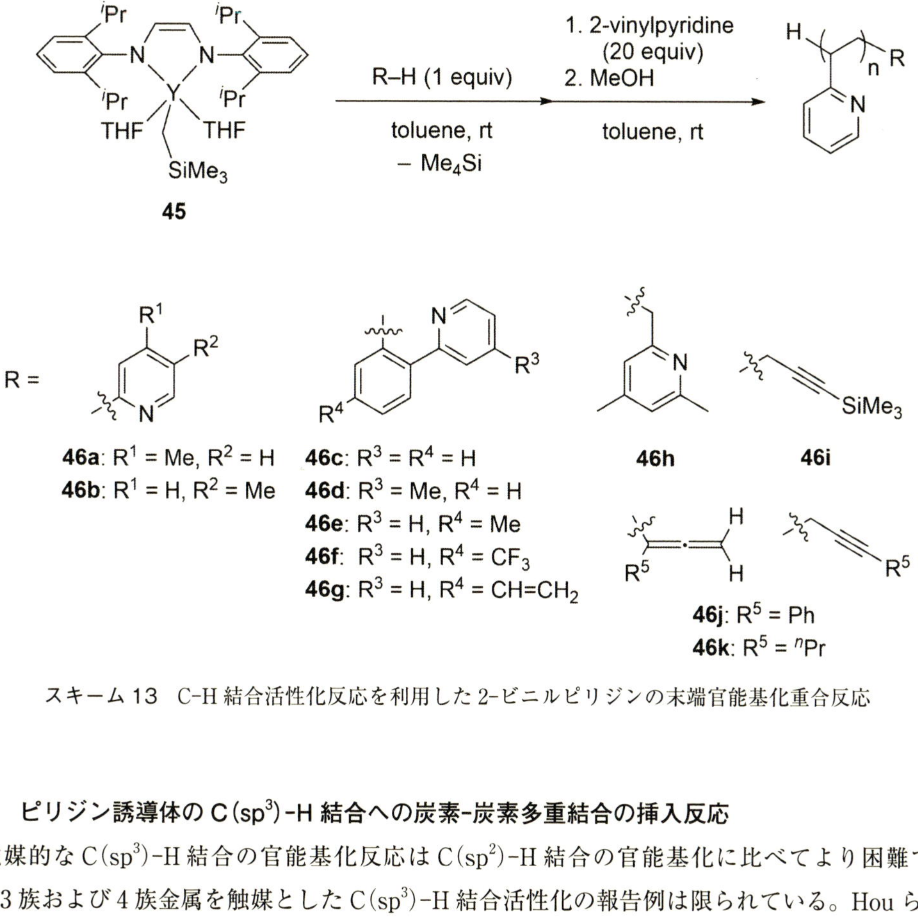

スキーム13　C-H結合活性化反応を利用した2-ビニルピリジンの末端官能基化重合反応

3.2　ピリジン誘導体のC(sp³)-H結合への炭素-炭素多重結合の挿入反応

触媒的なC(sp³)-H結合の官能基化反応はC(sp²)-H結合の官能基化に比べてより困難であり，3族および4族金属を触媒としたC(sp³)-H結合活性化の報告例は限られている。Houらは，カチオン性ハーフメタロセンのイットリウムアルキル錯体**47**および**41**が2,6-ジアルキルピリジンのピリジン環に結合するアルキル基のC(sp³)-H結合のアルキル化反応の触媒となることを報告している[33]。立体障害の小さいCp配位子を有する錯体**47**を用いた場合は，2,6-ジメチルピリジンのベンジル位にエチレンが4分子挿入した化合物が得られるが，嵩高いCp*配位子を有する錯体**41**を用いた場合には，ピリジン環に結合するアルキル基のC(sp³)-H結合にエチレンが3分子だけ挿入した化合物が生成する（スキーム14）。また，イットリウム錯体**41**を用いた場合は，アニソール環のオルト位のメチル基の $C(sp^3)$-H 結合の官能基化反応が選択的に進行する（式 11）[31]。

47: R = H; 41: R = Me

47 (4 mol%)
$[Ph_3C][B(C_6F_5)_4]$ (4 mol%)
toluene, 70 °C

1.5 atm

41 (4 mol%)
$[Ph_3C][B(C_6F_5)_4]$ (4 mol%)
toluene, 70 °C

スキーム 14　芳香環の α 位 $C(sp^3)$-H 結合の触媒的アルキル化反応

41 (2.5 mol%)
$[Ph_3C][B(C_6H_5)_4]$ (2.5 mol%)
toluene, 70 °C　　（式 11）

われわれは，非メタロセン錯体である *N,N,C*-三座配位子を有するハフニウムジベンジル錯体 **48** に $B(C_6F_5)_3$ を添加することで生成するカチオン性錯体を触媒として用いることにより，2,6-ジメチルピリジンのメチル基の $C(sp^3)$-H 結合が活性化され，2 分子の内部アセチレンの挿入反応が進行し 5 員環化合物が生成する（式 12）ことを報告している[34]。一方，*N,N,N* 三座配位子を有するハフニウムジベンジル錯体 **49** と［Ph_3C］［$B(C_6F_5)_4$］から生じるカチオン性錯体を触媒とした場合，1：1 カップリング反応が進行し，アルケニルピリジン誘導体が得られる（式 13）[35]。

（式 12）

48 (10-20 mol%)
$B(C_6F_5)_3$ (10-20 mol%)
C_6H_5Cl, 100 °C

Ph
N N
Hf N
Ph Ph
49 (10 mol%)
$[Ph_3C][B(C_6H_5)_4]$ (10 mol%)
C_6H_5Br, 100 °C
N + R^1 R^2 → N R^2 R^1

(式13)

3.3　金属-窒素結合によるピリジン誘導体のC(sp²)-H結合へのイミンおよびイソニトリルの挿入反応

3族および4族金属錯体の金属-窒素結合は，金属-炭素結合に比べて安定であるため，金属-窒素結合とC-H結合のσ-結合メタセシス機構によるC-H結合活性化反応の当量反応は報告されていたが，触媒反応への応用例は非常に稀である。著者らは，希土類金属のトリアミド錯体が2-置換ピリジンのピリジン環のオルト位のC(sp²)-H結合活性化を経るイミンのカップリング反応（アミノアルキル化反応）の触媒となることを初めて報告した（式14）[36]。本反応の特徴は，後周期遷移金属触媒とは全く異なる位置選択性にあり，基質として2-フェニルピリジンを用いた場合，Rh錯体やCo錯体を触媒とした反応では，フェニル基のオルト位のC(sp²)-H結合が選択的に官能基化されるのに対し[37]，希土類金属のトリアミド錯体を用いた反応では，ピリジン環のオルト位が選択的に官能基化される。さらに，著者らは，トリアミド錯体の2つのアミド配位子をエチレン架橋の二座ジアミド配位子で置換した錯体**50**もピリジン環のオルト位のアミノアルキル化反応の触媒となり，キラルな窒素二座配位子を導入した錯体**51**を触媒とすることにより，エナンチオ選択的アミノアルキル化反応を達成した（スキーム15）[38]。また，ピリジンのオルト位C(sp²)-H結合にイソニトリルの炭素-窒素三重結合が1,1-挿入する触媒的イミノピリジン合成が，PNP三座配位子を有するスカンジウム錯体**52**を用いることで達成されている（式15）[39]。

$Ln[N(SiMe_3)_2]_3$ (10 mol%)
$HNBn_2$ (10 mol%)
toluene, 100 °C
R^1 N + N R^2 R^3 → HN R^2 R^1 N R^3

(式14)

50: M = Y, R = H, Ar = 2,6-$^{i}Pr_2C_6H_3$
51: M = Lu, R = Ph, Ar = 2,4,6-$Me_3C_6H_2$

50 (10 mol%), $HNBn_2$ (10 mol%), toluene, 100 °C

51 (10 mol%), $HNBn_2$ (10 mol%), mesitylene, 80 °C

スキーム 15　ジアミド配位子を有する 3 族金属錯体触媒によるピリジンのアミノアルキル化反応

52 (20 mol%), C_6D_6, 90 °C

Ar = 2,6-$^{i}Pr_2C_6H_3$

(式 15)

3. 4　金属-窒素結合による *N*-アルキルアミンのアルキル基の α 位 C(sp^3)-H 結合へのオレフィン挿入反応

第二級アルキルアミンの窒素の α 位の C(sp^3)-H 結合は 4 族金属や 5 族金属のアミド錯体により活性化され，続く α-オレフィンの 2,1-挿入反応により，窒素の α 位に分岐アルキル基を持つアミンを与えるヒドロアミノアルキル化反応が進行する[40~42]。第二級アミンと α-オレフィンとのヒドロアミノアルキル化反応の触媒として，様々なホモレプティックな前周期金属アミド錯体が検討され，$Nb(NMe_2)_5$ や $Ta(NMe_2)_5$，$Zr(NMe_2)_4$ が優れた触媒となることが報告されている（式 16）。Nugent らは，前周期遷移金属のジメチルアミド錯体に対して $DNMe_2$ を加えた場合，窒素原子の α 位の C(sp^3)-H 結合活性化とプロトン化が可逆的に進行し，メチル基の水素が触媒的に重水素化されることを見出している（式 17）[43]。

$$[M](NMe_2)_2 \rightleftharpoons \left[[M]\cdots CH_2(H)\text{-}N(Me) \cdots H \cdots NMe_2 \right]^{\ddagger} \rightleftharpoons [M](\eta^2\text{-}CH_2NMe) + HNMe_2$$ （式16）

$$D{-}N(CH_3)_2 \xrightleftharpoons{M(NMe_2)_x} H{-}N(CH_3)(CH_2D)$$ （式17）

Hartwigらは，$Ta(NMe_2)_5$が*N*-メチルアニリンのヒドロアミノアルキル化反応の高活性な触媒となることを報告している[44]。さらに，触媒をヘテロレプティックな$TaCl_3(NEt_2)_2$に変更することで，触媒活性が大幅に向上し，*N*-メチルアニリン誘導体以外にもジアルキルアミンのヒドロアミノアルキル化反応が効率よく進行する（式18）。その後，複数の研究グループにより5族[45,46]遷移金属錯体だけでなく，4族[47,48]および3族[49]の遷移金属錯体を触媒とするヒドロアミノアルキル化反応が報告されている（図1～3）[50]。5族遷移金属錯体を用いた反応では，光学活性な配位子を有するニオブやタンタル錯体によるエナンチオ選択的なヒドロアミノアルキル化反応が達成されている[46]。また，シリカ上に4族遷移金属錯体を担持した不均一系触媒を用いたヒドロアミノアルキル化反応も報告されている[48]。これらの5族および4族金属錯体を用いた例では，基質として用いることが出来るアミンは，第1級もしくは第2級アミンに限られていたが，Houらはカチオン性の3族遷移金属錯体を触媒とすることで，第3級アミンを用いたヒドロアミノアルキル化反応が進行することを報告している（スキーム16）。

$$R{-}NH{-}CH_3 + CH_2{=}CH{-}{}^{n}Hex \xrightarrow[C_6D_6,\ 150\ ^\circ C]{[TaCl_3(NEt_2)_2]_2\ (2\text{-}4\ mol\%)} R{-}NH{-}CH_2{-}CH(CH_3){-}{}^{n}Hex$$ （式18）

(R = alkyl, aryl)　　up to 96%

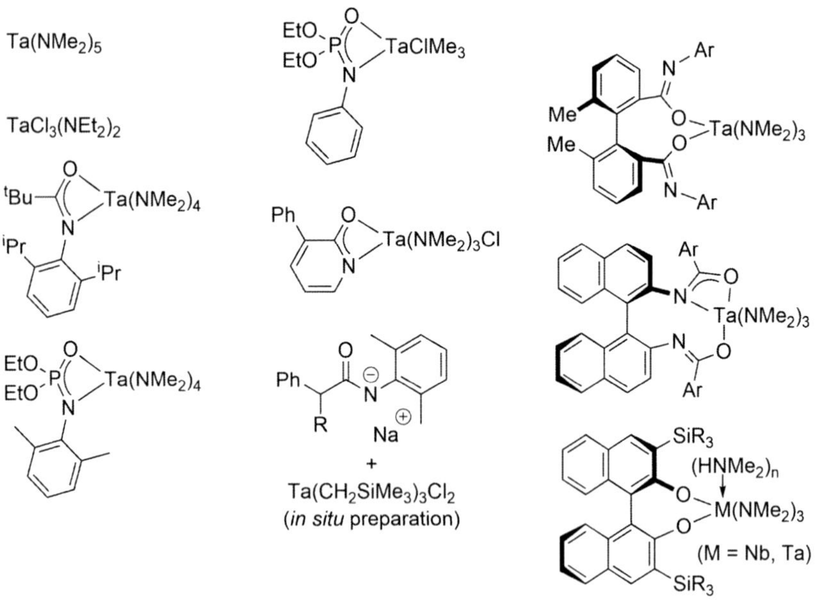

$Ta(NMe_2)_5$

$TaCl_3(NEt_2)_2$

^tBu $Ta(NMe_2)_4$ ^iPr ^iPr

EtO EtO P $Ta(NMe_2)_4$

EtO EtO P $TaClMe_3$

Ph $Ta(NMe_2)_3Cl$

Ph O N R Na

\+

$Ta(CH_2SiMe_3)_3Cl_2$

(*in situ* preparation)

Ar Me Me $Ta(NMe_2)_3$ Ar

Ar $Ta(NMe_2)_3$ Ar

SiR_3 $(HNMe_2)_n$ $M(NMe_2)_3$ (M = Nb, Ta) SiR_3

図１　ヒドロアミノアルキル化反応の触媒となる５族金属錯体

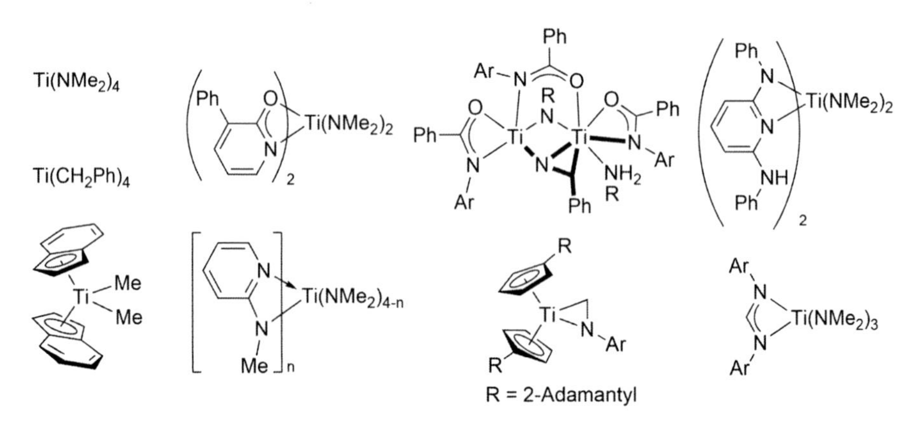

図２　ヒドロアミノアルキル化反応の触媒となる４族金属錯体

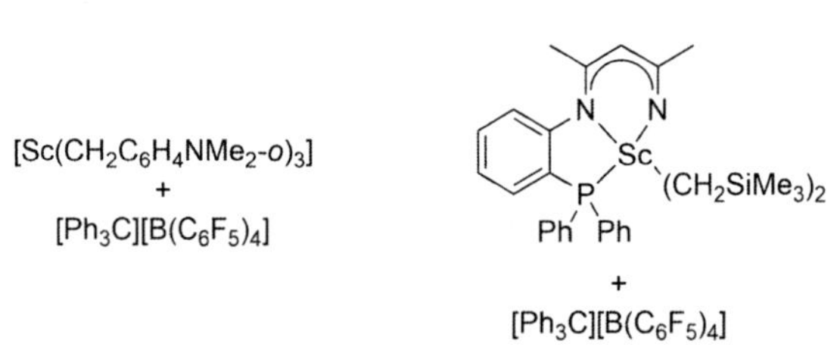

$[Sc(CH_2C_6H_4NMe_2\text{-}o)_3]$

\+

$[Ph_3C][B(C_6F_5)_4]$

Sc $(CH_2SiMe_3)_2$ P Ph Ph

\+

$[Ph_3C][B(C_6F_5)_4]$

図３　ヒドロアミノアルキル化反応の触媒となる３族金属錯体

R^1 N Me / R^2 + R^3

$[Sc(CH_2C_6H_4NMe_2\text{-}o)_3]$ (5 mol%)
$[Ph_3C][B(C_6F_5)_4]$ (5 mol%)
toluene, 70 °C

R^3 = aryl, $SiMe_3$

R^3 = alkyl

スキーム16　3族金属錯体による第3級アミンのヒドロアミノアルキル化反応

4　まとめ

3族金属，4族金属，および5族金属の金属-炭素結合や金属-窒素結合は，C-H結合の直截的な官能基化反応に最も重要な段階であるC-H結合活性を，σ-結合メタセシス機構を経由することで達成することが可能である。これらの特異な反応性を活かし，C-H結合の活性化に続く官能基化反応として，オレフィンやアセチレン類などの炭素-炭素多重結合の挿入反応だけでなく，近年ではイミンやニトリルなどの極性多重結合の挿入反応も報告されるようになってきており今後の発展が期待される。

文　　献

1）For recent reviews of C-C bond formation, see：(a) F. Jia, Z. Li, *Org. Chem. Front.* **1**, 194-214 (2014)；(b) N. Kuhl, M. N. Hopkinson, J. Wencel-Delord, F. Glorius, *Angew. Chem., Int. Ed.*, **51**, 10236-10254 (2012)；(c) G. Song, F. Wang, X. Li, *Chem. Soc. Rev.*, **41**, 3651-3678 (2012)；(d) L. Yang, H. Huang, *Catal. Sci. Technol.*, **2**, 1099-1112 (2012)；(e) J. Yamaguchi, A. D. Yamaguchi, K. Itami, *Angew. Chem., Int. Ed.*, **51**, 8960-9009 (2012)；(f) S. H. Cho, J. Y. Kim, J. Kwak, S. Chang, *Chem. Soc. Rev.*, **40**, 5068-5083 (2011)；(g) J. Wencel-Delord, T. Dröge, F. Liu, F. Glorius, *Chem. Soc. Rev.*, **40**, 4740-4761 (2011)；(h) D. A. Colby, R. G. Bergman, J. A. Ellman, *Chem. Rev.*, **110**, 624-655 (2010)；(i) T. W. Lyons, M. S. Sanford, *Chem. Rev.*, **110**, 1147-1169 (2010)；(j) M. P. Doyle, R. Duffy, M. Ratnikov, L. Zhou, *Chem. Rev.*, **110**, 704-724 (2010)

2）For reviews of C-N bond formation, see：(a) V. S. Thirunavukkarasu, S. I. Kozhushkov, L. Ackermann, *Chem. Commun.*, **50**, 29-39 (2014)；(b) K. Inamoto, *Chem. Pharm. Bull.*, **61**, 987-996 (2013)；(c) T. A. Ramirez, B. Zhao, Y. Shi, *Chem. Soc. Rev.*, **41**, 931-942 (2012)

3) For reviews of C-O bond formation, see：(a) F. Mo, J. R. Tabor, G. Dong, *Chem. Lett.*, **43**, 264-271 (2014)；(b) C.-M. Che, V. K.-Y. Lo, C.-Y. Zhou, J.-S. Huang, *Chem. Soc. Rev.*, **40**, 1950-1975 (2011)
4) For reviews of C-B bond formation, see：(a) A. Ros, R. Fernández, J. M. Lassaletta, *Chem. Soc. Rev.*, **43**, 3229-3243 (2014)；(b) H. Shinokubo, *Proc. Jpn. Acad., Ser. B*, **90**, 1-11 (2014). (c) J. F. Hartwig, *Acc. Chem. Res.*, **45**, 864-873 (2012)
5) Some examples of C-Si bond formation：(a) N. A. Williams, Y. Uchimaru, M. Tanaka, *J. Chem. Soc. Chem. Commun.*, 1129-1130 (1995)；(b) H. Ihara, M. Suginome, *J. Am. Chem. Soc.*, **131**, 7502-7503 (2009)；(c) T. Ureshino, T. Yoshida, Y. Kuninobu, K. Takai, *J. Am. Chem. Soc.*, **132**, 14324-14326 (2010)；(d) E. M. Simmons, J. F. Hartwig, *J. Am. Chem. Soc.*, **132**, 17092-17095 (2010)；(e) J. Oyamada, M. Nishiura, Z. Hou, *Angew. Chem., Int. Ed.*, **50**, 10720-10723 (2011)；*Angew. Chem.*, **123**, 10908-10911 (2011)；(f) E. M. Simmons, J. F. Hartwig, *Nature*, **483**, 70-73 (2012)；(g) M. Onoe, K. Baba, Y. Kim, Y. Kita, M. Tobisu, N. Chatani, *J. Am. Chem. Soc.*, **134**, 19477-19488 (2012)；(h) G. Choi, H. Tsurugi, K. Mashima, *J. Am. Chem. Soc.*, **135**, 13149-13161 (2013)；(i) C. Cheng, J. F. Hartwig, *Science*, **343**, 853-858 (2014)；(j) C. Cheng, J. F. Hartwig, *J. Am. Chem. Soc.*, **136**, 12064-12072 (2014)
6) Some examples of C-P bond formation：(a) Y. Kuninobu, T. Yoshida, K. Takai, *J. Org. Chem.*, **76**, 7370-7376 (2011)；(b) K. Baba, M. Tobisu, N. Chatani, *Angew. Chem., Int. Ed.*, **52**, 11892-11895 (2013)；(c) C. Li, T. Yano, N. Ishida, M. Murakami, *Angew. Chem., Int. Ed.*, **52**, 9801-9804 (2013)；(d) C.-G. Feng, M. Ye, K.-J. Xiao, S. Li, J.-Q. Yu, *J. Am. Chem. Soc.*, **135**, 9322-9325 (2013)
7) For review of C-S bond formation, see：C. Shen, P. Zhang, Q. Sun, S. Bai, T. S. A. Hor, X. Liu, *Chem. Soc. Rev.*, **44**, 291-314 (2014)
8) For review of σ-bond metathesis reaction：R. Waterman, *Organometallics*, **32**, 7249-7263 (2013)；(b) H. Tsurugi, K. Yamamoto, H. Nagae, H. Kaneko, K. Mashima, *Dalton Trans.*, **43**. 2331-2343 (2014)；(c) H. Nagae, A. Kundu, M. Inoue, H. Tsurugi, K. Mashima, *Asian J. Org. Chem.*, **7**, 1256-1269 (2018)
9) P. L. Watson, *J. Am. Chem. Soc.*, **105**, 6491-6493 (1983)
10) M. E. Thompson, S. M. Baxter, A. R. Bulls, B. J. Burger, M. C. Nolan, B. D. Santarsiero, W. P. Schafer, J. E. Bercaw, *J. Am. Chem. Soc.*, **109**, 203-219 (1987)
11) (a) P. L. Watson, *J. Chem. Soc. Chem. Commun.*, 276-277 (1983)；(b) M. E. Thompson, J. E. Bercaw, *Pure Appl. Chem.*, **56**, 1-11 (1984)
12) R. F. Jordan, D. F. Taylor, *J. Am. Chem. Soc.*, **111**, 778-779 (1989)
13) R. F. Jordan, A. S. Guram, *Organometallics*, **9**, 2116-2123 (1990)
14) S. Rodewald, R. F. Jordan, *J. Am. Chem. Soc.*, **116**, 4491-4492 (1994)
15) (a) A. S. Guram, R. F. Jordan, *Organometallics*, **9**, 2190-2192 (1990)；(b) A. S. Guram, R. F. Jordan, *Organometallics*, **10**, 3470-3479 (1991)；(c) R. F. Jordan, D. F. Taylor, N. C. Baenziger, *Organometallics*, **9**, 1546-1557 (1990)；(d) S. Bi, Z. Lin, R. F. Jordan, *Organometallics*, **23**, 4882-4890 (2004)

16) S. Dagorne, S. Rodewald, R. F. Jordan, *Organometallics*, **16**, 5541-5555 (1997)
17) B.-J. Deelman, W. M. Stevels, J. H. Teuben, M. T. Lakin, A. L. Spek, *Organometallics*, **13**, 3881-3891 (1994)
18) C. T. Carver, P. L. Diaconescu, *J. Alloys Compd.*, **488**, 518-523 (2009)
19) (a) B. N. Williams, W. Huang, K. L. Miller, P. L. Diaconescu, *Inorg. Chem.*, **49**, 11493-11498 (2010) ; (b) C. T. Carver, B. N. Williams, K. R. Ogilby, P. L. Diaconescu, *Organometallics*, **29**, 835-846 (2010)
20) C. T. Carver, D. Benitez, K. L. Miller, B. N. Williams, E. Tkatchouk, W. A. Goddard, P. L. Diaconescu, *J. Am. Chem. Soc.*, **131**, 10269-10278 (2009)
21) (a) A. S. Guram, R. F. Jordan, D. F. Taylor, *J. Am. Chem. Soc.*, **113**, 1833-1835 (1991) ; (b) A. S. Guram, D. C. Swenson, R. F. Jordan, *J. Am. Chem. Soc.*, **114**, 8991-8996 (1992)
22) F. Wu, R. F. Jordan, *Organometallics*, **24**, 2688-2697 (2005)
23) B. N. Williams, D. Benitez, K. L. Miller, E. Tkatchouk, W. A. Goddard, P. L. Diaconescu, *J. Am. Chem. Soc.*, **133**, 4680-4683 (2011)
24) C. Zuccaccia, V. Busico, R. Cipullo, G. Talarico, R. D. J. Froese, P. C. Vosejpka, P. D. Hustad, A. Macchioni, *Organometallics*, **28**, 5445-5458 (2009)
25) (a) T. R. Boussie, G. M. Diamond, C. Goh, K. A. Hall, A. M. LaPointe, M. K. Leclerc, V. Murphy, J. A. W. Shoemaker, H. Turner, R. K. Rosen, J. C. Stevens, F. Alfano, V. Busico, R. Cipullo, G. Talarico, *Angew. Chem., Int. Ed.*, **45**, 3278-3283 (2006) ; (b) R. D. J. Froese, P. D. Hustad, R. L. Kuhlman, T. T. Wenzel, *J. Am. Chem. Soc.*, **129**, 7831-7840 (2007)
26) Y. Shibata, H. Nagae, S. Sumiya, R. Rochat, H. Tsurugi, K. Mashima, *Chem. Sci.*, **6**, 5394-5399 (2015)
27) B.-T. Guan, Z. Hou, *J. Am. Chem. Soc.*, **133**, 18086-18089 (2011)
28) G. Song, W. W. N. O, Z. Hou, *J. Am. Chem. Soc.*, **136**, 12209-12212 (2014)
29) J. Oyamada, Z. Hou, *Angew. Chem., Int. Ed.*, **51**, 12828-12832 (2012)
30) Q. Sun, P. Chen, Y. Wang, Y. Luo, D. Yuan, Y. Yao, *Inorg. Chem.*, **57**, 11788-11800 (2018)
31) S. N. Ringelberg, A. Meetsma, B. Hessen and J. H. Teuben, *J. Am. Chem. Soc.*, **121**, 6082-6083 (1999)
32) H. Kaneko, H. Nagae, H. Tsurugi, K. Mashima, *J. Am. Chem. Soc.*, **133**, 19626-19629 (2011)
33) B.-T. Guan, B. Wang, M. Nishiura, Z. Hou, *Angew. Chem. Int. Ed.*, **52**, 4418-4421 (2013)
34) H. Tsurugi, K. Yamamoto, K. Mashima, *J. Am. Chem. Soc.*, **133**, 732-735 (2011)
35) M. J. Lopez, A. Kondo, H. Nagae, K. Yamamoto, H. Tsurugi, K. Mashima, *Organometallics*, **35**, 3816-3827 (2016)
36) H. Nagae, Y. Shibata, H. Tsurugi, K. Mashima, *J. Am. Chem. Soc.*, **137**, 640-643 (2015)
37) Some examples of catalytic C - H bond addition of N-heteroaromatics into unsaturated polar bonds : (a) A. S. Tsai, M. E. Tauchert, R. G. Bergman, J. A. Ellman, *J. Am. Chem. Soc.*, **133**, 1248-1250 (2011) ; (b) Y. Li, B.-J. Li, W.-H. Wang, W.-P. Huang, X.-S. Zhang, K. Chen, Z.-J. Shi, *Angew. Chem., Int. Ed.*, **50**, 2115-2119 (2011) ; (c) K. Gao, N. Yoshikai, *Chem. Commun.*, **48**, 4305-4307 (2012) ; (d) T. Yoshino, H. Ikemoto, S. Matsunaga, M. Kanai, *Angew. Chem., Int. Ed.*, **52**, 2207-2211 (2013) ; (e) B. F. Wicker, J. Scott, A. R.

Fout, M. Pink, D. J. Mindiola, *Organometallics*, **30**, 2453-2456 (2011); (f) Y. Fukumoto, K. Sawada, M. Hagihara, N. Chatani, S. Murai, *Angew. Chem., Int. Ed.*, **41**, 2779-2781 (2002); (g) E. J. Moore, W. R. Pretzer, T. J. O'Connell, J. Harris, L. LaBounty, L. Chou, S. S. Grimmer, *J. Am. Chem. Soc.*, **114**, 5888-5890 (1992); (h) B.-J. Li, Z.-J. Shi, *Chem. Sci.*, **2**, 488-493 (2011)

38) A. Kundu, M. Inoue, H. Nagae, H. Tsurugi, K. Mashima, *J. Am. Chem. Soc.*, **140**, 7332-7342 (2018)

39) B. F. Wicker, J. Scott, A. R. Fout, M. Pink, D. J. Mindiola, *Organometallics*, **30**, 2453-2456 (2011)

40) M. G. Clerici and F. Maspero, *Synthesis*, 305-306 (1980)

41) (a) D. A. Gately, J. R. Norton and P. A. Goodson, *J. Am. Chem. Soc.*, **117**, 986-996 (1995); (b) J. A. Tunge, C. J. Czerwinski, D. A. Gately and J. R. Norton, *Organometallics*, **20**, 254-260 (2001); (c) J.-X. Chen, J. A. Tunge and J. R. Norton, *J. Org. Chem.*, **67**, 4366-4369 (2002); (d) K. E. Kristian, M. Iimura, S. A. Cummings, J. R. Norton, K. E. Janak, K. Pang, *Organometallics*, **28**, 493-498 (2009)

42) (a) P. W. Roesky, *Angew. Chem., Int. Ed.* **48**, 4892-4894 (2009); (b) P. Eisenberger, L. L. Schafer, *Pure Appl. Chem.*, **82**, 1503-1515 (2010)

43) W. A. Nugent, D. W. Ovenall, S. J. Holmes, *Organometallics*, **2**, 161-162 (1983)

44) (a) S. B. Herzon, J. F. Hartwig, *J. Am. Chem. Soc.*, **129**, 6690-6691 (2007); (b) S. B. Herzon, J. F. Hartwig, *J. Am. Chem. Soc.*, **130**, 14940-14941 (2008)

45) Some examples of hydroaminoalkylation reactions catalyzed by group 5 metal complexes: (a) P. Garcia, Y. Y. Lau, M. R. Perry, L. L. Schafer, *Angew. Chem., Int. Ed.*, **52**, 9144-9148 (2013); (b) P. Garcia, P. R. Payne, E. Chong, R. L. Webster, B. J. Barron, A. C. Behrle, J. A. R. Schmidt, L. L. Schafer, *Tetrahedron*, **69**, 5737-5743 (2013); (c) J. M. Lauzon, P. Eisenberger, S.-C. Roşca, L. L. Schafer, *ACS Catal.*, **7**, 5921-5931 (2017); (d) E. Chong, J. W. Brandt, L. L. Schafer, *J. Am. Chem. Soc.*, **136**, 10898-10901 (2014)

46) Some examples of asymmetric hydroaminoalkylation reactions catalyzed by group 5 metal complexes: (a) P. Eisenberger, R. O. Ayinla, J. M. P. Lauzon, L. L. Schafer, *Angew. Chem., Int. Ed.*, **48**, 8361-8365 (2009); (b) G. Zi, F. Zhang, H. Song, *Chem. Commun.*, **46**, 6296-6298 (2010); (c) F. Zhang, H. Song, G. Zi, *Dalton Trans.*, **40**, 1547-1566 (2011); (d) A. L. Reznichenko, T. J. Emge, S. Audörsch, E. G. Klauber, K. C. Hultzsch, B. Schmudt, *Organometallics*, **30**, 921-924 (2011); (e) A. L. Reznichenko, K. C. Hultzsch, *J. Am. Chem. Soc.*, **134**, 3300-3311 (2012)

47) Some examples of hydroaminoalkylation reactions catalyzed by group 4 metal complexes: (a) I. Prochnow, R. Kubiak, O. N. Frey, R. Beckhaus, S. Doye, *ChemCatChem.*, **1**, 162-172 (2009); (b) J. A. Bexrud, P. Eisenberger, D. C. Leitch, P. R. Payne, L. L. Schafer, *J. Am. Chem. Soc.*, **131**, 2116-2118 (2009); (c) C. Müller, W. Saak, S. Doye, *Eur. J. Org. Chem.*, 2731-2739 (2008); (d) I. Prochnow, P. Zark, T. Müller, S. Doye, *Angew. Chem., Int. Ed.*, **50**, 6401-6405 (2011); (e) R. Kubiak, I. Prochnow, S. Doye, *Angew. Chem., Int. Ed.*, **49**, 2626-2629 (2010); (f) J. Dörfler, S. Doye, *Angew.*

Chem., Int. Ed., **52**, 1806-1809 (2013)；(g) J. Dörfler, B. Bytyqi, S. Hüller, N. M. Mann, C. Brahms, M. Schmidtmann, S. Doye, *Adv. Synth. Catal.*, **357**, 2265-2276 (2015)；(h) M. Manβen, N. Lauterbaxh, J. Dörfler, M. Schmidtmann, W. Saak, S. Doye, R. Beckaus, *Angew. Chem., Int. Ed.*, **54**, 4383-4387 (2015)；(i) J. Dörfler, T. Preuβ, A. Schischko, M. Schmidtmann, S. Doye, *Angew. Chem., Int. Ed.*, **53**, 7918-7922 (2014)；(j) J. Dörfler, T. Preuβ, C. Brahms, D. Scheuer, S. Doye, *Dalton Trans.*, **44**, 12149-12168 (2015)

48) Some examples of hydroaminoalkylation reactions catalyzed by silica supported group 4 metal complexes：(a) M. El Eter, B. Hamzaoui, E. Abou-Hamad, J. D. A. Pelletier, J.-M. Basset, *Chem. Commun.*, **49**, 4616-4618 (2013)；(b) B. Hamzaoui, J. D. A. Pelletier, M. El Eter, Y. Chen, E. Abou-Hamad, J.-M. Basset, *Adv. Synth. Catal.*, **357**, 3148-3154 (2015)

49) Some examples of hydroaminoalkylation reactions catalyzed by group 3 metal complexes：(a) A. Nako, J. Oyamada, M. Nishiura, Z. Hou, *Chem. Sci.*, **7**, 6429-6434 (2016)；(b) F. Liu, G. Luo, Z. Hou, Y. Luo, *Organometallics*, **36**, 1557-1565 (2017)；(c) H. Gao, J. Su, P. Xu, X. Xu, *Org. Chem. Front.*, **5**, 59-63 (2018)

50) For review of hydroaminoalkylation catalyzed by group 3-5 metals：J. Hannedouche, E. Schulz, *Organometallics*, **37**, 4313-4326 (2018)

第11章　電子触媒芳香族C–Hカップリング反応

白川英二*

1　はじめに

本章で取り上げる反応は，ハロゲン化アリール（Ar–X）とアレーン（H–Ar'）の間のカップリングによってビアリール（Ar–Ar'）を得る反応のみである（図1）。この組み合わせの反応で収率よくビアリールを得るには，遷移金属触媒の利用が必要不可欠とされてきた。実際に，他の章では様々な遷移金属を触媒とする例が数多く取り上げられている。これに対して，本章の対象となる反応では遷移金属の代わりに電子が触媒として働く。電子がどのように働くかは後ほど詳しく述べるが，遷移金属の場合と同様に，反応全体の収支としては還元も酸化も伴わないこの置換反応において，ハロゲン化アリールは還元（電子の受容）によって活性化され，最後の段階で酸化（電子の放出）されることでカップリング体が得られる。この電子触媒芳香族C–Hアリール化反応には，希少で高価なものが多い遷移金属を用いなくてよいという直接的な利点に加えて，毒性を持つことが少なくない遷移金属を反応後に除く必要がなく，さらにその残存量を調べる必要さえないということは，特に医薬品合成において大きな優位性となる。以下本章では，その基となる二つの反応について紹介したのちに，電子触媒芳香族C–Hアリール化反応について説明する。

2　芳香族ラジカル置換反応と $S_{RN}1$ 反応

いずれも入手容易なハロゲン化アリール（Ar–X）とアレーン（H–Ar'）から，ラジカル機構によってビアリール（Ar–Ar'）を得る反応は古くから知られていたが，実験操作が煩雑であったり収率が低かったりして合成的に有用とは言えなかった。基本的な反応機構を図2の上部に示す。まずAr–XのC–X結合のホモリシスによってアリールラジカル（Ar•）が生じ（ステップa），

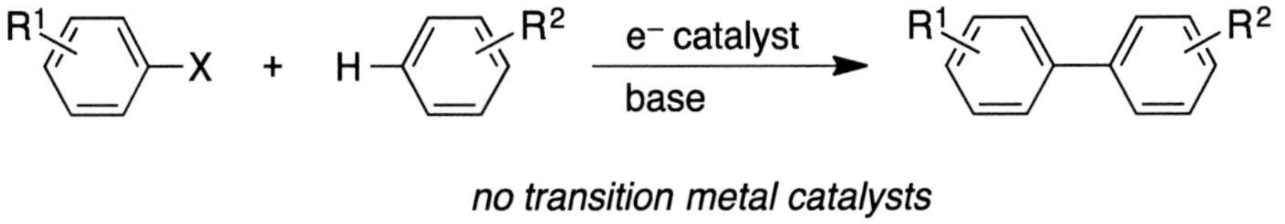

図1　電子触媒芳香族C–Hアリール化反応

*　Eiji Shirakawa　関西学院大学　理工学部　環境・応用化学科　教授

このラジカルがH-Ar′に付加してシクロヘキサジエニルラジカルとなり（ステップb），ここから水素原子相当のもの（H$^{\bullet}$またはH^{+}＋e^{-}）が脱離してAr-Ar′となる（ステップc）。このうち，芳香環上でのラジカルの付加（ステップb）と別のラジカルの脱離（ステップc）からなる過程は，芳香族ラジカル置換（Homolytic Aromatic Substitution：HAS）反応と呼ばれる[1]。ステップbでは芳香族性が崩されるものの，原系におけるアリールラジカルが極めて不安定であるので，生成系のラジカルが共鳴安定化されたシクロヘキサジエニルラジカルであることもあって，ステップbは問題なく進行する。また，ステップcでは芳香族性の回復が進行の原動力となる。しかしながら，ステップaおよびcにおいて，それぞれ1電子還元と1電子酸化が必要となり，これらを両立させる反応系の構築が難しい。例えば，光照射によってAr-Xを励起しホモリシスを起こさせてアリールラジカル（Ar$^{\bullet}$）を生じさせる手法では，副生するX$^{\bullet}$あるいはこれが変化したX_2がステップcの酸化剤として機能しうるが，一般に収率は高くない（図2，式1）[2]。還元と酸化のバランスをうまく取った例として，トリス（トリメチルシリル）シランに由来するシリルラジカルおよび溶媒中の溶存酸素を，それぞれステップaにおける還元剤およびステップcにおける酸化剤として用いる反応が報告されている（図2，式2）[3]。しかしながら，元々反応の収支としては還元も酸化も伴わない反応に量論量以上の還元剤と酸化剤を用いるのは，効率的とは言えない。

図2の二つの反応では，光励起とそれに続くホモリシスあるいはシリルラジカルによるヨウ素引き抜きによって，ヨウ化アリールがアリールラジカルに変換されている。一方，ハロゲン化アリールに1電子を渡すことで生じるアニオンラジカルを経てアリールラジカルに変換する手法を

Ar−X → Ar$^{\bullet}$ (step a: −X$^{\bullet}$ or +e^{-}, −X^{-}) → (H−Ar′, step b) → cyclohexadienyl radical → (step c: −H$^{\bullet}$ or −H^{+}, −e^{-}) → Ar−Ar′

(1) 4-iodotoluene + H−Ph (180 equiv), hν, 18 h → 4-methylbiphenyl, 74% yield

(2) MeO−C$_6$H$_4$−I + H−Ph (80 equiv), $(Me_3Si)_3SiH$ (1.2 equiv), pyridine (5 equiv), air, rt, <3 h → MeO−C$_6$H$_4$−Ph, 90% yield

図2　芳香族ラジカル置換反応による芳香族C-Hアリール化反応

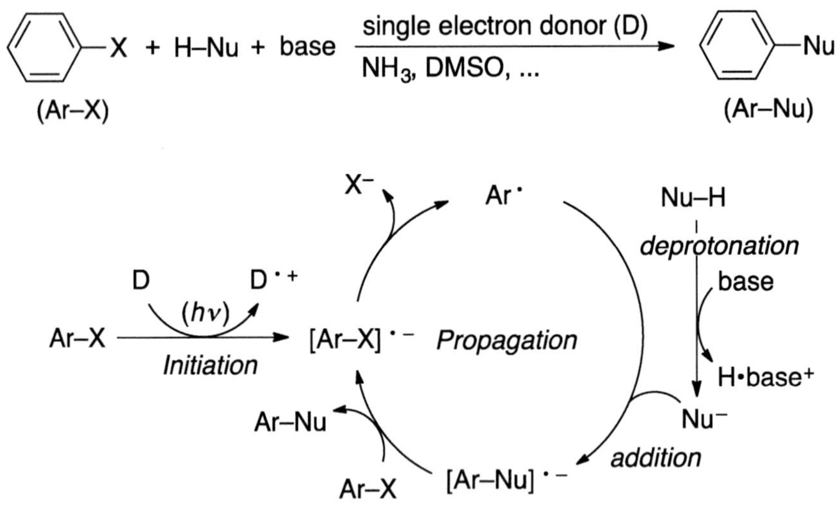

図3　$S_{RN}1$ 反応

利用する，$S_{RN}1$（Substitution Radical Nucleophilic Unimolecular）反応と呼ばれるハロゲン化アリールの置換反応が古くから知られている[4]。$S_{RN}1$ 反応の基本的な機構を図3に示す。まず1電子供与体（D）からの1電子移動（Single Electron Transfer：SET）によって，ハロゲン化アリール（Ar–X）がアニオンラジカル（$[Ar–X]^{•-}$）として活性化される。続くハロゲン化物イオン（X^-）の解離によってアリールラジカル（$Ar^•$）となり，これが求核剤前駆体（Nu–H）からの脱プロトン化によって系中で生じるアニオン性求核剤（Nu^-）と付加反応を起こすことで，置換生成物のアニオンラジカル（$[Ar–Nu]^{•-}$）に変換され，最後にここからAr–XへのSETによって置換生成物が得られると同時に$[Ar–X]^{•-}$が再生される。そのようには言われてこなかったが，ここでは1電子供与体（D）に由来する電子が触媒として働いていると見なすことができる。分子レベルの有機反応に対する触媒として，この上なく小さなものが働いているという点で極めて効率が良く，最後の段階における電子のやり取りによって，ハロゲン化アリールの活性化に必要な還元と置換生成物を得るのに必要な酸化が同時に起こっている。しかしながら，Birch還元に使われるような，液体アンモニア中アルカリ金属を作用させるといった反応条件や光照射条件が必要とされ実験操作が煩雑になることが多いうえ，炭素求核剤の適用範囲がカルボニル化合物のエノラートなどに限られ，ベンゼンやアリール金属などのsp^2–炭素求核剤を用いることはできなかった。

3　電子触媒芳香族C–Hアリール化反応

前節で取り上げた「芳香族ラジカル置換（HAS）反応」に，そこで必要とされる還元と酸化を同時に起こさせるという「$S_{RN}1$ 反応」の特長を盛り込んだのが，「電子触媒芳香族C–Hアリール化反応」である。しかしながら，この種の芳香族C-Hアリール化反応が見つかった当初は，詳細な反応機構はおろか，電子が触媒として働くと見なせることも解っていなかった。2008年に伊丹らは，ピラジンやピリジンなどのπ不足N-ヘテロアレーンとヨウ化アリールの置換反応が遷移金属触媒を用いなくても進行することを報告した（図4）[5]。KO*t*-Buのような強塩基の利用が必要不可欠で，マイクロウェーブの照射によって反応が加速される。ラジカル捕捉剤によって反応が阻害されることから，ラジカルの関与が示唆されたが，機構の詳細は解っていなかった。続いて2010年に，三つのグループが，ほぼ同時期にベンゼンの反応を報告した（図5）[6]。量論量の*tert*-ブトキシドと少量（0.1〜0.4当量）の窒素二座配位子を用いるという共通点がある。π不足N-ヘテロアレーンからベンゼン誘導体へと一般性が高まったことで，「遷移金属触媒を用いないカップリング反応」として大いに注目を集め，これ以降タイトルに“transition metal free”という言葉を含む論文が飛躍的に増えた。

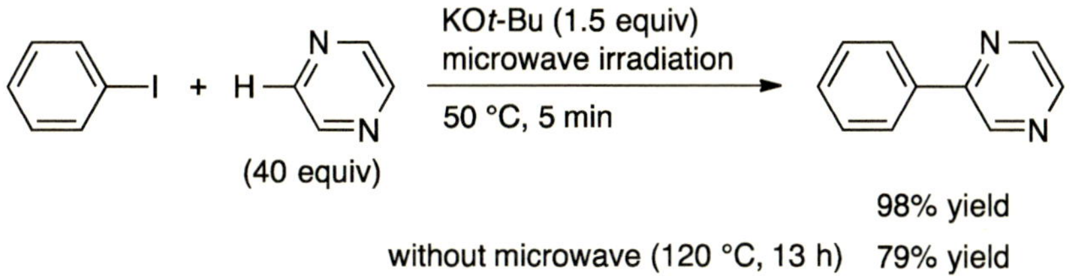

KO*t*-Bu (1.5 equiv)
microwave irradiation
50 °C, 5 min
(40 equiv)
98% yield
without microwave (120 °C, 13 h)　79% yield

図4　遷移金属触媒を用いないピラジンのC-Hアリール化反応

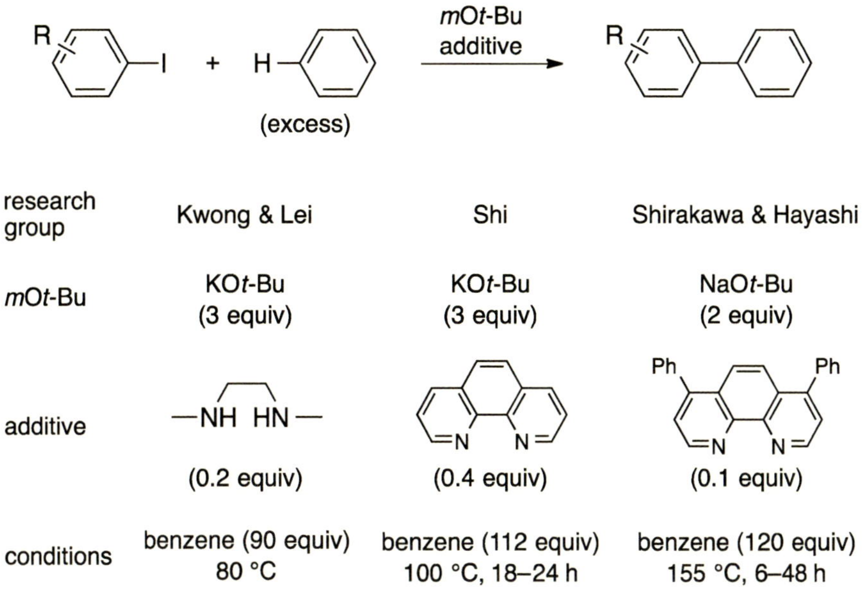

*m*O*t*-Bu
additive
(excess)

research group	Kwong & Lei	Shi	Shirakawa & Hayashi
*m*O*t*-Bu	KO*t*-Bu (3 equiv)	KO*t*-Bu (3 equiv)	NaO*t*-Bu (2 equiv)
additive	(0.2 equiv)	(0.4 equiv)	(0.1 equiv)
conditions	benzene (90 equiv) 80 °C	benzene (112 equiv) 100 °C, 18–24 h	benzene (120 equiv) 155 °C, 6–48 h

図5　独立に発見された初期の電子触媒芳香族C-Hアリール化反応

2010年の発表当時の，反応機構に関する情報としては，以下のものがあった。白川・林らは，NaOt-Bu-4,7-ジフェニル-1,10-フェナントロリン錯体からハロゲン化アリール（Ar-X）へのSETによって生じたアニオンラジカル（$[Ar\text{-}X]^{\bullet -}$）からハロゲン化物イオン（$X^-$）が脱離することによって生じたアリールラジカル（$Ar^{\bullet}$）が関与していることを明らかにしていた[6a]。一方，Kwong・Leiらは，反応がカップリング体のアニオンラジカルを経由して進行することを示していた[6b]。これらの現象と“base-promoted HAS”というRussellらが過去に報告していた概念[7]を組み合わせた機構がStuderとCurranによって提唱され[8]，現在では図6に示す，HASが組み込まれた変則$S_{RN}1$機構が受け入れられている[9]。まず，開始段階（ステップa）においてAr-Xが1電子を受け取り，$[Ar\text{-}X]^{\bullet -}$として活性化され，生長段階に入る。続いて，$X^-$の脱離（ステップb）によって生じた$Ar^{\bullet}$がベンゼンに付加し（ステップc），シクロヘキサジエニルラジカル中間体からプロトンを引き抜くことでカップリング体のアニオンラジカル（$[Ar\text{-}Ph]^{\bullet -}$）となる（ステップd）。最後に$[Ar\text{-}Ph]^{\bullet -}$からAr-XへのSETによって$[Ar\text{-}X]^{\bullet -}$が再生されると同時にカップリング体（Ar-Ph）が得られる（ステップe）。ベンゼン環に対するラジカル種の付加（ステップc）とそれに続く別のラジカル種の脱離（ステップd）からなるHASの過程が含まれているが，ハロゲン化アリールをアリールラジカル源とするHASの先述した課題である1電子還元と1電子酸化の両立が，$S_{RN}1$反応の肝であるステップeにおいて巧妙に実現されている。図3に示した従来の$S_{RN}1$反応との相違点は，脱プロトン化とベンゼン環へのラジカル種の付加の順序が逆になっていることであるが，芳香族性の回復を原動力としつつ強塩基を用いることでステップdを可能にし，ベンゼンのような反応性の低いものをハロゲン化アリールに対する求核剤として反応させることに成功している。ここでベンゼンは*tert*-ブトキシドによって求核性を

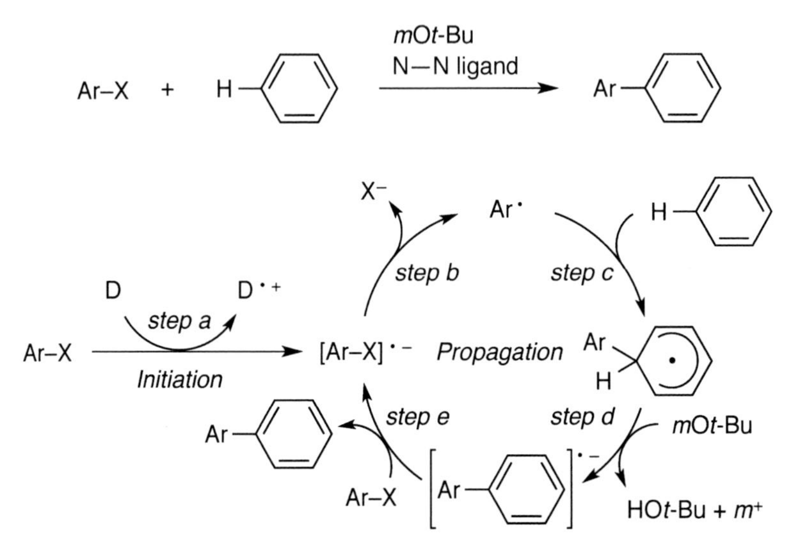

図6　電子触媒芳香族C-Hアリール化の反応機構

付与されていると見なすことができるが，*tert*-ブトキシドは窒素二座配位子の助けを借りることで，開始段階における1電子供与体としても働いている。

先に述べた通り，4,7-ジフェニル-1,10-フェナントロリン（Ph-phen）を少量の添加剤として用いる反応系では，NaO*t*-Bu-Ph-phen錯体からハロゲン化アリールへのSETが起こることが実験的に確かめられている。添加剤なしではカップリング反応もハロゲン化アリールへのSETも起こらないことから，Ph-phen以外のものを用いる場合も含めて，添加剤は開始段階のSETを促進することでカップリング反応を促進しているものと考えられる。しかしながら，添加剤と*tert*-ブトキシドの錯体そのものが1電子供与体として働くのではなく，添加剤が*tert*-ブトキシドと反応して化学変化を起こした後に1電子供与体として働くという機構も提唱されている[10]。添加剤としてジアミン類以外のものにも効果があるとする報告は数十報にものぼるが，ここでは比較的単純な構造を持つものを用いた例として，ブタノール[11]・フェニルヒドラジン[12]・2-ピリジルメタノール[13]・インドリン[14]を用いた論文を引用するに留める。

tert-ブトキシドとの組み合わせでハロゲン化アリールに対する1電子供与体となる添加剤を加える以外の方法で，開始段階を促進する例も報告されている。Rossiらは，光照射によって開始段階の1電子移動が促進され，ハロゲン化アリールとベンゼンのカップリング反応が室温で進行するようになることを報告している（図7，式1）[15]。KO*t*-Buの代わりに，より塩基性の低いNaO*t*-Buを用いると反応がほとんど進行しなくなることから，図6のステップdにおける脱プロトン化を進行させるには強い塩基性が求められることが判る。光照射を利用する例としては，光レドックス触媒系によって触媒となる電子を供給することで反応を促進するという報告もある[16]。また，図2の式2と同様に，ヨウ化アリールからヨウ素を引き抜いてアリールラジカルを発生させ，これを図6の生長段階のサイクルに導入する方法も知られている[17]。次亜硝酸*tert*-ブチル（*t*-BuON＝NO*t*-Bu）の酸素-窒素結合は容易にホモリシスを起こして*tert*-ブトキシラジカルと窒素に分解し，*tert*-ブトキシラジカルがさらにアセトンとメチルラジカルに分解する。

hν
KO*t*-Bu (3 equiv)
DMSO (13 equiv)
rt, 3 h
(150 equiv)
91% yield
(1)

t-BuON=NO*t*-Bu (0.2 equiv)
KO*t*-Bu (2 equiv)
DMSO (10 equiv)
60 °C, 8 h
MeO
(120 equiv)
MeO
81% yield
(7% yield in the absence of *t*-BuON=NO*t*-Bu)
(2)

図7　電子供与体を用いない電子触媒芳香族C-Hアリール化反応

$$\text{4-MeC}_6\text{H}_4\text{I} + \text{PhCN (120 equiv)} \xrightarrow[\text{182 °C, 6 h}]{\text{4,7-Ph}_2\text{-1,10-phen (0.1 equiv), NaO}t\text{-Bu (3 equiv)}} \text{4-MeC}_6\text{H}_4\text{-C}_6\text{H}_4\text{CN} \quad (1)$$

73% yield
$o/m/p$ = 58/17/25

$$\xrightarrow[\text{C}_6\text{H}_6\text{, 100 °C, 24 h}]{\text{2,9-Me}_2\text{-1,10-phen (0.5 equiv), KO}t\text{-Bu (2.5 equiv)}} \quad (2)$$

74% yield

図8 電子触媒芳香族 C-H アリール化反応における位置選択性

このメチルラジカルがヨウ化アリールからヨウ素を引き抜いてアリールラジカルが生じる。実際に，0.2 当量の次亜硝酸 *tert*-ブチル存在下でヨウ化アリールとベンゼンを反応させると，適度な速度で次亜硝酸 *tert*-ブチルが分解する温度（60℃）でカップリング反応が進行する（図7，式2）[12]。

これまで，「電子触媒芳香族 C-H アリール化反応」の重大な二つの問題に触れず，アレーンとしてベンゼンを用いる例しか取り上げてこなかった。第一の問題は，多くの場合アレーンに対して位置選択的にアリール化を進行させることができないことである。これは，芳香族ラジカル置換反応（HAS）に共通する欠点で，現状では克服できない。一置換ベンゼンの実際の反応例を図8の式1に示す[6a]。ベンゾニトリルを 4-ヨードトルエンと反応させると，トリル化体が $o/m/p$ = 58/17/25 というラジカル付加に特徴的な位置選択性で生じる。位置選択性の問題は，図8の式2に示すように分子内反応では解消されることがあるので[18]，望みの化合物が三つ以上の環を持つ化合物の場合には，反応の設計次第では実用的になり得る。第二の問題は，アレーンを過剰量用いなければビスアリール化体の生成を抑えられないことである。これは，芳香環に対するラジカル種の付加が，電子供与基あるいは求引基の何れが置換されていても促進されるために，無置換ベンゼン上よりも置換ベンゼン上で起こりやすいことによる。アレーンとしてベンゼンを用いる場合には，過剰量用いることは大きな問題にはならないであろう。また，そこでは位置選択性は問題にならない。

4 おわりに

以上の通り，電子という極めて小さなものが触媒として働いて，それまで遷移金属触媒の利用が必要不可欠とされてきたハロゲン化アリールとアレーンのカップリング反応が進行し，容易にビアリールが得られるようになってきた。より効率よく電子触媒を供給できる系の開発が求められるものの，ビアリール合成の実用的な方法になったと言っても過言ではないであろう。特に，ベンゼンをアレーンとして用いる，片方のベンゼン環にのみ置換基を持つビフェニルの合成法としては，前節で述べた問題点を回避できることもあり，第一の選択肢となってもよいであろう。本章の主題である「電子触媒芳香族C-H カップリング反応」からは逸脱するが，同様に電子を利用した「電子触媒クロスカップリング反応」と併せて[19]，芳香環の修飾法として活用されたい。

文　　献

1) R. Bolton, G. H. Williams, *Chem. Soc. Rev.*, **15**, 261 (1986)
2) W. Wolf, N. Kharasch, *J. Org. Chem.*, **30**, 2493 (1965)
3) D. P. Curran, A. I. Keller, *J. Am. Chem. Soc.*, **128**, 13706 (2006)
4) (a) J. K. Kim, J. F. Bunnet, *J. Am. Chem. Soc.*, **92**, 7463 (1970); (b) R. A. Rossi, A. B. Pierini, A. B. Peñéñory, *Chem. Rev.*, **103**, 71 (2003)
5) S. Yanagisawa, K. Ueda, T. Taniguchi, K. Itami, *Org. Lett.*, **10**, 4673 (2008)
6) (a) E. Shirakawa, K. Itoh, T. Higashino, T. Hayashi, *J. Am. Chem. Soc.*, **132**, 15537 (2010); (b) W. Liu, H. Cao, H. Zhang, H. Zhang, K. H. Chung, C. He, H. Wang, F. Y. Kwong, A. Lei, *J. Am. Chem. Soc.*, **132**, 16737 (2010); (c) C.-L. Sun, H. Li, D.-G. Yu, M. Yu, X. Zhou, X.-Y. Lu, K. Huang, S.-F. Zheng, B.-J. Li, Z.-J. Shi, *Nat. Chem.*, **2**, 1044 (2010)
7) (a) G. A. Russell, P. Chen, B. H. Kim, R. Rajaratnam, *J. Am. Chem. Soc.*, **119**, 8795 (1997); (b) C. Wang, G. A. Russell, W. S. Trahanovsky, *J. Org. Chem.*, **63**, 9956 (1998)
8) A. Studer, D. P. Curran, *Angew. Chem., Int. Ed.*, **50**, 5018 (2011)
9) E. Shirakawa, T. Hayashi, *Chem. Lett.*, **41**, 130 (2012)
10) (a) H. Yi, A. Jutand, A. Lei, *Chem. Commun.*, **51**, 545 (2015); (b) S. Zhou, G. M. Anderson, B. Mondal, E. Doni, V. Ironmonger, M. Kranz, T. Tuttle, J. A. Murphy, *Chem. Sci.*, **5**, 476 (2014); (c) S. Zhou, E. Doni, G. M. Anderson, R. G. Kane, S. W. MacDougall, V. M. Ironmonger, T. Tuttle, J. A. Murphy, *J. Am. Chem. Soc.*, **136**, 17818 (2014); (d) J. Cuthbertson, V. J. Gray, J. D. Wilden, *Chem. Commun.*, **50**, 2575 (2014); (e) M. Patil, *J. Org. Chem.*, **81**, 632 (2016)
11) W. Liu, F. Tian, X. Wang, H. Yu, Y. Bi, *Chem. Commun.*, **49**, 2983 (2013)
12) A. Dewanji, S. Murarka, D. P. Curran, A. Studer, *Org. Lett.*, **15**, 6102 (2013)
13) Y. Wu, P. Y. Choy, F. Y. Kwong, *Org. Biomol. Chem.*, **12**, 6820 (2014)
14) H. Yang, D.-Z. Chu, L. Jiao, *Chem. Sci.*, **9**, 1534 (2018)
15) M. E. Budén, J. F. Guastavino, R. A. Rossi, *Org. Lett.*, **15**, 1174 (2013)
16) Y. Cheng, X. Gu, P. Li, *Org. Lett.*, **15**, 2664 (2013)
17) K. Kiriyama, E. Shirakawa, *Chem. Lett.*, **46**, 1757 (2017)
18) C.-L. Sun, Y.-F. Gu, W.-P. Huang, Z.-J. Shi, *Chem. Commun.*, **47**, 9813 (2011)
19) 白川英二，有機合成化学協会誌，**77**, 433 (2019)

第12章　直接カップリングによる多環芳香族化合物の合成

松岡　和[*1]，伊藤英人[*2]，伊丹健一郎[*3]

1　はじめに

多環芳香族炭化水素（PAH）やナノグラフェンに代表される縮環芳香族化合物は有機ELや有機太陽電池，有機薄膜トランジスタなどの電子材料に頻繁に用いられる重要な化合物群である[1)]。縮環芳香族化合物の結晶性や溶解性，光学・磁気特性，自己集積能といった物理学的特性は分子構造に大きく依存しているため，これらの化合物の合成や官能基化には原子レベルの精密さが求められる。

縮環芳香族化合物の一般的な合成法は，(1) 芳香族化合物のハロゲン化や金属化反応などの事前官能基化，(2) カップリング反応などによる目的物の前駆体（ポリアリール化合物）の調製，(3) ポリアリール化合物の脱水素環化反応（グラフェン化）の多段階反応を経由する（図1）[2)]。ヘキサベンゾコロネン（HBC）の合成を例にとると，はじめにヘキサハロゲノベンゼンのクロスカップリング反応やジフェニルアセチレンの環化三量化反応，ジフェニルアセチレンとテトラフェニルシクロペンタジエノンのDiels-Alder反応などによって前駆体であるヘキサフェニルベンゼンが合成される。さらに，この前駆体は塩化鉄(Ⅲ)を用いたScholl反応と呼ばれる一連の脱水素環化反応によって容易にHBCへと誘導される。同様に，遷移金属触媒によるカップリング反応やDiels-Alder反応，閉環メタセシス反応，アルキンの環化反応，光環化反応などを駆使することで，前駆体であるポリアリール骨格を構築し，続く脱水素環化反応によるグラフェン化によって様々な縮環芳香族化合物の合成が達成されてきた。さらに近年では，このような手法を駆使し，巨大なナノグラフェンやグラフェンナノリボン（GNR）の精密合成も達成されている[3)]。

このような多段階合成法は既に確立された手法であるものの，原子効率や反応工程数の観点から必ずしも効率的であるとは限らない。すなわち，前述の手法は，ハロゲン化など出発原料となる単純芳香族化合物の事前官能基化を必要とする上，前駆体の合成とグラフェン化反応を別工程で行う必要があるため，少なくとも三段階の反応工程を要する。また，従来法では自在に縮環芳香族化合物の合成が可能というわけではなく，合成の過程で思わぬ副反応が進行してしまう場合や反応自体が進行しない場合などがしばしば問題となる。従って，芳香族化合物を縮環芳香族化

＊1　Wataru Matsuoka　名古屋大学　大学院理学研究科
＊2　Hideto Ito　名古屋大学　大学院理学研究科　准教授
＊3　Kenichiro Itami　名古屋大学　トランスフォーマティブ生命分子研究所　教授

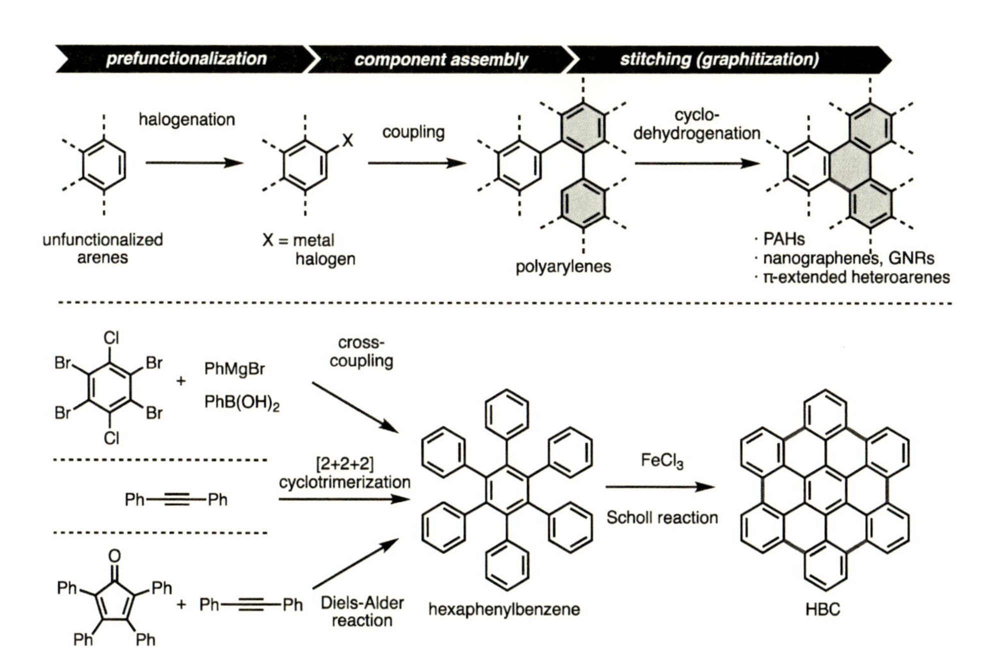

図1　一般的な縮環芳香族化合物の合成法

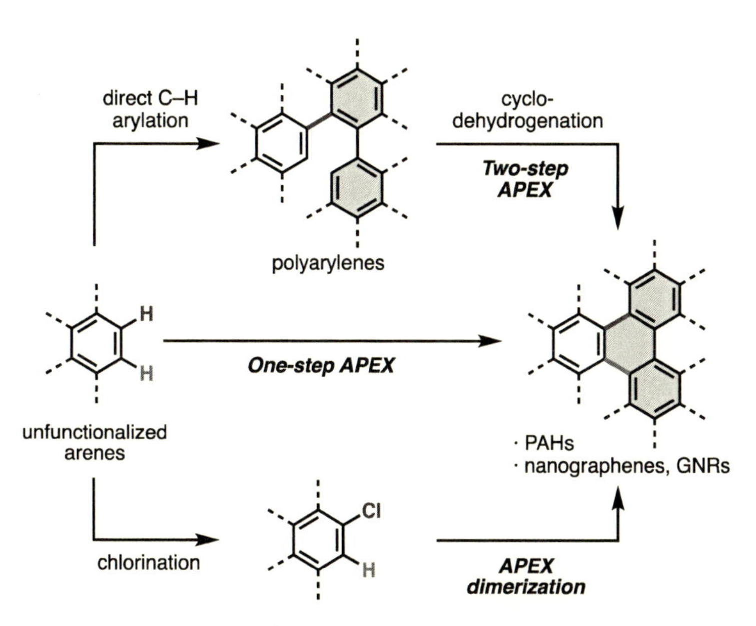

図2　C-H 結合直接アリール化をもちいた一段階および
二段階 APEX 反応と APEX 二量化反応

合物へとより直接的に変換する高効率かつ信頼性の高い合成法の開発が求められている。

このような観点から，我々は縮環芳香族化合物の理想的な合成法の一つとして，縮環π拡張（Annulative π-Extension：APEX）反応という合成概念を提唱している[4,5]。APEX反応とは芳香族化合物のC-H結合の直接アリール化を鍵反応とし，一つ以上の新たな縮環芳香環を構築するπ拡張反応を指す。このような手法は縮環芳香族化合物合成の反応工程を大幅に削減できるため，効率面において優れた合成法であると言える。

第12章では，遷移金属触媒による芳香族化合物のC-H結合直接変換を経由するAPEX反応に焦点をあて，(1) 二段階APEX反応[7~10]，(2) 一段階APEX反応[11~17]，(3) APEX二量化反応[18,19]について述べる（図2）。いずれの反応も，不活性芳香環のC-H結合直接アリール化を達成できるため，ハロゲン化や縮環化の工程のいずれかあるいは両工程を省略でき，既存の合成手法よりも短段階での縮環芳香族化合物の合成が可能である。

2　二段階APEX反応

APEX反応は官能基化されていない芳香族化合物の直接アリール化反応を鍵反応とする。しかしながら，PAHに多数存在するC-H結合は基本的に不活性な上，異なるC-H結合同士の反応性の差も小さいため，特定のC-Hのみを選択的にアリール化することは困難であった[6]。2011年，我々はパラジウム/*o*-クロラニル触媒系によるPAHのC-H結合直接アリール化反応を開発し，これをScholl反応と組み合わせることでPAHの二段階APEX反応が達成できることを報告した（図3）[7]。フェナントレン（**1a**）に対して，パラジウム，*o*-クロラニル存在下でトリス(2-ビフェニリル)ボロキシン（**2**）を作用させることでK領域とよばれる二重結合性の高い部位のみが選択的に活性化され，9-(2-ビフェニリル)フェナントレン（**3**）が得られる。さらにこの生成物を塩化鉄(Ⅲ)によって処理することで，縮環芳香族化合物であるジベンゾ[*g,p*]クリセン（**4a**）が総収率60％で得られる。この一連の変換反応によって，様々なPAHの二段階APEX反応が達成されている。例えば，同一分子内に2つの反応部位を有するピレン誘導体**5a**を反応基質として用いた場合，ヘキサベンゾ[*a,c,fg,j,l,op*]テトラセン誘導体**6a**が効率よく得られる。また，同触媒系によりフルオランテン（**7**）のC3位選択的なアリール化が可能であり，トリス(1-ナフチル)ボロキシン（**8**）をアリール化剤として用いた場合，1-ナフチルフルオランテン（**9**）が選択的に得られる[8]。この化合物をカリウムナフタレニドによる還元的環化条件に伏すことで，インデノ[1,2,3-*cd*]ペリレン（**10**）の合成が達成された。

本APEX反応は平面状PAHのみならず，三次元状に湾曲したPAHをテンプレートとして用いることも可能である。例えば，お椀型に湾曲した構造を有するコランニュレン（**11**）に対して，パラジウム/*o*-クロラニル触媒存在下，トリス(2-ビフェニリル)ボロキシン（**2**）を作用させることでコランニュレン上の5つのK領域全てでアリール化反応が進行し，ペンタキス(2-ビフェニリル)コラニュレン（**12**）が位置異性体混合物として得られる（図4）。また，トリス(2-ビフェ

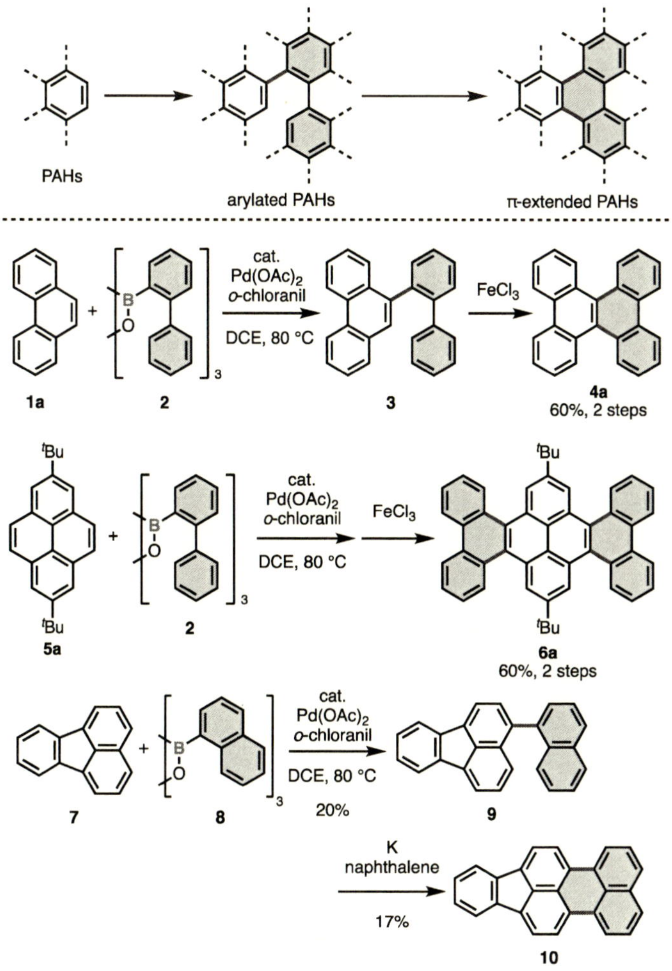

図 3　二段階 APEX 反応

ニリル)ボロキシンの代わりにトリス(*p*-*tert*-ブチルフェニル)ボロキシン（**13**）を作用させると，コランニュレンの全ての C-H 結合がアリール化され，デカアリールコランニュレン **14** が得られる[9]。**12** や **14** などのオリゴアリールコランニュレンは DDQ/TfOH や塩化鉄(Ⅲ)による酸化的な脱水素環化の条件に伏すことで，六員環のみならず七員環が一挙に構築され，負の曲率を有する新奇な湾曲縮環芳香族化合物，ワープドナノグラフェン（**15**）へと誘導される[10]。このように C-H アリール化反応を駆使した段階的な APEX 反応は既存の縮環芳香族化合物の合成を効率化するだけではなく，未知のナノカーボンの合成をも可能とする，極めて強力な反応であると言える。

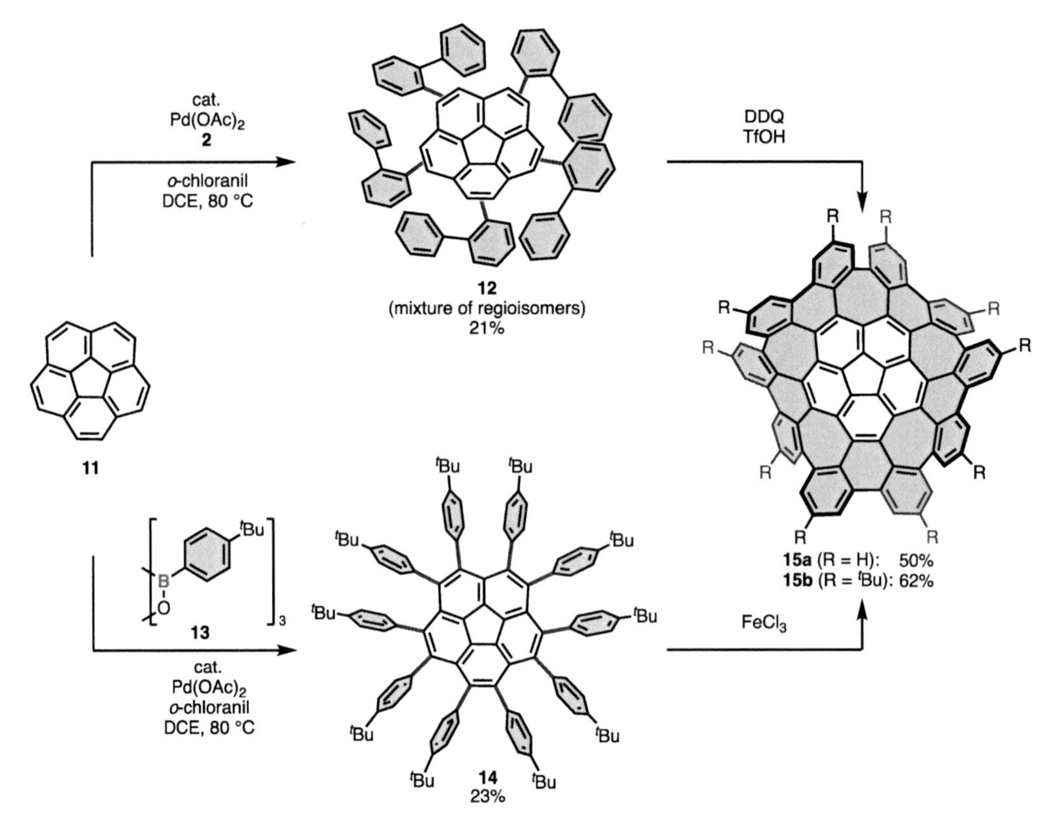

図4　二段階 APEX 反応によるワープドナノグラフェン（15）の合成

3　一段階 APEX 反応

一段階 APEX 反応とは，形式的に芳香族化合物の 2 つ以上の C–H 結合を活性化し，一工程で新たな縮環芳香環を構築する反応である。このような反応は反応効率において最も優れた縮環芳香族化合物の合成法であるといえる。2015 年我々は，パラジウム触媒と *o*-クロラニル，トリスアリールボロキシンによる，PAH の C–H 結合直接アリール化反応[7]を発展させ，一段階 APEX 反応の開発に成功した[11]。すなわち，フェナントレン誘導体 **1a** や **1b** に対して $Pd(MeCN)_4(SbF_6)_2$ 触媒と *o*-クロラニルの存在下，ジベンゾシロール **17** を作用させることで，一段階で 2 回の C–H アリール化反応が進行し，ジベンゾ[*g*,*p*]クリセン **4** が得られる（図 5）。また，本反応はお椀型に湾曲した PAH であるコランニュレン（**11**）に対しても適応可能であり，π 拡張体を 70% の収率で与える[12]。この一段階 APEX 反応は前述の二段階 APEX 反応と同様に，PAH の最も二重結合性の高い部位（K 領域）で選択的に進行する。さらに計算化学によって本反応は（1）パラジウム触媒に対するアリールシランのトランスメタル化反応，（2）生成したアリールパラジウム種に対する PAH の配位，（3）カルボメタル化反応と続く β 水素脱離の 3 つの素反応を経由

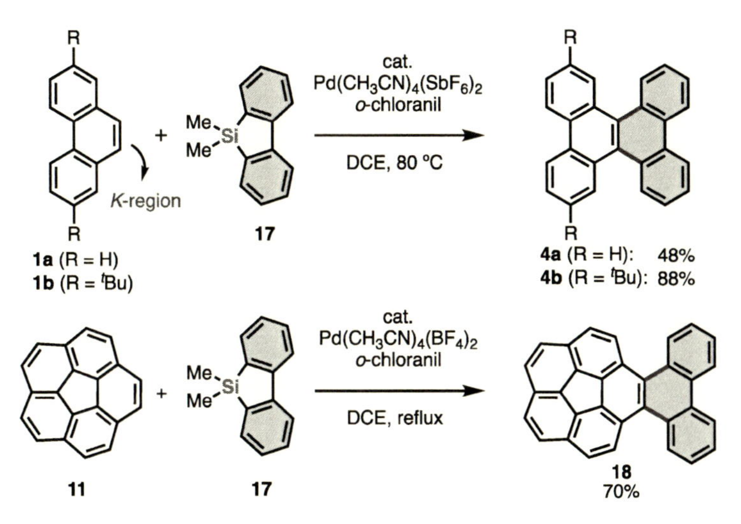

図5　Pd/*o*-クロラニル触媒系による一段階 APEX 反応

することが明らかになっている[13]。添加剤の *o*-クロラニルはカチオン性パラジウム触媒に対する配位子や酸化剤，塩基などの複数の役割をもち，パラジウムに配位することで，律速段階であるカルボメタル化反応の活性化エネルギーを低下させることが計算によって明らかとなった。

このAPEX反応はフェナントレン誘導体やコランニュレンのみならず，ピレン誘導体 **5a** や **5b** にも適応可能である（図6）。ピレン誘導体を基質として用いた場合，2つのK領域でのAPEX反応が進行し，ヘキサベンゾ[*a,c,fg,j,l,op*]テトラセン誘導体 **6a**，**6b** が高収率で得られる[11,14]。また，ジベンゾシロールの代わりに，2つのケイ素架橋部位を有する化合物 **19** を用いた際，二分子のフェナントレン **1b** との反応が進行し，テトラベンゾ[*a,c,f,m*]フェナンスロ[9,10-*k*]テトラフェン **20** が69%収率で得られる[11]。さらに，4つのK領域を有するビピレン **21** を反応基質として用いた場合，4箇所でのAPEX反応が進行し，巨大なPAH **22** が一段階で得られる。

また，本手法を繰り返し用いることで，グラフェンナノリボンの部分構造である化合物 **25** の合成も達成されている（図7）。ピレン誘導体 **5a** に対して二つのケイ素架橋部位を有するビフェニル誘導体 **23** を作用させることで π 拡張体 **24** が53%収率で得られる。さらに，この化合物 **24** に対して，ジベンゾシロール **17** を作用させることで，グラフェンナノリボンの部分構造 **25** がわずか2段階で合成された。

また，同様な分子変換は $Pd(MeCN)_4(BF_4)_2$ とピバル酸銀，トリフルオロメタンスルホン酸，ジヨードビアリール型 π 拡張剤を用いる反応条件においても進行する（図8）[15]。本触媒反応系は前述のパラジウム/*o*-クロラニル/ジベンゾシロールを用いる触媒系に比べて収率の改善や基質適応範囲の拡大など，いくつかの利点を有している。例えば，フェナントレン（**1a**）の π 拡張反応はパラジウム /*o*-クロラニル触媒系においては48%収率に留まっているのに対して，本触媒反応系では74%収率で生成物が得られる。さらに，適応可能な基質はフェナントレンやピレン

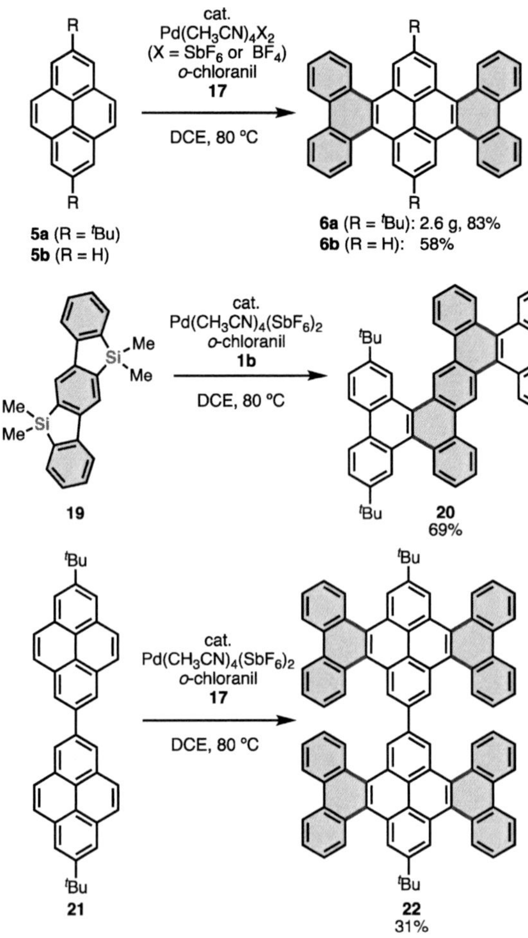

図6　一段階 APEX 反応による巨大な縮環芳香族化合物の合成

の誘導体に留まらず，ベンゾアントラセンやフルオランテン（**7**）を含んでおり，トリベンゾ[*a,c,f*]テトラフェン（**27**）やベンゾ[*g*]インデノ[1,2,3-*qr*]クリセン（**28**）が得られる。

本反応系の特筆すべき点は，パラジウム触媒による APEX 反応と脱水素環化反応による縮環反応が連続的に進行する点である。例えば，クリセン（**30**）に対してジヨードビフェニル（**26**）を作用させた場合，高度に縮環したナノグラフェン **31** がわずか一段階で得られる。反応初期段階では，二つの K 領域において通常の APEX 反応が進行していると考えられる。さらに本反応の酸化的かつ酸性条件下において，フィヨルド領域（[5]ヘリセン部位）における脱水素環化反応が進行し，ナノグラフェン **31** を与えたと想定される。この連続的な APEX 反応はフェナントレン誘導体 **32** とジヨードフェニルフェナントレン **33** の反応においても進行し，ジベンゾナフトペンタフェン **34** を与える。このような分子変換は他の手法を用いて達成された例はなく，APEX 反応の縮環芳香族化合物合成における有用性を示している。

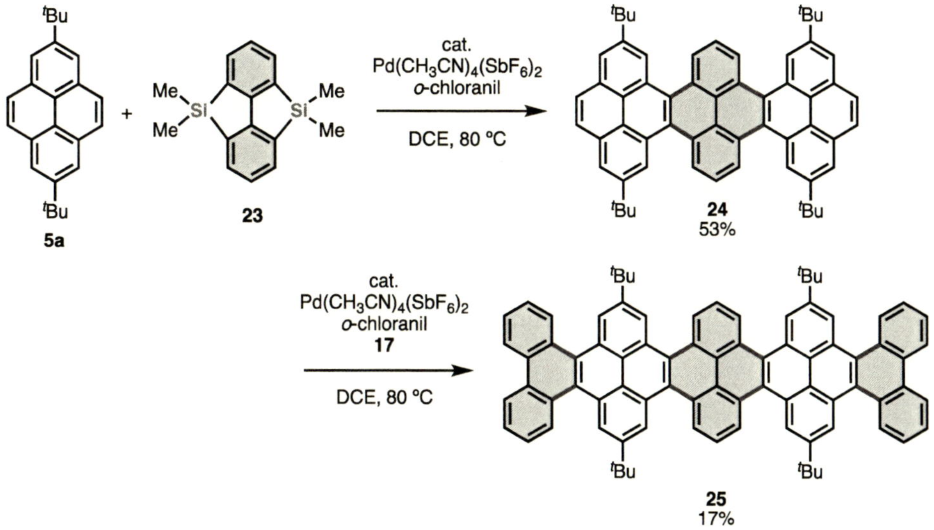

図7　一段階 APEX 反応による GNR 部分構造の合成

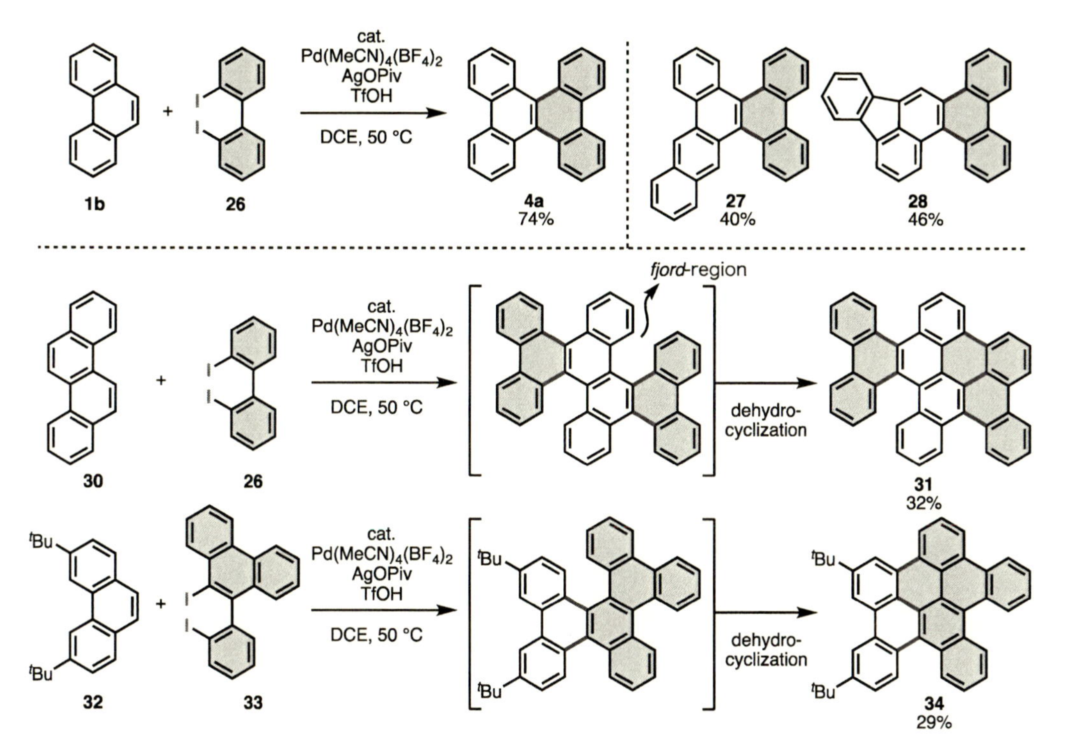

図8　Pd 触媒 / 銀塩 / ジヨードビアリールを用いる一段階 APEX 反応

これまで，PAH を原料とした一段階 APEX 反応について述べたが，これらの触媒反応系はヘテロ芳香族化合物の π 拡張反応にも適用可能である[15~17]。例えば，Pd 触媒と *o*-クロラニル，ジ

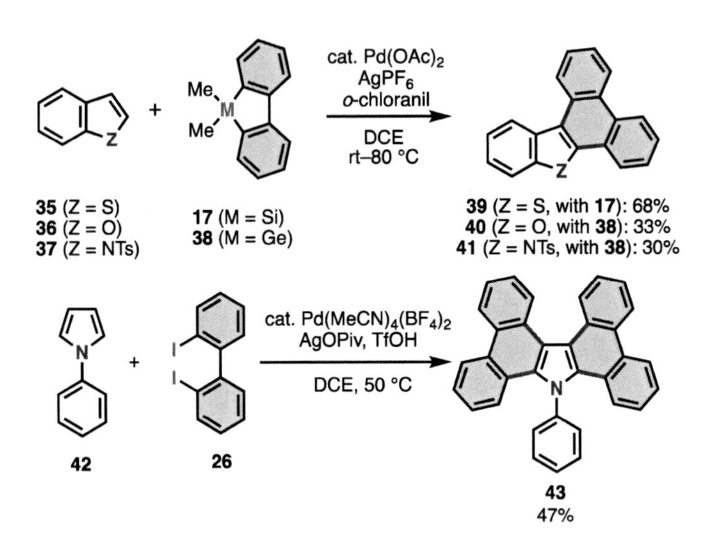

図９　ヘテロ芳香族化合物の一段階 APEX 反応

ベンゾシロールを用いる一段階 APEX 反応はベンゾチオフェン（35）の π 拡張が可能であり，対応する π 拡張体 39 を与える（図 9）。また，ジベンゾシロール 17 の代わりにジベンゾゲルモール 38 を用い低温で反応を行うことで，ベンゾフラン（36）や *N*-トシルインドール（37）の一段階 π 拡張も可能である[16]。

また，ジヨードビフェニルを π 拡張剤として用いる一段階 APEX 反応はベンゾチオフェンやインドール誘導体のみならず，ピロール誘導体の π 拡張にも適応可能である[15]。一分子の *N*-フェニルピロール（42）に対して二分子のジヨードビフェニル 26 が反応し，テトラベンゾカルバゾール誘導体 43 を 47％収率で与える。

さらに我々は，反応条件を詳細に検討することにより，より温和な条件で進行するヘテロ芳香族化合物の一段階 APEX 反応の開発に成功している（図 10）[17]。ピバル酸パラジウムと炭酸銀の存在下，インドールやピロールとジヨードビアリール π 拡張剤を DMF/DMSO 混合溶媒中で加熱攪拌することにより，高効率で π 拡張体（44–51）を与える。特筆すべきは，含窒素・硫黄縮環芳香族化合物を合成可能な点である。すなわち，本反応条件下では，ジヨードビフェニル 26 の代わりにジヨードビチオフェン誘導体を π 拡張剤として用いることが可能であり，化合物 50 や 51 などの複雑な縮環芳香族化合物を合成できる。さらに反応条件を注意深く選択することで，非対称なテトラベンゾカルバゾールの合成も可能である。*N*-メチルピロール（52）を本反応条件において π 拡張することで，APEX 反応が一回だけ進行したジベンゾインドール 53 が選択的に得られる。さらにこの化合物をパラジウム触媒とピバル酸銀，トリフルオロメタンスルホン酸を用い，4,4′-ジブロモ-2,2′-ジヨードビフェニル（54）と反応させることで，非対称なジブロモテトラベンゾカルバゾール 55 が合成可能である。

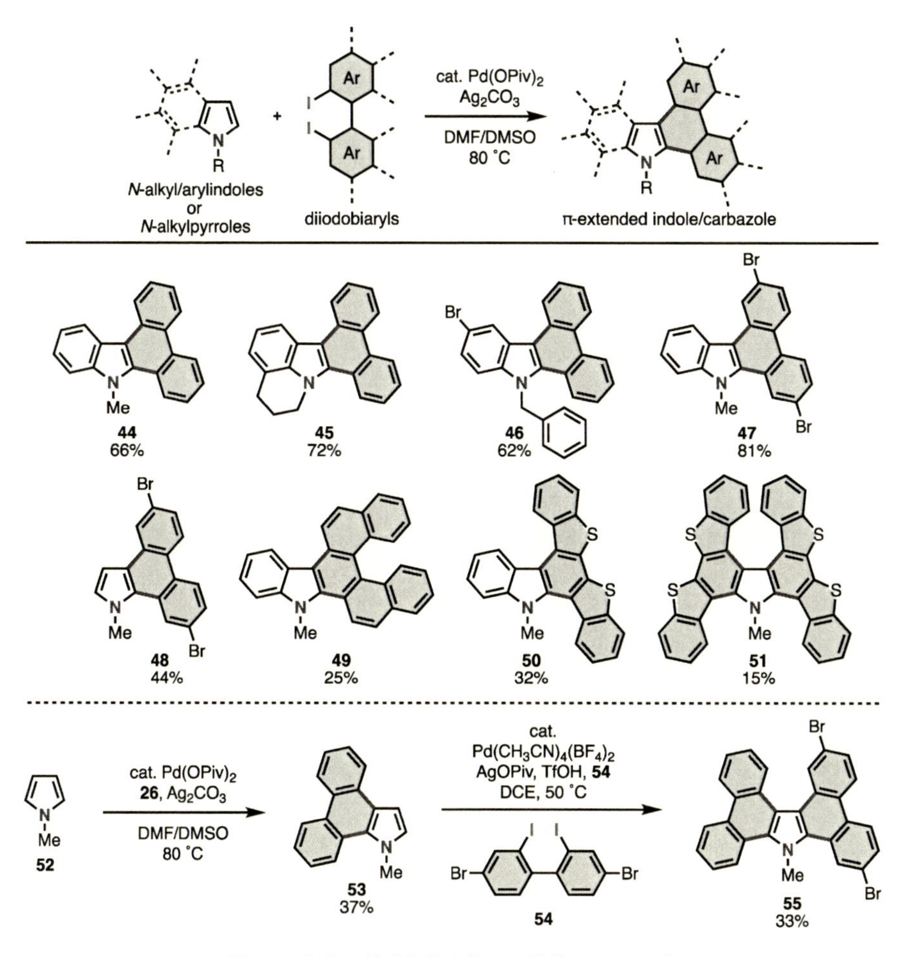

図10　含窒素芳香族化合物の一段階 APEX 反応

4　APEX 二量化反応

APEX 二量化反応はハロゲン化された芳香族化合物を事前調整する必要があるものの，一種類の原料のみから縮環芳香族化合物を合成可能な画期的手法である。2018 年我々は，クロロ基を有する単純芳香族化合物から，2つの C–H 結合直接変換を経て縮環芳香環を構築する APEX 二量化反応を開発した（図11）[18,19]。パラジウム触媒，ジアダマンチルブチルホスフィン配位子，炭酸セシウムの存在下，シクロペンチルメチルエーテル中，クロロターフェニルを 140℃で作用させると，APEX 二量化によってトリフェニレン誘導体 56 が 82%収率で得られる。本二量化反応の官能基許容性は広く，電子供与基や電子求引基を有する基質でも問題なく進行する（57, 58）。さらに，フェニル基だけでなく，ナフチル基やベンゾチエニル基で置換した前駆体を用いることも可能であり，化合物 59 や 60 などの他の手法では合成困難な縮環芳香族化合物が合成

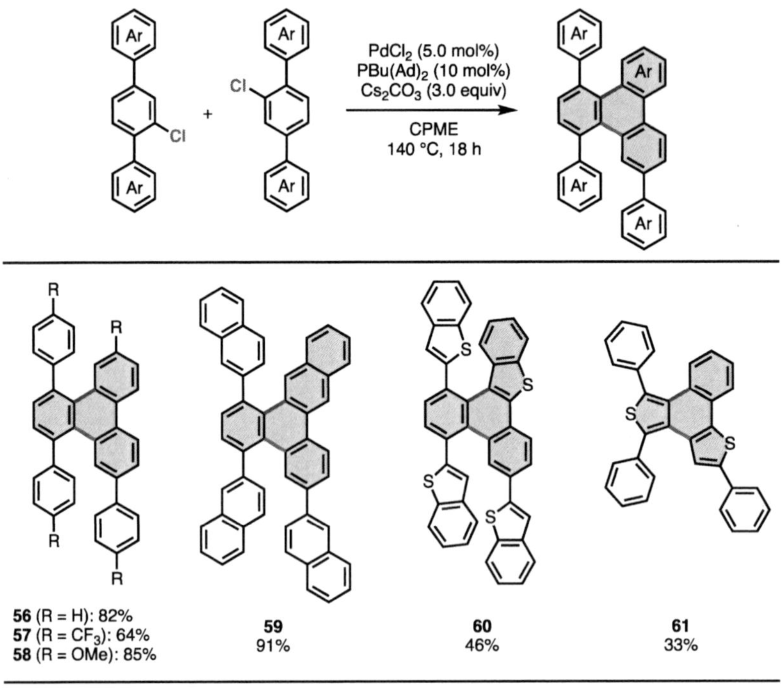

$PdCl_2$ (5.0 mol%)
$PBu(Ad)_2$ (10 mol%)
Cs_2CO_3 (3.0 equiv)
CPME
140 °C, 18 h

56 (R = H): 82%
57 (R = CF_3): 64%
58 (R = OMe): 85%
59 91%
60 46%
61 33%

図 11　塩化アリールの APEX 二量化反応

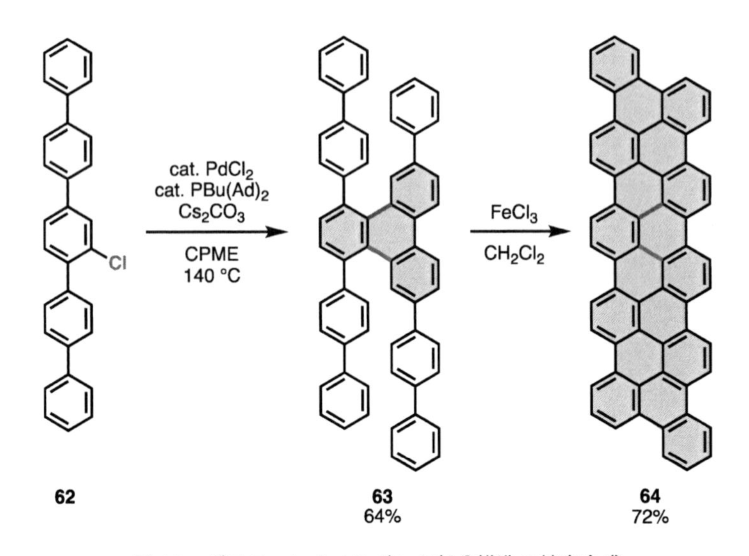

図 12　グラフェンナノリボンの部分構造の精密合成

可能である。また，3-クロロ-2,5-ジフェニルチオフェンなどのヘテロ芳香族化合物も前駆体として用いることが可能であり，二量化体 **61** を与える。

さらに，この APEX 二量化反応はグラフェンナノリボンの部分骨格の精密合成に応用可能である。すなわちAPEX二量化反応によって生成するトリフェニレン誘導体は脱水素感化反応により完全縮環したナノグラフェンへと容易に変換可能である。例えば，クロロペンタフェニル**62**の二量化反応により生成したトリフェニレン誘導体**63**を塩化鉄(Ⅲ)による脱水素環化反応条件に伏すことで，グラフェンナノリボンの部分構造**64**が高効率で得られる。この例で示したように，APEX二量化反応と続く脱水素環化反応の一連の分子変換は分子ナノカーボンを直接的かつ効率的に構築することができる強力な手法である。

5　おわりに

本章では多環芳香族化合物の効率合成を志向した縮環π拡張（APEX）反応について述べた。芳香族化合物の事前官能基化，ポリアリール化合物の調製，グラフェン化反応を経由する従来の合成法に比べ，APEX反応は一段階または二段階での縮環芳香族化合物の合成が可能である。C-Hアリール化と脱水素環化反応による二段階APEX反応は縮環芳香族化合物の合成を効率化するだけでなく，ワープドナノグラフェンなどの他の手法では合成困難なナノグラフェンの合成を実現している。また，一段階APEX反応は効率面でより優れた合成法であるとともに，ヘテロ芳香族化合物のπ拡張も可能とし，π拡張ヘテロ芳香族化合物の一段階合成が実現した。さらにAPEX二量化反応では，アリール化されたトリフェニレン骨格の構築を鍵として，続く脱水素環化反応によって従来法では合成困難であったグラフェンナノリボンの部分構造を精密に合成することができる。

しかしながら，現在開発されているAPEX反応には，収率や位置選択性の観点から未だ解決すべき問題点がある。例えば，本章で紹介したほとんどのAPEX反応は，極めて酸化的な条件あるいは高温を必要とする。このような過酷な反応条件は反応基質の分解や望まぬ副反応を引き起こすため，多くのAPEX反応は低収率に留まっている。また，一段階APEX反応はPAHのK領域と呼ばれる二重結合性の高い部位でのみ進行し，他の末端構造を選択的にπ拡張するAPEX反応は開発途上である。今後，C-H結合直接変換法のさらなる発展とともに，より優れたAPEX反応が開発されることを期待したい。

文　　献

1)　(a) S. Allard, M. Forster, B. Souharce, H. Thiem, U. Scherf, *Angew. Chem. Int. Ed.*, **47**, 4070 (2008)；(b) A. Facchetti, *Chem. Mater.*, **23**, 733 (2011)

2)　(a) J. Wu, W. Pisula, K. Müllen, *Chem. Rev.*, **107**, 718 (2007)；(b) Y. Segawa, H. Ito, K. Itami, *Nat. Rev. Mater.*, **1**, 15002 (2016)；(c) V. M. Tsefrikas, L. T. Scott, *Chem. Rev.*,

106, 4868 (2006); (d) L. Chen, Y. Hernandez, X. Feng, K. Müllen, *Angew. Chem. Int. Ed.*, **51**, 7640 (2012)
3) A. Narita, X.-Y. Wang, X. Feng, K. Müllen, *Chem. Soc. Rev.*, **44**, 6616 (2015)
4) Y. Segawa, T. Maekawa, K. Itami, *Angew. Chem. Int. Ed.*, **54**, 66 (2015)
5) H. Ito, K. Ozaki, K. Itami, *Angew. Chem. Int. Ed.*, **56**, 11144 (2017)
6) (a) H. Kawai, Y. Kobayashi, S. Oi, Y. Inoue, *Chem. Commun.*, 1464 (2008); (b) K. Funaki, H. Kawai, T. Sato, S. Oi, *Chem. Lett.*, **40**, 1050 (2011)
7) K. Mochida, K. Kawasumi, Y. Segawa, K. Itami, *J. Am. Chem. Soc.*, **133**, 10716 (2011)
8) K. Kawasumi, K. Mochida, T. Kajino, Y. Segawa, K. Itami, *Org. Lett.*, **14**, 418 (2012)
9) Q. Zhang, K. Kawasumi, Y. Segawa, K. Itami, L. T. Scott, *J. Am. Chem. Soc.*, **134**, 15664 (2012)
10) (a) K. Kawasumi, Q. Zhang, Y. Segawa, L. T. Scott, K. Itami, *Nat. Chem.*, **5**, 739 (2013); (b) K. Kato, Y. Segawa, L. T. Scott, K. Itami, *Chem. Asian J.*, **10**, 1635 (2015)
11) K. Ozaki, K. Kawasumi, M. Shibata, H. Ito, K. Itami, *Nat. Commun.*, **6**, 6251 (2015)
12) K. Kato, Y. Segawa, K. Itami, *Can. J. Chem.*, **95**, 329 (2017)
13) M. Shibata, H. Ito, K. Itami, *J. Am. Chem. Soc.*, **140**, 2196 (2018)
14) Y. Yano, H. Ito, Y. Segawa, K. Itami, *Synlett*, **27**, 2081 (2016)
15) W. Matsuoka, H. Ito, K. Itami, *Angew. Chem. Int. Ed.*, **56**. 12224 (2017)
16) K. Ozaki, W. Matsuoka, H. Ito, K. Itami, *Org. Lett.*, **19**, 1930 (2017)
17) H. Kitano, W. Matsuoka, H. Ito, K. Itami, *Chem. Sci.*, **9**, 7556 (2018)
18) Y. Koga, T. Kaneda, Y. Saito, K. Murakami, K. Itami, *Science*, **359**, 435 (2018)
19) C. Zhu, D. Wang, D. Wang, Y. Zhao, Y.-W. Sun, Z. Shi, *Angew. Chem. Int. Ed.*, **57**, 8848 (2018)

第13章　直接カップリングによる多環ヘテロ芳香族化合物の合成

西井祐二*1，三浦雅博*2

1　はじめに

多環ヘテロ芳香族分子は，有機EL・有機半導体・有機薄膜太陽電池など，いわゆる有機エレクトロニクス材料の基盤となる分子群であり，柔軟性[1]・加工性・生体適合性[2]といった，シリコンなどの無機材料とは異なる特性を活かした応用が期待されている。また有機材料の特徴として，様々な化学修飾を施すことにより，電気的・光学的特性や加工特性を精密に制御できることが挙げられる。こうした背景からも，多環ヘテロ芳香族分子群の迅速な構築・および構造スクリーニングを可能とする有機合成手法の開発が，近年活発に行われている。特に有機エレクトロニクス材料に汎用される，縮環構造を含む5員環ヘテロ芳香族化合物の合成方法について，その一般的な合成手法を図1にまとめる。

有機リチウム試薬による置換（a)，アルキンに対する還元的な環化（b)，Friedel-Crafts型の求電子的付加（c）などの反応は信頼性が高く，現在でもよく用いられる手法である。その一方，最近では遷移金属触媒を利用したカップリング反応による環構築法（d)～(f）の開発も進められており，反応工程の短縮が可能である点や，従来法では不可能性の高い分子骨格の構築が可能となることから注目を集めている。本章では，分子内脱水素カップリング反応（f）を利用したヘテロ縮環構築手法の発展について概説し，特に最も応用性の期待されるパラジウム触媒に焦点を当てて反応例を紹介する。なお，パラジウム触媒による脱水素カップリング反応については，本書の3章および最近の総説[3]を参照していただきたい。

2　当量反応から触媒反応への展開

この分野における先駆的な研究として，板谷[4] Åkermark[5]らは，酢酸パラジウムを当量試薬として用いた反応を報告している。酸素・窒素・カルボニル基・アミド基をリンカーに有するビアリール化合物に対して，分子内脱水素カップリング反応が進行し，対応する縮環生成物を与えることが示されている（図2)。また，カルボン酸溶媒（酢酸・トリフルオロ酢酸）が有効に機能すること，電子求引性置換基を持つ基質で反応性が低下することなど，この形式の反応に関す

＊1　Yuji Nishii　大阪大学　大学院工学研究科　助教
＊2　Masahiro Miura　大阪大学　大学院工学研究科　教授

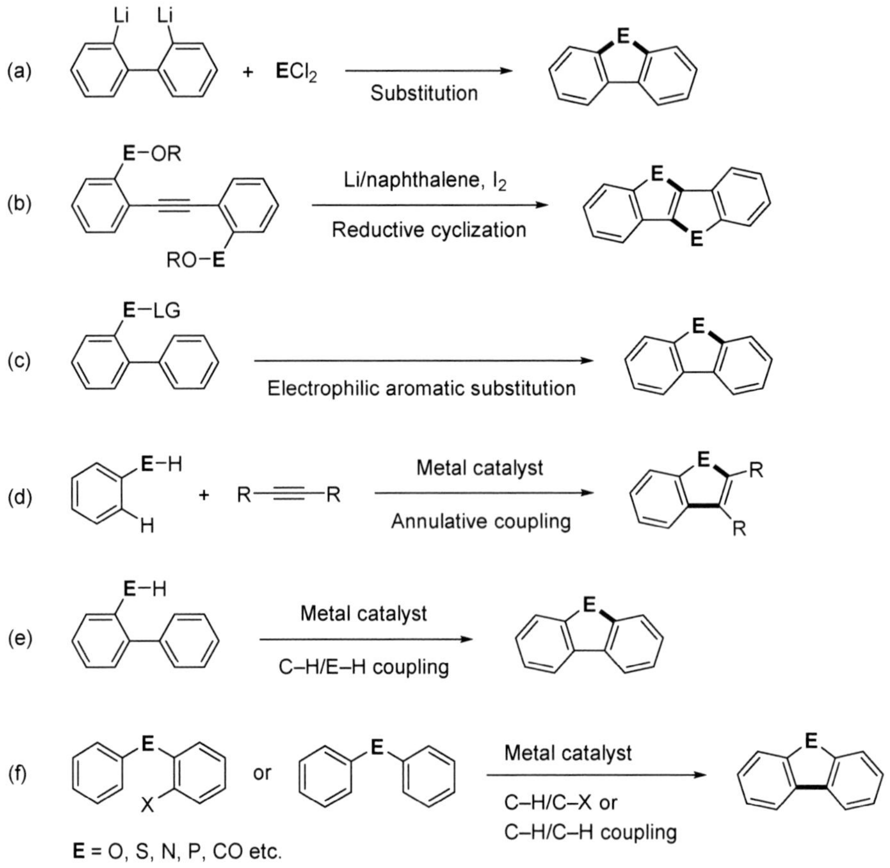

図1　一般的なヘテロ芳香族化合物の合成手法（E はヘテロ原子，LG は脱離基を示す）

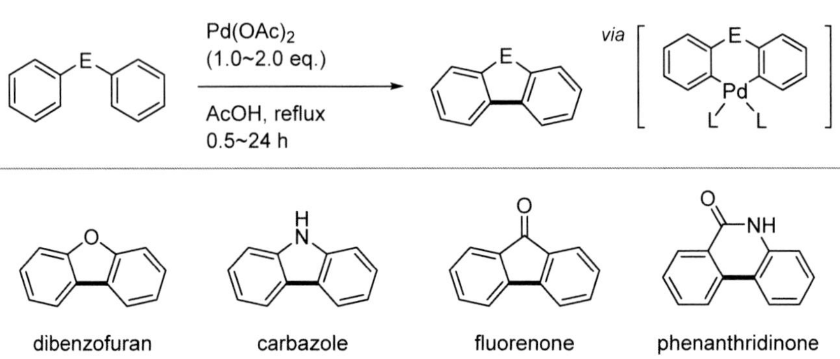

図2　パラジウムを当量試薬として用いる初期の反応例

る基礎的な傾向が考察されている。想定される反応中間体として，2つの炭素-水素結合の切断によって形成する6員環パラダサイクルが示されており，これは後の研究でも支持されているものである。

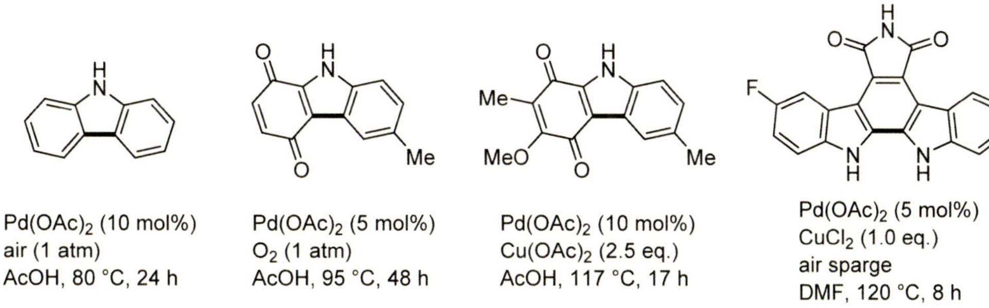

Pd(OAc)2 (10 mol%)
air (1 atm)
AcOH, 80 °C, 24 h
Pd(OAc)2 (5 mol%)
O2 (1 atm)
AcOH, 95 °C, 48 h
Pd(OAc)2 (10 mol%)
Cu(OAc)2 (2.5 eq.)
AcOH, 117 °C, 17 h
Pd(OAc)2 (5 mol%)
CuCl2 (1.0 eq.)
air sparge
DMF, 120 °C, 8 h

図3　パラジウム触媒による初期の反応例
太線で示した結合がカップリング反応により形成した箇所，生成物下に反応条件を示す

Pd(OAc)2 (3 mol%)
K2CO3 (10 mol%)
under air
110 °C, 14 h
solvent
AcOH　trace (GC)
PivOH　70% yield
Pd(OAc)2 (5 mol%)
110 °C, 14 h
76% yield
Pd(OAc)2 (10 mol%)
120 °C, 14 h
77% yield
Pd(OAc)2 (5 mol%)
120 °C, 42 h
75% yield
Pd(OAc)2 (5 mol%)
120 °C, 24 h
72% yield

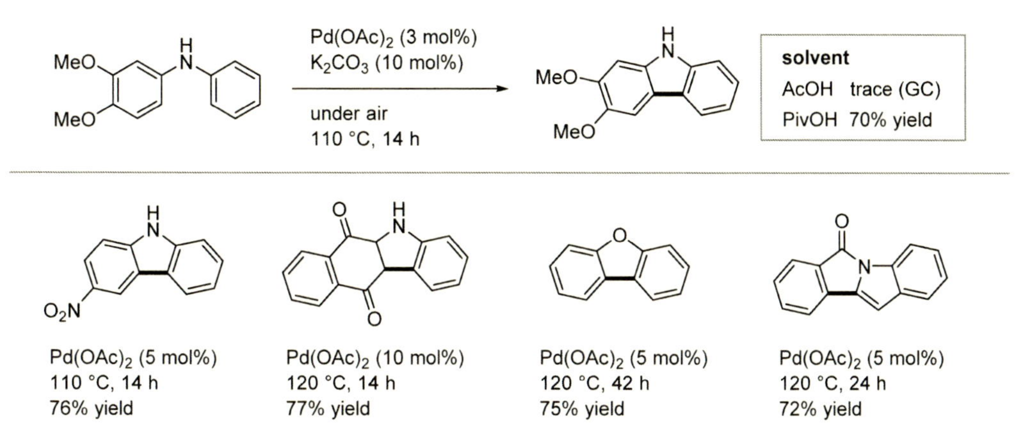

図4　ピバル酸溶媒を用いた反応
太線で示した結合がカップリング反応により形成した箇所，生成物下に反応条件を示す

本反応では，2価パラジウム種からの還元的脱離によって炭素–炭素結合が形成されるため，酸化剤の共存下で実施することで，パラジウムの触媒化が可能であると推察される。板谷らは実際に，酸素加圧条件下（50kg/cm^2）において，触媒的なジベンゾフラン合成が可能であることを見出しているものの，二量体の形成といった副反応を抑制することができず，合成化学的な利用価値は長らく認められていなかった[6]。その後，パラジウム触媒を用いた類似の反応が1990年～2000年初頭にかけて数例報告されているが，ジフェニルアミン・キノン・インドールなど高反応性の基質のみに適用可能であり，より一般性に優れた触媒系の開発が求められていた（図3）[7,8]。

こうした中で大きな発展の契機となったのが，Fagnouらの報告である[9]。彼らは，酢酸に代えてピバル酸（PivOH）を溶媒に用いると，再現性が改善するとともに競合する副反応が抑制され，反応効率が大幅に向上することを見出した。ピバル酸溶媒中，酢酸パラジウムを触媒とし，1気圧の空気を酸化剤として利用することで，カルバゾール・ジベンゾフラン・イソインドロンなどの縮環化合物を高収率にて合成することができる（図4）。これ以降，ピバル酸を溶媒ある

いは添加剤として用いることが，スタンダードな反応条件のひとつとして認識されている。また，触媒量の塩基を添加することで収率の改善が見られることもあり，炭酸カリウム・フッ化セシウム・ピバル酸セシウムなどが良く用いられている。

ピバル酸の添加効果の詳細については，同著者らの先行研究にて調べられており[10]，パラジウム触媒による炭素-水素結合の切断過程の活性化エネルギーを低下させることが，計算化学的手法により明らかとされている。

3　適用範囲の拡大＆最近の反応例

先述したように，パラジウム触媒による分子内脱水素カップリング反応は，電子求引性置換基を持つ芳香族分子に対して上手く進行しないという課題点があった。このような電子不足な基質に対しては，1価の銀塩を酸化剤として用いることで効率が大幅に向上することが明らかとなっている。例えば，カルボニル基[11]やスルホンアミド基[12]をリンカーに持つ化合物について，酸化銀（Ag_2O）や酢酸銀（AgOAc）の共存下，カルボン酸溶媒中で反応を行うことにより，やや高温条件を必要とするものの，対応する縮環化合物が高収率で得られる（図5）。その一方で，酸素・Oxone・DDQ・$K_2S_2O_8$ など，他の酸化剤を用いた場合には目的生成物はほとんど形成していなかった。

これらの報告の中で，銀塩の効果に関しては，2価パラジウム種を再生するための酸化剤としての作用のみ記述されている。しかし最近になって，パラジウム触媒を用いた炭素-水素結合の直接変換反応における銀塩の効果が詳細に調査されており[13,14]，銀塩そのものが炭素-水素結合の切断を担う反応機構も提唱されている。こうした点を踏まえると，分子内脱水素カップリング反応においても，酸化剤以外の作用を持つ可能性は考慮すべきである。

最近の例として，金井・國信らは，ピバル酸パラジウム（$Pd(OPiv)_2$）を触媒として，適切な酸化剤を用いることで，多様な多環ヘテロ芳香族分子群の合成を達成している[15]。酸化剤の選択については，特にリンカー部位の電子状態が重要な要素であり，カルボニル基・ホスフィンオキ

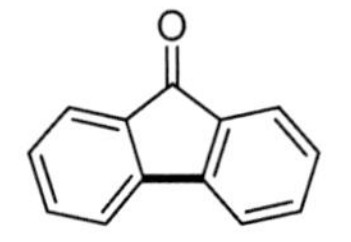

$Pd(OAc)_2$ (10 mol%)
Ag_2O (1.5 eq.)
CF_3CO_2H, 130 °C, 24 h

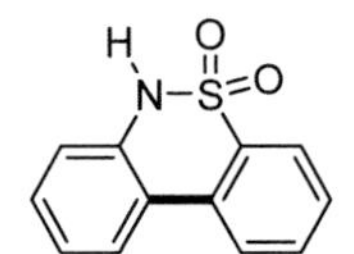

$Pd(OAc)_2$ (10 mol%), KO*t*Bu (20 mol%)
AgOAc (3.0 eq.)
PivOH/AcOH (3/1), 130 °C, 12 h

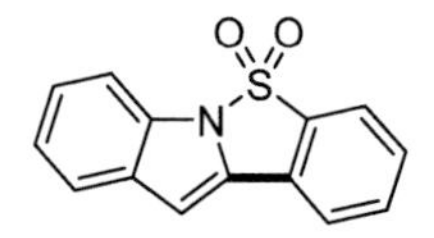

$Pd(OAc)_2$ (10 mol%)
CsOPiv (20 mol%)
AgOAc (3.0 eq.)
PivOH, 130 °C, 12 h

図5　銀塩を酸化剤とした電子不足基質に対する反応
太線で示した結合がカップリング反応により形成した箇所，生成物下に反応条件を示す

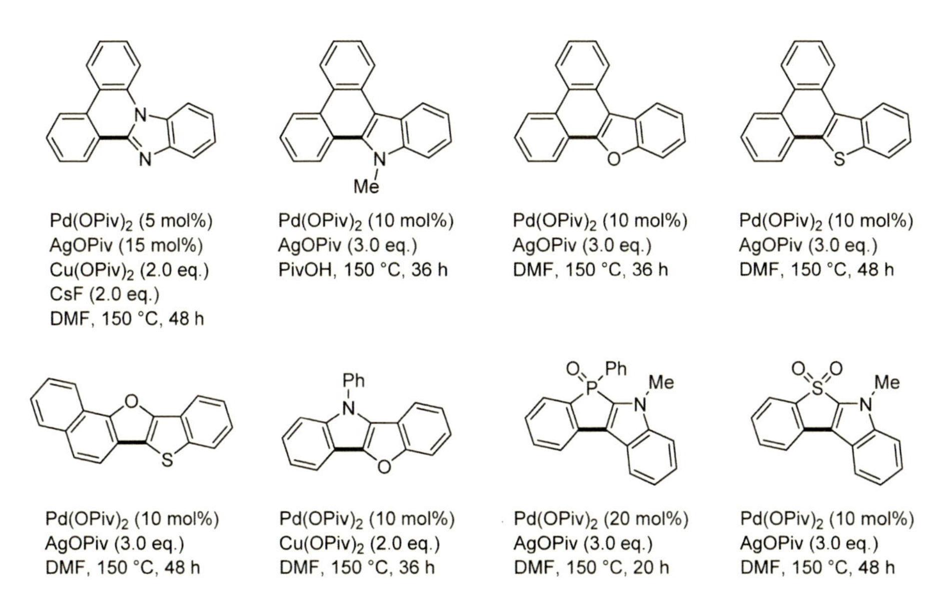

図6　銀塩および銅塩を酸化剤とした反応

太線で示した結合がカップリング反応により形成した箇所，生成物下に反応条件を示す

シド基などの電子求引性のリンカーで架橋された化合物に対しては，銀塩を酸化剤に用いると効率的に反応が進行する。その一方で，窒素などの電子供与能の高いリンカーで架橋された化合物に対しては，銅塩が効果的であることが示されている（図6）。また溶媒として，ピバル酸以外にDMFも有効であることが明らかとなっている。

また，本反応を分子内の複数の箇所で同時に進行させることで，新規多環ヘテロ芳香族分子の合成が容易に達成できることを示している（式1，2）。このように，パラジウム触媒による脱水素カップリング反応を利用することによって，芳香環ユニットを適切なリンカーで繋ぎ合わせた後，一挙に縮環構造を組み上げるという新たな合成ルートの設計が可能になったといえる。

Pd(OPiv)$_2$ (30 mol%)
AgOPiv (6.0 eq.)
DMF, 150 °C, 48 h
R = 4-^{n}octyl-C_6H_4
（式1）

1. Pd(OPiv)$_2$ (30 mol%)
AgOPiv (6.0 eq.)
DMF, 150 °C, 48 h
2. DDQ (1.2 eq.)
MsOH/CH_2Cl_2
0 °C, 0.5 h
（式2）

同時期に筆者らのグループは，トリフルオロ酢酸パラジウム（Pd(TFA)$_2$）触媒の存在下，酢酸銀を酸化剤，ピバル酸またはプロピオン酸を溶媒に用いる条件下，酸素リンカーを持つ化合物が，効率的に縮環フラン分子群へと誘導できることを報告している[16]。さらに，ベンゼンジオール・ベンゼントリオールなどの多価フェノールを原料として使用し，その水酸基のアリール化，続く脱水素カップリング反応を連続的に行うことで，対応するビスフロベンゼン・トリオキサトルキセンなどの，複雑な縮環骨格を効率的に構築できることを明らかとしている（図7）。

また，この反応は電子不足なピリジン環を含む基質に対しても適用可能である（図8）[17]。得られるフラン縮環ピリジン類の一部は，熱活性化遅延蛍光材料のアクセプターユニットとして応用が期待される，非常に小さな励起一重項・励起三重項間エネルギーを示すことが明らかとなっており[18]，新たな光学素子や電子輸送材料の開発に対しても有効な合成手法であることが示唆さ

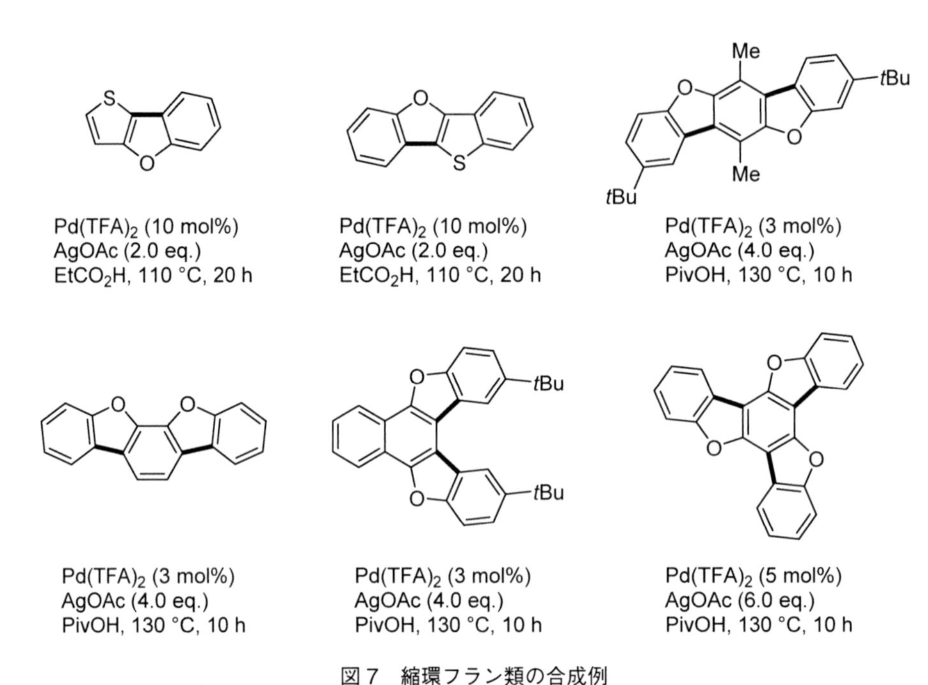

図7　縮環フラン類の合成例
太線で示した結合がカップリング反応により形成した箇所，生成物下に反応条件を示す

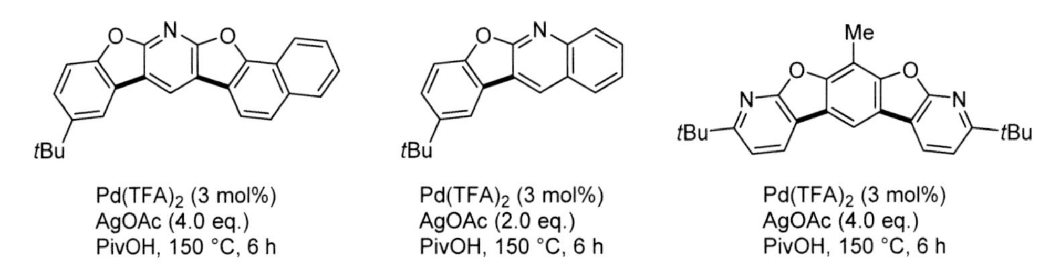

図8　ピリジン環を含む縮環分子の合成例
太線で示した結合がカップリング反応により形成した箇所，生成物下に反応条件を示す

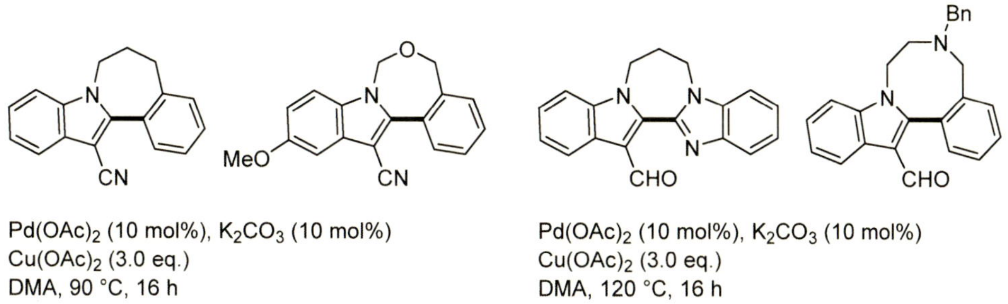

$Pd(OAc)_2$ (10 mol%), K_2CO_3 (10 mol%)
$Cu(OAc)_2$ (3.0 eq.)
DMA, 90 °C, 16 h

$Pd(OAc)_2$ (10 mol%), K_2CO_3 (10 mol%)
$Cu(OAc)_2$ (3.0 eq.)
DMA, 120 °C, 16 h

図9　脱水素カップリング反応による中員環分子の合成例
太線で示した結合がカップリング反応により形成した箇所，生成物下に反応条件を示す

れる。

ここまで紹介した反応では，分子内環化反応によって5員環または6員環を構築しているのに対して，7員環や8員環といった中員環化合物の合成についても，パラジウム触媒を用いた反応系が適用可能であることが示されている[19]。基質適用範囲はかなり限定的となっており，反応性の高いインドール構造が必須，またそのC3位を置換基で塞いでおく必要がある（図9）。しかしながら，通常は構築の困難な中員環骨格を良好な収率で得られることから，合成化学的な利用価値が高い反応といえる。

4　ロジウム触媒を用いた反応

上述したように，分子内脱水素カップリング反応によるヘテロ芳香族化合物の合成手法としては，パラジウム触媒を用いたものが主流であるのに対して，ロジウム触媒による類似の反応が数例報告されている。一例として筆者らは，カルボン酸を配向基として用いることで，ジベンゾフラン骨格の形成が可能であることを明らかとしている[20]。配向基が必須となるため，パラジウム触媒を用いる反応に比べて一般性の観点では劣るものの，位置選択的に反応が進行するというメリットもある。実際，得られた生成物を，アルキンとの環化カップリング反応によって変換することで，更に芳香環を拡張した分子を合成することができた（図10）。

また，ロジウム触媒ではオレフィンをリンカーとして用いることも可能であり，Z配座のアルケンで連結されたイミダゾール環について，C2位で選択的に反応が進行することが明らかとされている[21]。この選択性発現の理由としては，イミダゾールが配向基として機能している反応経路，または銅塩によるC2位でのC-Hメタル化を経る機構によって説明されている（図11）。

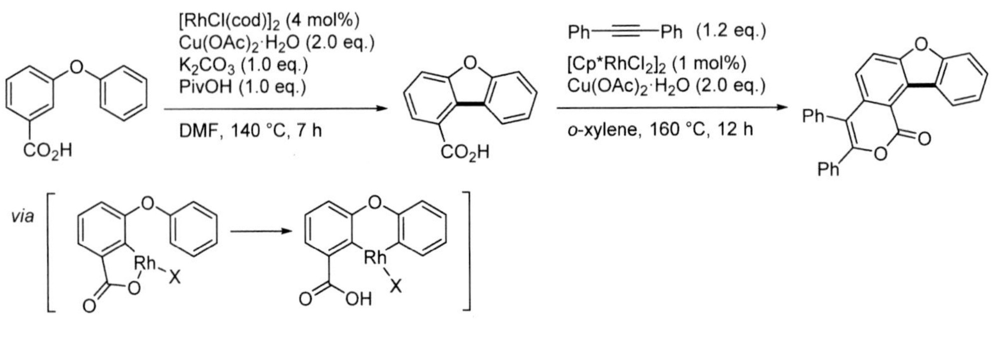

図10　カルボン酸を配向基としたロジウム触媒による脱水素カップリング反応

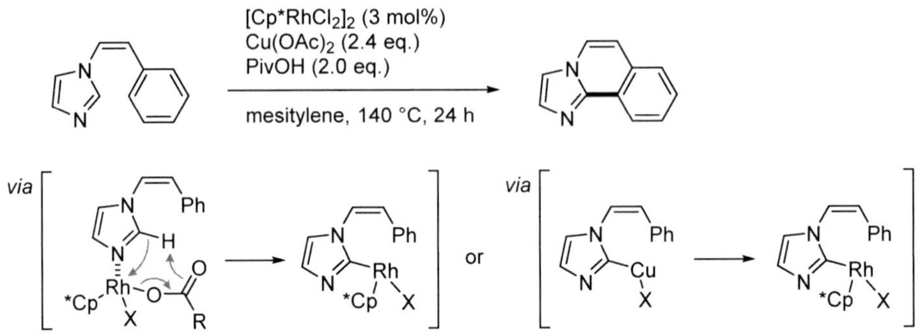

図11　オレフィンリンカーを用いたロジウム触媒による脱水素カップリング反応

5　おわりに

以上本章では，パラジウム触媒を用いた分子内脱水素カップリング反応の発展に焦点を当て，その初期の報告から最近の反応例について解説した。芳香環ユニットを適切なリンカーで連結し，一挙に縮環分子へと誘導する合成手法は応用性が高く，本手法を利用することで多様な分子骨格を簡便に構築できるようになった。その一方，当量以上の銅塩や銀塩を酸化剤として用いる反応条件はコストが高く，工業スケールへの適用が難しいという課題点も残されており，現状では，迅速な構造スクリーニングを行うためのツールとしての利用に限定されている。今後，より優れた触媒系の開発が進み，多様な有用分子群の合成手法として応用されることを期待したい。

文　　献

1) M. Kaltenbrunner, T. Sekitani, J. Reeder, T. Yokota, K. Kuribara, T. Tokuhara, M. Drack, R. Schwödiauer, I. Graz, S. Bauer-Gogonea, S. Bauer, T. Someya, *Nature*, **499**, 458 (2013)
2) K. Kuribara, H. Wang, N. Uchiyama, K. Fukuda, T. Yokota, U. Zschieschang, C. Jaye, D. Fischer, H. Klauk, T. Yamamoto, K. Takimiya, M. Ikeda, H. Kuwabara, T. Sekitani, Y.-L. Loo, T. Someya, *Nat. Commun.*, **3**, 723 (2012)
3) Y. Yang, J. Lan, J. You, *Chem. Rev.*, **117**, 8787 (2017)
4) H. Yoshimoto, H. Itatani, *Bull. Chem. Soc. Jpn.*, **46**, 2490, (1973)
5) B. Åkermark, L. Eberson, E. Jonsson, E. Pettersson, *J. Org. Chem.*, **40**, 1365 (1975)
6) A. Shiotani, H. Itatani, *Angew. Chem., Int. Ed. Engl.*, **13**, 471 (1974)
7) a) H.-J. Knölker, N. O'Sullivan, *Tetrahedron*, **50**, 10893 (1994) b) B. Åkermark, J. D. Oslob, U. Heuschert, *Tetrahedron Lett.*, **36**, 1325 (1995) c) H. Hagelin, J. D. Oslob, B. Åkermark, *Chem. Eur. J.*, **5**, 2413 (1999)
8) a) H.-J. Knölker, W. Fröhner, *Synthesis*, 557 (2002) b) S. Matsubara, K. Asano, Y. Kajita, M. Yamamoto, Synthesis 2055 (2007) c) T. Watanabe, S. Ueda, S. Inuki, S. Oishi, N. Fujii, H. Ohno, *Chem. Commun.*, 4516 (2007)
9) B. Liégault, D. Lee, M. P. Huestis, D. R. Stuart, K. Fagnou, *J. Org. Chem.*, **73**, 5022 (2008)
10) M. Lafrance, K. Fagnou, *J. Am. Chem. Soc.*, **128**, 16496 (2006)
11) P. Gandeepan, C.-H. Hung, C.-H. Cheng, *Chem. Commun.*, **48**, 9379 (2012)
12) a) J. K. Laha, K. P. Jethava, N. Dayal, *J. Org. Chem.*, **79**, 8010 (2014) b) J. K. Laha, N. Dayal, K. P. Jethava, D. V. Prajapati, *Org. Lett.*, **17**, 1296 (2015)
13) 銀塩の効果に関する総説 Á. L. Mudarra, S. M. de Salinas, M. H. Pérez-Temprano, *Org. Biomol. Chem.*, **17**, 1655 (2019)
14) 銀塩の効果に関する最近の報告例 a) K. L. Bay, Y.-F. Yang, K. N. Houk, *J. Organomet. Chem.*, **864**, 19 (2018) b) C. Colletto, A. Panigrahi, J. Fernández-Casado, I. Larrosa, *J. Am. Chem. Soc.*, **140**, 9638 (2018)
15) H. Kaida, T. Satoh, K. Hirano, M. Miura, *Chem. Lett.*, **44**, 1125 (2015)
16) H. Kaida, T. Satoh, Y. Nishii, K. Hirano, M. Miura, *Chem. Lett.*, **45**, 1069 (2016)
17) H. Kaida, T. Goya, Y. Nishii, K. Hirano, T. Satoh, M. Miura, *Org. Lett.*, **19**, 1236 (2017)
18) Y. Itai, Y. Nishii, P. Stachelek, P. Data, Y. Takeda, S. Minakata, M. Miura, *J. Org. Chem.*, **83**, 10289 (2018)
19) D. G. Pintori, M. F. Greaney, *J. Am. Chem. Soc.*, **133**, 1209 (2011)
20) T. Okada, Y. Unoh, T. Satoh, M. Miura, *Chem. Lett.*, **44**, 1598 (2015)
21) V. P. Reddy, T. Iwasaki, N. Kambe, *Org. Biomol. Chem.*, **11**, 2249 (2013)

第14章　ポルフィリン類の直接官能基化

福井識人[*1]，忍久保　洋[*2]

1　はじめに

ポルフィリンは4つのピロール環がメチン炭素で架橋された構造をもつ大環状化合物である。ヘムやクロロフィルは代表的なポルフィリン類縁体であり，生命活動の根幹を支えている。このことからポルフィリンは「生命の色素」とも呼ばれ，古くより多くの科学者の研究対象とされてきた。近年ではポルフィリンの特性を生かした応用研究も盛んに行われており，対象となる分野は人工光合成[1)]・光線力学療法[2)]・有機太陽電池[3)]・単分子エレクトロニクス[4)]など枚挙にいとまがない（図1）。

何故ポルフィリンの利用はここまで多岐に渡っているのだろうか。これはポルフィリンが，以下に記す複数の魅力的な機能を併せ持つ類稀なるπ電子系化学種であることに由来する。まず第一に，ポルフィリンは分子全体に広がる巨大な環状π共役系をもつ。そのため狭いHOMO-LUMOギャップと大きな吸光係数を有し，可視光を効率的に捕集する。加えて，酸化や還元によって生じる電荷は共役系全体に非局在化されるため，電子の授受を安定に行うことができる。

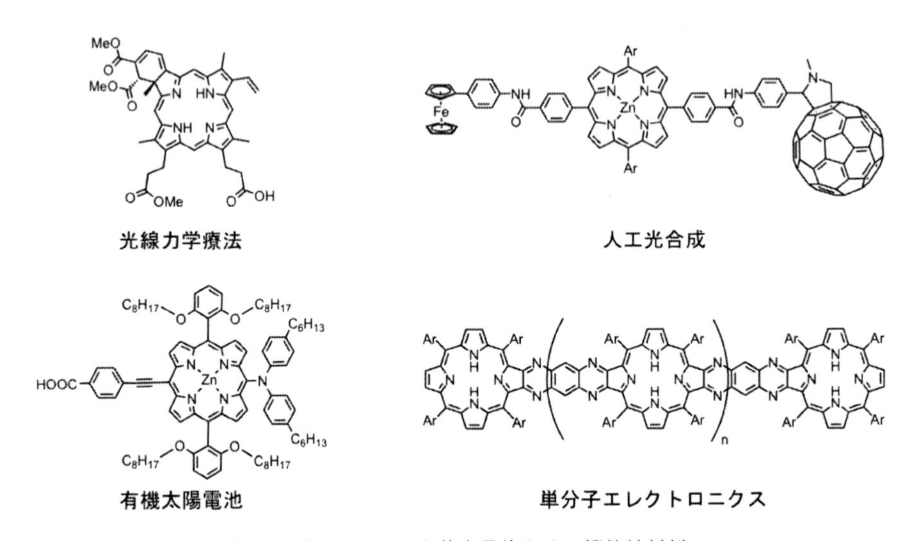

図1　ポルフィリンを基本骨格とする機能性材料

＊1　Norihito Fukui　名古屋大学　大学院工学研究科　助教
＊2　Hiroshi Shinokubo　名古屋大学　大学院工学研究科　教授

さらに，中心にはそれぞれ2つのアミン型窒素とイミン型窒素に囲まれた空孔が存在する。よって，ポルフィリンは2価の平面正方形型配位子として働き，種々の金属イオンを取り込む。

上述のポルフィリンの特性は，母核周辺の置換基からの電子的摂動に対して鋭敏に応答し，多彩に変化する。また，ポルフィリンの周囲に適切な官能基を導入すれば，従来のポルフィリンには備わらない新たな機能を付与することも可能となる。したがって，ポルフィリンの周辺官能基化法の開発は数多の応用に繋がりうる重要な研究課題と言える[5]。とりわけ，合成化学分野で注目を集める直接官能基化を取り入れれば，合成の簡便化や高効率化に繋がるのみならず，従来法では達成しえなかった新たな骨格構築が実現できると期待される。本章では，その一例として遷移金属触媒を用いたβ位選択的直接官能基化を取り上げ，その合成化学的重要性と機能化ポルフィリンへの誘導について解説する。なお，ポルフィリンのC-H官能基化に関する包括的な総説は既に大須賀・依光により報告されているのでそちらも参考にされたい[6]。

2　ポルフィリンの反応性

ポルフィリンの周辺炭素は2種類に分類される。1つは各ピロール環を繋ぐメチン炭素であり，メゾ位と呼ばれる。もう1つはピロール環のβ位炭素であり，β位と呼ばれる。次に，ポルフィリンの反応性を具体例を挙げて説明する（図2A）。メゾ位に置換基をもたないポルフィリンに，ハロゲン化・ニトロ化・Vilsmeier-Haack反応といった芳香族求電子置換反応を施した際，反応はメゾ位で選択的に進行する[7]。有機リチウム種といった求核剤を作用させた場合もメゾ位に付加が進行する[8]。すなわち，求核剤と求電子剤のいずれに対してもメゾ位が活性点となる。そのため，機能性ポルフィリンを合成する際には，メゾ位での反応を利用するのが効果的である。逆

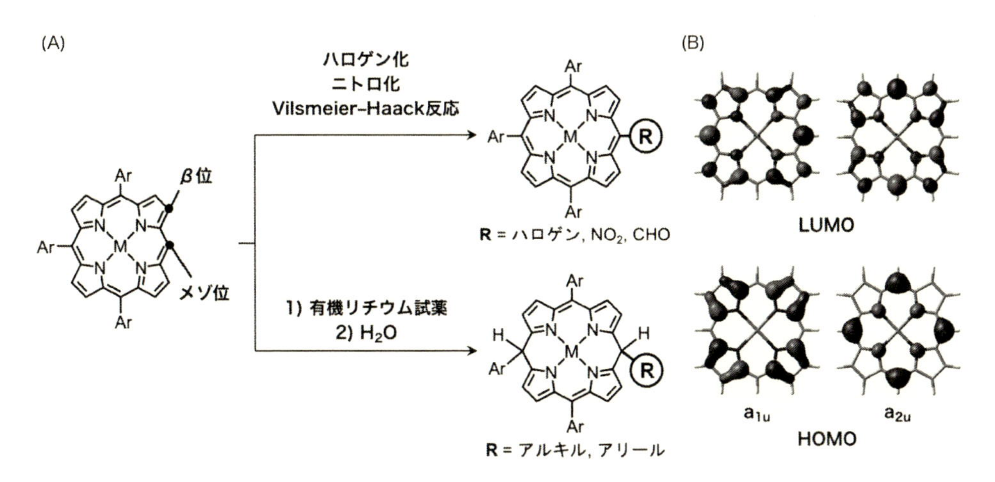

図2　(A) ポルフィリンの反応性，(B) ポルフィリンの分子軌道
（中心金属：亜鉛，計算レベル：B3LYP/6-31G(d)）

に，無置換のメゾ位を残したままそれ以外の位置を選択的に修飾するのは困難であり，合成上の制約が著しい。

ポルフィリンの反応性を軌道論的に解釈する。ポルフィリンのフロンティア軌道を図2Bに示す。ポルフィリンは構造的対称性から2つの縮退したLUMOをもつ。HOMOは偶然縮退した2つの軌道からなり，軌道対称性の観点から a_{1u} と a_{2u} に分類される。このとき，HOMO(a_{1u}) は主としてピロール環の α 位上に係数を有しており，構造的に反応剤が作用しにくいと推察される。残りの3つの軌道はメゾ位に最も大きな係数を有している。このことから，ポルフィリンの β 位選択的な修飾を達成するには電子構造に依存しない反応を設計する必要があると理解できる。

3　β 位選択的直接ホウ素化

2005年に大須賀・忍久保らは，2つのメゾ位（10位と20位）が無置換のポルフィリン**1**に対してイリジウム触媒存在下ビスピナコラートジボロン（B_2pin_2）を作用させC–H結合活性化型直接ホウ素化を施したところ，2, 8, 12, 18位で選択的にホウ素化が進行することを報告した（図3）[9]。反応は良好に進み，B_2pin_2 を0.5当量用いた際は37%の原料が回収されるとともに，1つボリル基が導入された化学種**2**と2つ導入された化学種（**3**と**4**の混合物）がそれぞれ収率43%と14%で得られた。過剰量の B_2pin_2 を作用させた場合は4つボリル基が導入された化合物**5**が収率73%で得られ，それ以上にホウ素化が進行した化合物は得られなかった。

イリジウム触媒を用いたC–H結合活性化型直接ホウ素化反応において，選択性を支配する要因は反応点の電子状態ではなく近傍の立体障害であることが知られている[10]。すなわち，立体的に空いた位置にボリル基が導入される。今回の場合，反応点としてはメゾ位（10, 20位）と2つ

Entry	B_2pin_2	**1** (recovery)	**2**	**3** + **4**	**5**
1	0.5 eq.	37%	43%	14%	—
2	excess	—	—	—	73%

図3　メゾ無置換ポルフィリン1の直接ホウ素化
(Ar = 3,5-di-*tert*-butylphenyl, dtbpy = 4,4'-di-*tert*-butyl-2,2'-bipyridyl)

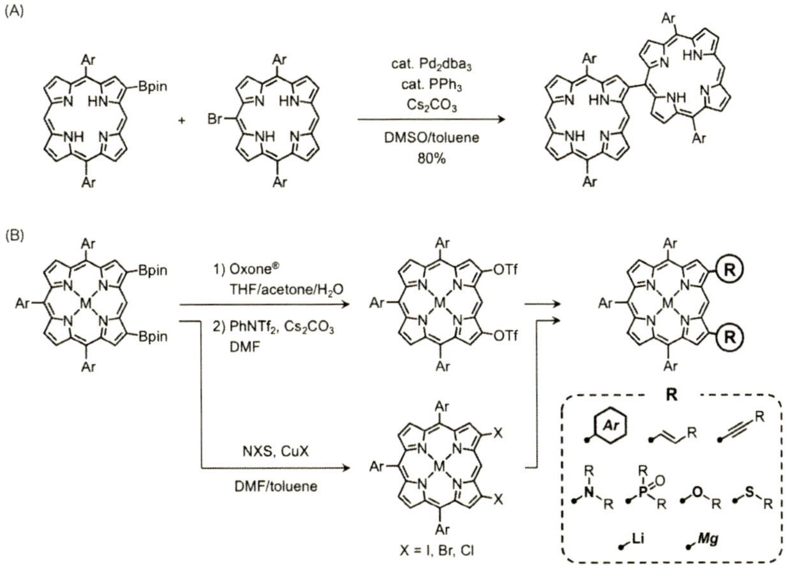

図 4　β-ホウ素化ポルフィリンの変換反応

の異なる β 位（2, 8, 12, 18 位と 3, 7, 13, 17 位）の計 3 種類が考えられる。3, 7, 13, 17 位は，隣接するメゾ位上に置換基をもつため立体的に混み合っている。10, 20 位と 2, 8, 12, 18 位を比較すると，前者の方が 2 つの β 位に挟まれているため比較的立体障害が大きい。その結果，本反応は 2, 8, 12, 18 位で選択的に進行したと考えられる。

導入されたボリル基は各種官能基へと変換可能である（図 4）。例えば鈴木–宮浦クロスカップリング反応を用いれば，ポルフィリン環を含む種々の芳香環を β 位に導入できる（図 4A）[9]。オキソン®を用いた酸化の後に *N*-フェニルビス（トリフルオロメタンスルホンイミド）を作用させるとトリフラートとなる（図 4B）[11]。ハロゲン化銅と *N*-ハロスクシンイミドを作用させればハロゲンとなる[12]。これら 2 つの官能基は各種クロスカップリング反応により芳香環・アルケン・アルキン・ヘテロ原子などに変換できる。ハロゲン化ポルフィリンにハロゲン–金属交換反応を施せば，高い求核性をもつポルフィリニル金属種を合成することも可能である[13]。

4　β 位選択的直接ケイ素化

2016 年に高波らは，1 つのメゾ位が無置換で残りの 3 つのメゾ位上にフェニル基をもつポルフィリン **6a** に対してイリジウム触媒存在下メチルビス（トリメチルシリルオキシ）シラン（$HSiMe(OSiMe_3)_2$）を作用させたところ，無置換のメゾ位に隣接する β 位の片方にシリル基が導入された化合物 **7a** が収率 71% で得られることを報告した（図 5）[14]。この際，さらにシリル化が進行した化合物 **8** やメゾ位のフェニル基上にシリル基をもつ化合物 **9** は観測されず，未反応

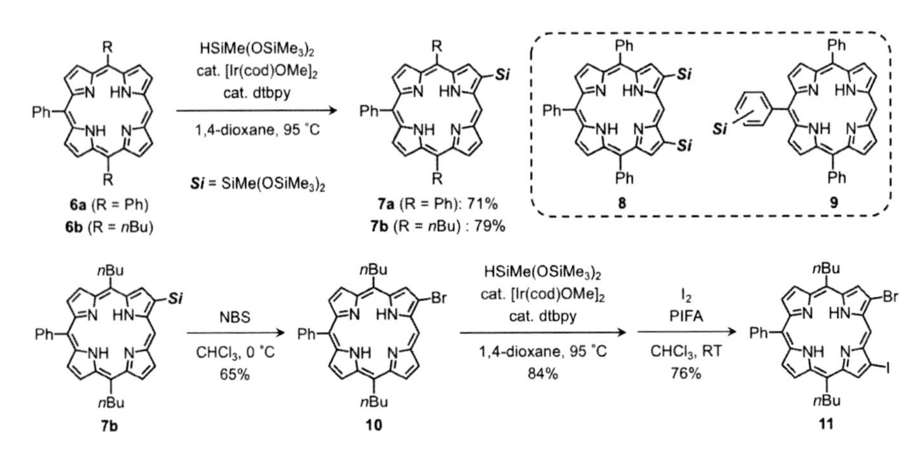

図5　メゾ無置換ポルフィリン6の直接ケイ素化とシリル基の変換
(dtbpy = 4,4'-di-*tert*-butyl-2,2'-bipyridyl)

の原料のみが回収された。同様の反応はアルキル基をもつポルフィリン**6b**にも適用可能で，対応するシリル化体**7b**が収率79%で得られた。3節で述べた直接ホウ素化の場合，導入するボリル基の数を1つだけに制御することは困難であった。また，フェニル基をメゾ位にもつ化合物を用いた際はフェニル基上でもホウ素化が進行した[15]。よって，本反応は直接ホウ素化と相補的な役割を演じることが期待される。なお，導入されたシリル基は檜山カップリング反応やハロゲン化によってそれぞれアリール基やハロゲンへと変換できた。後者の変換を逐次的に行えば，**11**のような2種類の異なるハロゲンをβ位にもつポルフィリンを合成することも可能であった。

5　β位選択的直接アリール化

2011年に大須賀・依光らは，Fagnouらによって報告された直接アリール化[16]の条件にメゾ位の1つが無置換のポルフィリンニッケル錯体**12**を付したところ，無置換のメゾ位に隣接するβ位の両方にアリール基が導入されることを見いだした（図6）[17]。この反応は各種臭化アレーンに適用可能で，オルト位に立体障害のあるものや電子供与性・求引性の置換基をもつものでも問題なく進行した。2つのメゾ位（10位と20位）が無置換のポルフィリンニッケル錯体**14**を用いた際は一度に4つのアリール基を導入することができた。また同じ筆者らは，後の論文で類似の条件下アントラセンやピレンといった嵩高い多環芳香族炭化水素類も導入できることも報告している[18]。

直接アリール化がβ位選択的に進行した理由について，論文中では以下のように考察されている。本反応は，Fagnouらによって報告された直接アリール化[16]と同様の機構で進行すると想定される。すなわち，Concerted Metalation-Deprotonation（CMD）機構を鍵段階とし，図7の(a)に示した遷移状態を経由してパラジウム化が進行すると考えられる。この際，他のC-H結合が

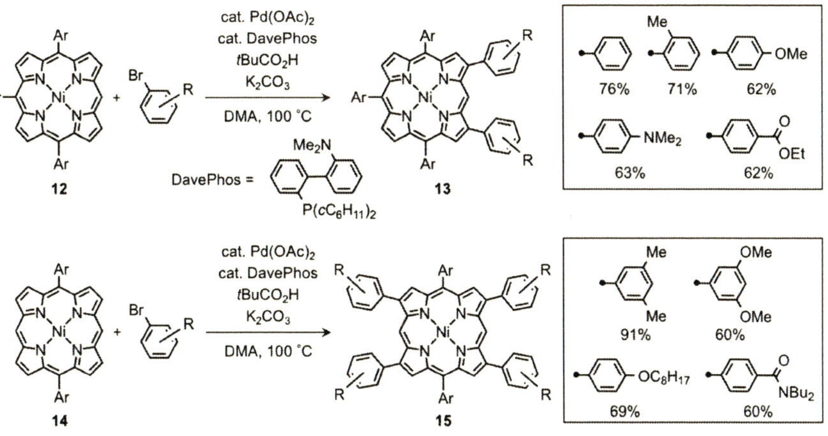

図6　メゾ位が無置換のポルフィリン12，14の直接アリール化
（Ar＝3,5-di-*tert*-butylphenyl）

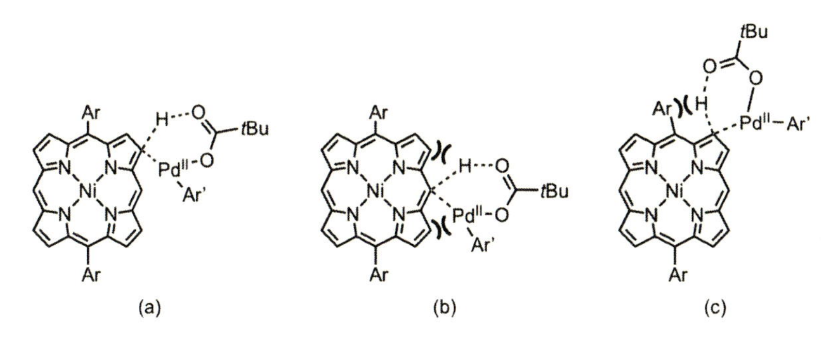

図7　C-H活性化過程において想定される遷移状態

活性化された遷移状態（b）や（c）も考慮できるが，（a）が最も立体障害が小さく，有利であろう。結果として観測された位置に選択的にアリール基が導入されたと考えられる。なお，本反応では基質であるポルフィリンとしてニッケル錯体の代わりに比較的電子豊富な亜鉛錯体を用いた場合，効率が著しく低下した。このことから，芳香族求電子置換によるパラジウム化を経る機構の可能性は低いと考えられている。

6　β位選択的官能基化の利点を生かした機能性ポルフィリン合成

3～5節では，メゾ位の一部が無置換のポルフィリンにおけるβ位選択的直接官能基化を紹介した。本節ではこれらの反応の利点を4つに分類し，それぞれについて実際の機能性ポルフィリン合成を例に挙げつつ解説する。

メゾ位と比べてβ位は立体的に空いている。これは3～5節で取り上げたβ位選択的官能基化の鍵であると同時に，複雑な骨格を構築する上でも利点となる。大須賀・Kimらは，直接ホウ素化により合成した2,12-ジボリルポルフィリン**16**に対して，2価の白金とのトランスメタル化とそれに続く還元的脱離を施すことで環状ポルフィリン多量体**17**を合成した（図8）[19]。DFT計算から**17**の歪みエネルギーは77.4kcal/molと見積もられている。X線結晶構造解析から，メゾ位に位置するアリール基は隣り合うポルフィリン環の無置換のメゾ位に向いている様子が明らかとなった。このことは，本骨格を構築する上で無置換のメゾ位が必須であることを示唆している。加えて，2つのポルフィリンをメゾ位どうしで連結した場合は，それぞれのポルフィリン環どうしが立体障害により直交することが知られている[20]。そのためメゾ位を起点とした修飾により類似の環状体を構築することは困難であると考えられる。

ポルフィリンの構造を正方形とみなした場合，メゾ位は各辺に1つしか存在しない。そのため，2つ以上のポルフィリン環をメゾ位を介して共役鎖などで架橋したとしても結合が自由に回転してしまう。一方，β位はそれぞれの辺に2つ存在する。大須賀・忍久保・Kimらは，2,18-ジボリルポルフィリンから誘導されるトリフラート体**18**を出発原料として用い，2つの1,3-ブタジエンにより架橋された二量体**19**を合成した（図9A）[11]。X線結晶構造解析から，それぞれのポルフィリン環は共平面化していることが示されており，両者の間の有効な相互作用が期待できる。これ以外にも，大須賀・忍久保・荒谷らは，2,8,12,18-テトラボリルポルフィリン**20**と2,6-ジブロモピリジンを逐次的にカップリングすることでバレル状の環状ポルフィリン4量体**21**を合成することにも成功している（図9B）[21]。この化合物は直径およそ14 Åという巨大な空孔を有し，トルエン中でフラーレンC_{60}と$5.3\times10^{5}M^{-1}$という非常に大きな会合定数で会合体を形成した。以上に示した2つの研究は，β位選択的官能基化が無置換のメゾ位の両隣のβ位のみに官能基を導入できることを生かしている。本反応がポルフィリン環を複数点で連結する上で効果的であることが伺える。

2節でも述べたように，一般的にメゾ位はβ位よりも反応性に富む。このメゾ位が無置換のまま先んじて隣接するβ位に官能基を導入できることはβ位選択的官能基化の大きな利点である。大須賀らは，β位選択的ホウ素化を経由して合成したβ-β'カルボニル架橋ポルフィリン3量体**22**に対して酸化剤を作用させたところ，対応する縮環体**23**が収率75%で得られることを報告

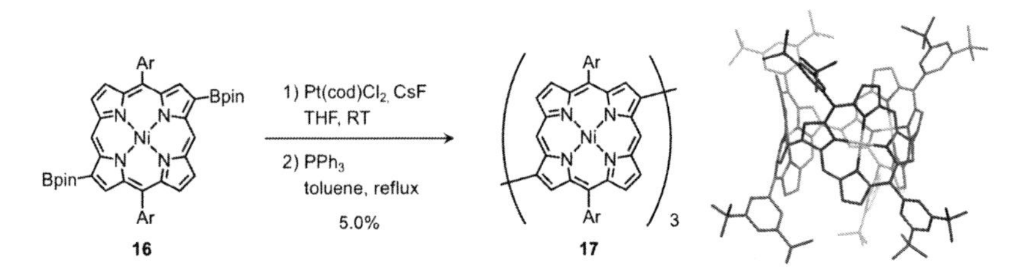

図8　環状ポルフィリン3量体17の合成
（Ar = 3,5-di-*tert*-butylphenyl）

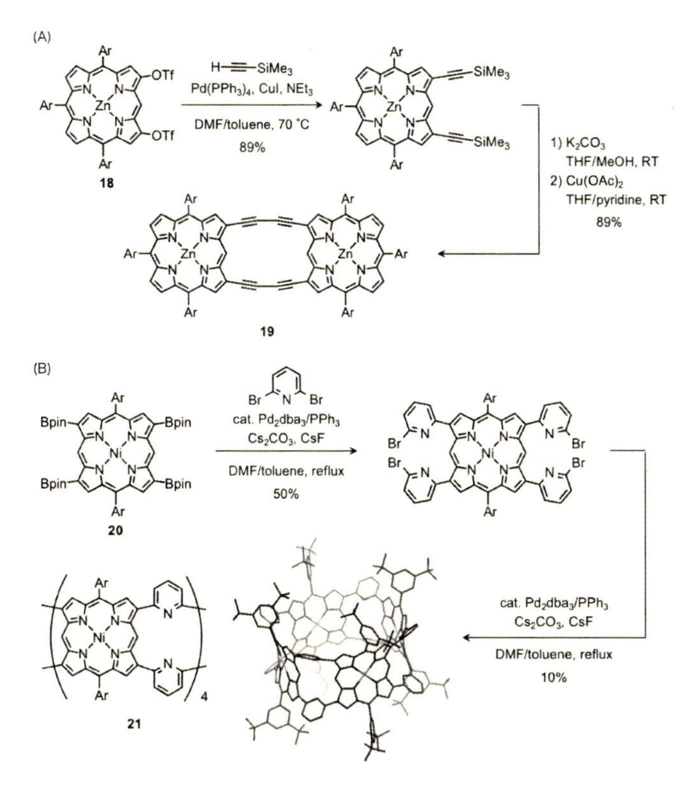

図9　(A) 二重1,3-ブタジエン架橋ポルフィリン2量体19の合成,
(B) ポルフィリンナノバレル21の合成
(Ar = 3,5-di-*tert*-butylphenyl)

した（図10A）[22]。X線結晶構造解析の結果，この化合物はアーチ型に大きく湾曲した構造をもつことが明らかとなった。湾曲構造の鍵となるのは内部に埋め込まれた7員環である。一般的に7員環のような中員環は構築が困難である。一方，今回の場合は反応性の高いメゾ位どうしで反応が進行したため，7員環が優先して形成されたと考えられる。これ以外にも，大須賀・依光・Kimらは，2位と18位にオルトシリルフェニル基をもつポルフィリン**24**に対して三臭化ホウ素を作用させたところ，ホウ素が埋め込まれたπ拡張ポルフィリン**25**が得られることを報告した（図10B）[23]。本反応の機構は，1）2つあるシリル基の片方が三臭化ホウ素と交換し，2）メゾ位において分子内ボラフリーデルクラフツ反応が進行し，3）最後に残りのシリル基がホウ素-ケイ素交換を起こす，という3つの段階からなると考えられている。特に2）においてメゾ位選択的にC–B結合が形成されたことは，メゾ位の高い反応性に由来するとみなせる。同様の変換を2, 8, 12, 18位にオルトシリルフェニル基をもつポルフィリン**26**に施した場合は，左右両側にホウ素が埋め込まれた化合物**27**が得られた。**27**は極めて高い電子不足性を示し，その還元電位はフラーレンC_{60}にも匹敵するほどであった。

β位選択的修飾により導入された官能基は配向基としても利用できる。大須賀・忍久保らは，

2-ピリジル基を2位と18位にもつポルフィリン**28**がNCN型ピンサー配位子として働き，2価のパラジウムと錯形成し**29**を与えることを報告した（図11A）[24]。後年，大須賀・依光らは，類似のPCP型ピンサー錯体を開発し，対応するパラジウム錯体**30**がα,β-不飽和ケトンの1,2-還元を触媒することを報告した（図11B）[25]。興味深いことに，**30**はポルフィリン中心の金属イオンの種類に応じて異なる触媒活性を示すことも明らかとなった。

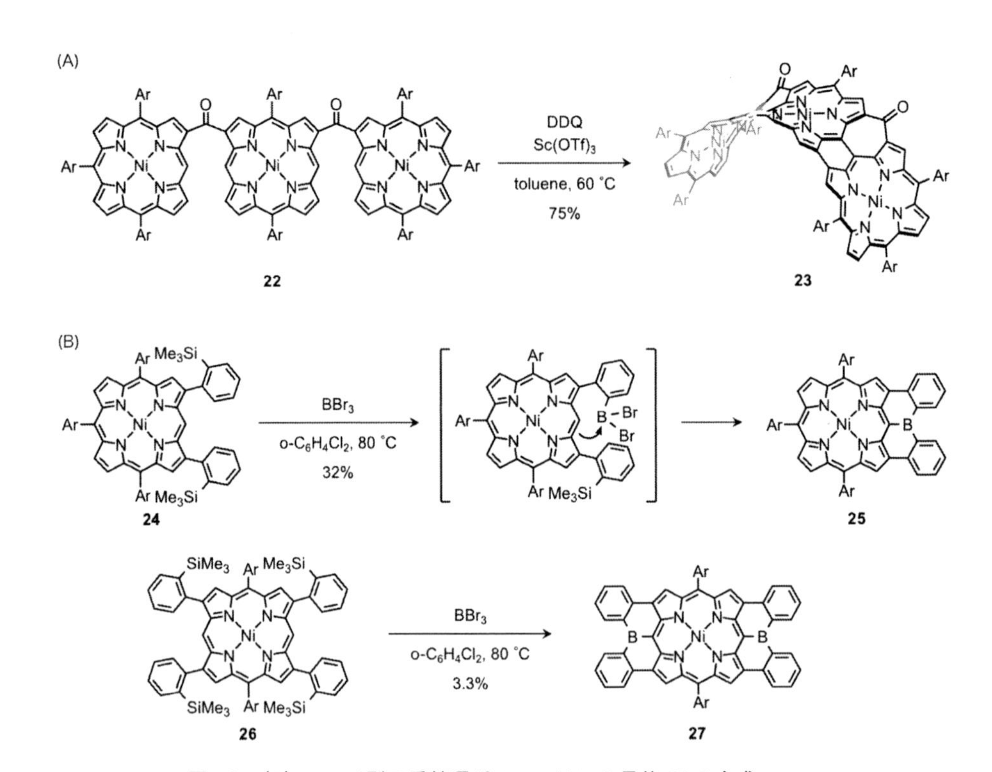

図10　(A) アーチ型三重縮環ポルフィリン3量体23の合成,
(B) ホウ素埋め込み型三重縮環ポルフィリン25, 27の合成
(Ar＝3,5-di-*tert*-butylphenyl)

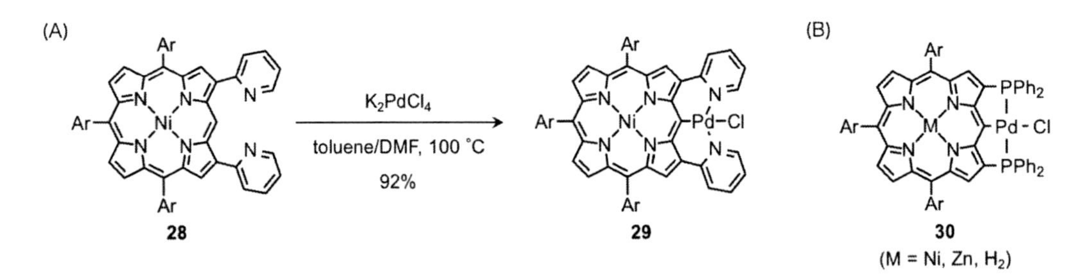

図11　(A) NCN型ポルフィリンピンサー錯体28の合成,
(B) PCP型ポルフィリンピンサー錯体30
(Ar＝3,5-di-*tert*-butylphenyl)

7　おわりに

本章では，ポルフィリンの周辺官能基化法の１つとしてβ位選択的直接官能基化を取り上げた。いずれの反応も位置選択性が電子的要因ではなく立体的要因によって支配されるものである。その結果，求電子的にも求核的にも反応性が高いメゾ位ではなく，本来反応しにくいβ位に官能基を選択的に導入することが可能となった。これらの反応の利点としては，1）立体障害の小さいβ位で骨格構築が行える，2）複数のポルフィリンどうしを多点で連結することができる，3）事前にβ位に官能基導入を行った後に無置換のメゾ位の高い反応性を生かすことで難易度の高い骨格構築が可能となる，4）β位に導入した官能基をメゾ位に対する配向基として利用できる，といった事柄が挙げられる。実際，2005年のβ位選択的直接ホウ素化の報告以降，従来法では合成が困難であった機能性ポルフィリン類が多数報告されてきた。上記の成果は有機金属化学の発展が新規機能性有機材料の創出に結びついた好例の１つと見なせるだろう。今後も合成化学分野の発展に伴い多様な有機π電子系化学種が創出されることを期待したい。

文　　献

1）（a）M. R. Wasielewski, *Chem. Rev.*, **92**, 435（1992）（b）D. Gust, T. A. Moore, A. L. Moore, *Acc. Chem. Res.*, **34**, 40（2001）（c）S. Fukuzumi, K. Ohkubo, T. Suenobu, *Acc. Chem. Res.*, **47**, 1455（2014）

2）（a）E. D. Sternberg, D. Dolphin, *Tetrahedron*, **54**, 4151（1998）（b）M. Ethirajan, Y. Chen, P. Joshi, R. K. Pandey, *Chem. Soc. Rev.*, **40**, 340（2011）

3）（a）J. Kesters, P. Verstappen, M. Kelchtermans, L. Lutsen, D. Vanderzande, W. Maes, *Adv. Energy Mater.*, **5**, 1500218（2015）（b）A. Hagfeldt, G. Boschloo, L. Sun, L. Kloo, H. Pettersson, *Chem. Rev.*, **110**, 6595（2010）（c）M. Urbani, M. Grätzel, M. K. Nazeeruddin, T. Torres, *Chem. Rev.*, **114**, 12330（2014）（d）T. Higashino, H. Imahori, *Dalton Trans.*, **44**, 448（2015）

4）D. Xiang, X. Wang, C. Jia, T. Lee, X. Guo, *Chem. Rev.*, **116**, 4318（2016）

5）（a）M. O. Senge, *Chem. Comuun.*, **47**, 1943（2011）（b）H. Shinokubo, A. Osuka, *Chem. Commun.*, 1011（2009）（c）T. Ren, *Chem. Rev.*, **108**, 4185（2008）（d）S. Hitoro, Y. Miyake, H. Shinokubo, *Chem. Rev.*, **117**, 2910（2017）

6）H. Yorimitsu, A. Osuka, *Asian. J. Org. Chem.*, **2**, 356（2013）

7）M. D. G. H. Vicente, “The Porphyrin Handbook, Vol. 1”, p.158, Academic Press（2000）

8）（a）M. O. Senge, X. Feng, *J. Chem. Soc., Perkin Trans.* **1**, 3615（2000）（b）X. Feng, M. O. Senge, *J. Chem. Soc., Perkin Trans.* **1**, 1030（2001）

9）H. Hata, H. Shinokubo, A. Osuka, *J. Am. Chem. Soc.*, **127**, 8264（2005）

10) (a) J.-Y. Cho, C. N. Iverson, M. R. Smith, III, *J. Am. Chem. Soc.*, **122**, 12868 (2000) (b) T. Ishiyama, J. Takagi, K. Ishida, N. Miyaura, N. R. Anastasi, J. F. Hartwig, *J. Am. Chem. Soc.*, **124**, 390 (2002) (c) G. A. Chotana, M. A. Rak, M. R. Smith, III, *J. Am. Chem. Soc.*, **127**, 10539 (2005)
11) I. Hisaki, S. Hiroto, K. S. Kim, S. B. Noh, D. Kim, H. Shinokubo, A. Osuka, *Angew. Chem. Int. Ed.*, **46**, 5125 (2007)
12) K. Fujimoto, H. Yorimitsu, A. Osuka, *Org. Lett.*, **16**, 972 (2014)
13) K. Fujimoto, H. Yorimitsu, A. Osuka, *Eur. J. Org. Chem.*, 4327 (2014)
14) N. Sugita, S. Hayashi, M. Shibata, T. Endo, M. Noji, K. Takatori, T. Takanami, *Org. Biomol. Chem.*, **14**, 10189 (2016)
15) H. Hata, S. Yamaguchi, G. Mori, S. Nakazono, T. Katoh, K. Takatsu, S. Hiroto, H. Shinokubo, A. Osuka, *Chem. Asian J.*, **2**, 849 (2007)
16) (a) D. Lapointe, K. Fagnou, *Chem. Lett.*, **39**, 1118 (2010) (b) M. Lafrance, K. Fagnou, *J. Am. Chem. Soc.*, **128**, 16496 (2006) (c) S. I. Gorelsky, D. Lapointe, K. Fagnou, *J. Am. Chem. Soc.*, **130**, 10848 (2008)
17) Y. Kawamata, S. Tokuji, H. Yorimitsu, A. Osuka, *Angew. Chem. Int. Ed.*, **50**, 8867 (2011)
18) Y. Yamamoto, S. Tokuji, T. Tanaka, H. Yorimitsu, A. Osuka, *Asian J. Org. Chem.*, **2**, 320 (2013)
19) H.-W. Jiang, T. Tanaka, H. Mori, K. H. Park, D. Kim, A. Osuka, *J. Am. Chem. Soc.*, **137**, 2219 (2015)
20) (a) A. Osuka, H. Shimizu, *Angew. Chem. Int. Ed. Engl.*, **36**, 135 (1997) (b) N. Yoshida, H. Shimizu, A. Osuka, *Chem. Lett.*, 55 (1998) (c) N. Aratani, A. Osuka, Y. H. Kim, D. H. Jeong, D. Kim, *Angew. Chem. Int. Ed.*, **39**, 1458 (2000)
21) J. Song, N. Aratani, H. Shinokubo, A. Osuka, *J. Am. Chem. Soc.*, **132**, 16356 (2010)
22) N. Fukui, T. Kim, D. Kim, A. Osuka, *J. Am. Chem. Soc.*, **139**, 9075 (2017)
23) K. Fujimoto, J. Oh, H. Yorimitsu, D. Kim, A. Osuka, *Angew. Chem. Int. Ed.*, **55**, 3196 (2016)
24) S. Yamaguchi, T. Katoh, H. Shinokubo, A. Osuka, *J. Am. Chem. Soc.*, **129**, 6392 (2007)
25) K. Fujimoto, T. Yoneda, H. Yorimitsu, A. Osuka, *Angew. Chem. Int. Ed.*, **53**, 1127 (2014)

第15章　直接カップリングの天然物及び生理活性化合物合成への応用

山口潤一郎*1，星　貴之*2

1　はじめに

炭素-炭素結合形成反応は，有機骨格を構成する炭素-炭素結合を標的とするいわば根幹となる合成反応であり，数多の新反応が開発されている。その代表例として，クロスカップリング反応が挙げられるが，各反応剤を数工程かけて調製しなければならず，複雑化合物の合成では多工程を要する。一方，現在有機骨格を直接的かつ短段階で合成する手法のひとつに，炭素-水素結合（C-H 結合）の直接変換反応を利用した合成化学が興隆している[1)]。これまでに多種多様な C-H 結合変換反応が開発されており，実践的な有用化合物への応用も報告されつつある[2)]。開発した基本的方法論を複雑な天然有機化合物や医薬品などの合成へと応用することは，ニーズと何ができないかを再認識させる「場」となり，ひいては真に有用な反応への飛躍を促す。さらに，開発された直接的な合成はこれまでの合成戦略を根本から覆す可能性を秘めている。本稿では，直接 C-H 変換反応（炭素-炭素結合形成反応のみ）を駆使した天然物および医薬品合成への応用に関する最新研究を対象となる化合物群と，その代表的な合成戦略に分類し述べる。

2　分子内芳香環 C-H アリール化反応

遷移金属触媒を用いた分子内芳香環 C-H アリール化反応は古くから例が知られる。基本戦略は，分子内にハロゲン化アリールと芳香環部位を備えた化合物に対して遷移金属触媒（主にパラジウム触媒）を作用させる。いくつかの反応経路が知られるが[3)]，一般的にハロゲン化アリールのパラジウムへの酸化的付加，C-H 金属化，還元的脱離を経て炭素-炭素結合形成が起こり，ビアリールを与える（図1A）。この反応を利用した複雑天然物合成は，Bringmann らによるエステル架橋施した ancistrocladine（**3**）の合成が先駆的である（図1B）[4)]。アリールナフタレンカルボキシラート**1**を，パラジウム触媒存在下，塩基に酢酸ナトリウム，ジメチルアセトアミドを溶媒として加熱すると，ラクトン**2**が収率49%で得られた（3：1のアトロプ異性体）。所望でないアトロプ異性体を分離後，エステル架橋をメチル基に変換，脱ベンジル化を経て**3**の合成を達成している。C-H パラジウム化段階は，求電子的パラジウム化であるため，用いる C-H 結

＊1　Junichiro Yamaguchi　早稲田大学　理工学術院　教授

＊2　Takayuki Hoshi　早稲田大学　先進理工学研究科

合側のアリール基は電子豊富なものが望ましい。同様な戦略による，芳香族化合物にピロールを用いた分子内C-Hアリール化反応を鍵反応としたrhazinal（**6**）の合成も代表的である（図1C）[5]。ヨードアレーン**4**に対して，パラジウム触媒を作用させると分子内C-Hアリール化反応が進行した**5**を与えた。**5**のMOM基の除去，脱炭酸を経ることで，**6**の全合成を達成した。

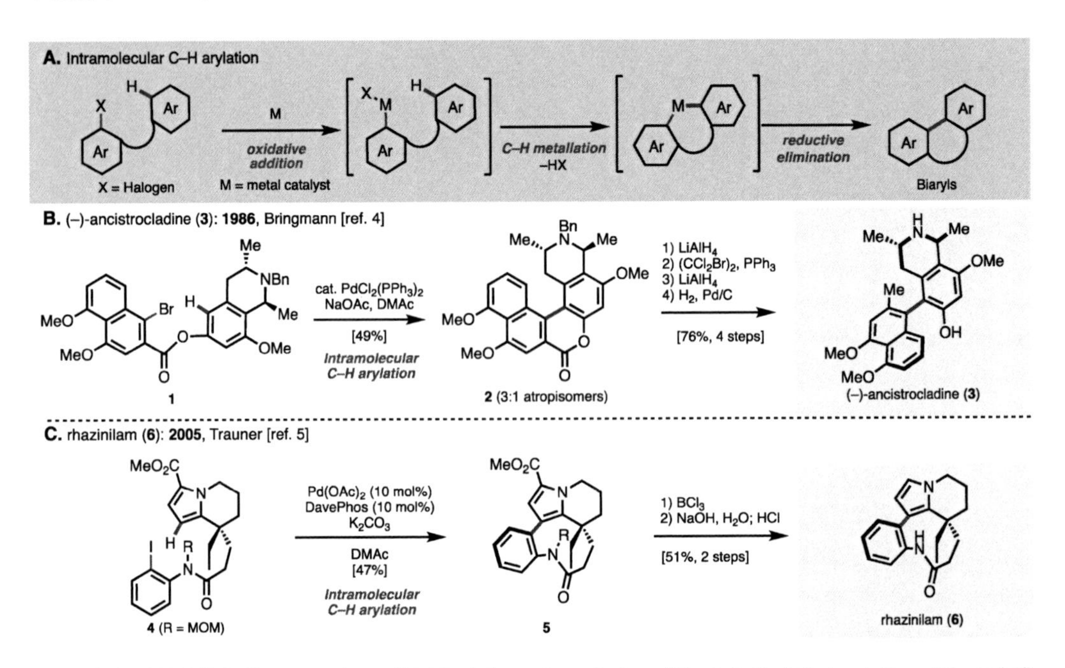

図1　（A）分子内芳香環C-Hアリール化反応（B）ancistrocladine（3）の合成（C）rhazinilam（6）の合成

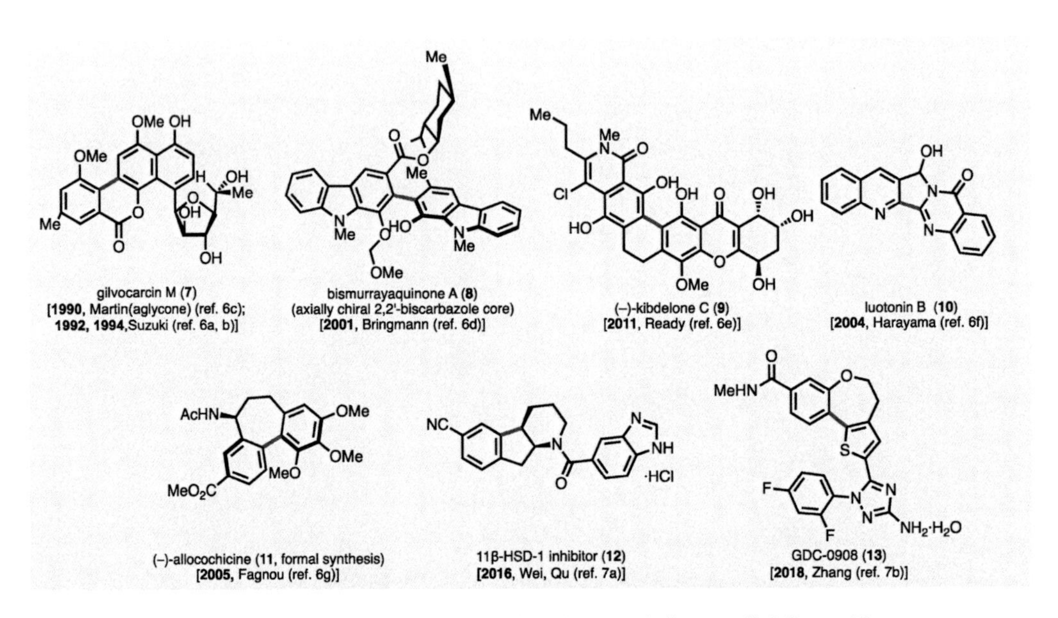

図2　分子内芳香環C-Hアリール化反応により合成された化合物の一例

本合成同戦略による合成研究は多数あり，例えばgilvocarcin M（**7**），bismurrayaquinone A（**8**），kibdelone C（**9**），luotonin B（**10**），またはallocochicine（**11**）などの報告（形式全合成を含む）がある（図2）[6]。最近では11β-HSD-1阻害剤**12**の誘導体合成やPI3キナーゼ阻害剤GDC-0908（**13**）の合成にも応用された[7]。

3　分子間芳香族C-Hアリール化反応

分子間の芳香族C-Hアリール化反応は分子内と比べ反応性の獲得や位置選択性に課題がある（図3A）。そのため，高い反応性を有する電子的に不足もしくは豊富な芳香族化合物や位置選択性を獲得し得る触媒の開発が重要となる。複雑化合物への応用例として，伊丹・山口らはdragmacidin D（**21**）の合成を報告した（図3B）[8]。ヨードインドール**14**とチオフェンに対して，パラジウム触媒を作用させるとチオフェンのβ位選択的C-Hアリール化反応が進行した**16**が得られた。このチオフェンのC-Hアリール化に用いられるパラジウム触媒は高い電子求引性を有するホスファイト配位子が必須である[9]。続いて，シリル基およびTs基の除去，MOM基の導入により得られた**17**とピリジン*N*-オキシドとのパラジウム触媒を用いたカップリング反応はインドールのC3位/ピリジン*N*-オキシドのC2位選択的に進行した。次に，トリフルオロ酢酸による形式的な酸素原子の転移反応で**18**を得た。インドール**19**を酸性条件下**18**と反応させると，C-Hアリール化反応（Friedel-Crafts型）が進行した**20**が得られた。**20**から3工程でア

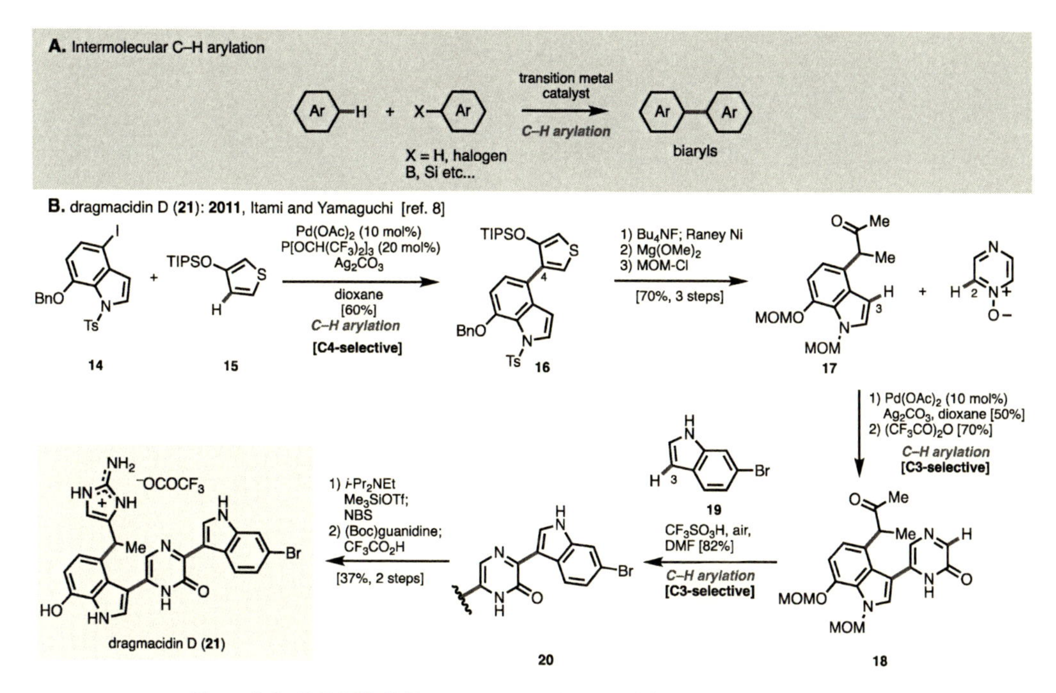

図3　(A) 分子間芳香環C-Hアリール化反応 (B) dragmacidin Dの合成

ミノイミダゾリウム部位を構築することで **21** の効率的な全合成を実現した。

また，2015 年には dictyodendrin 類の合成も達成した（図 4A）[10]。ピロールに対するロジウム触媒を用いた β 位選択的なアリール化反応により[11]，アリール基を導入し **24** とした後，ジアゾエステルのロジウム触媒を用いた C-H 挿入反応[12]，続くブロモ化により **26** を得た。**26** と **27** との鈴木-宮浦クロスカップリング反応により高度に置換されたピロール環（dictyodendrin 類共通合成中間体）**28** を迅速に合成した。**28** から数工程を経て，dictyodendrin A（**29**）と F（**30**）

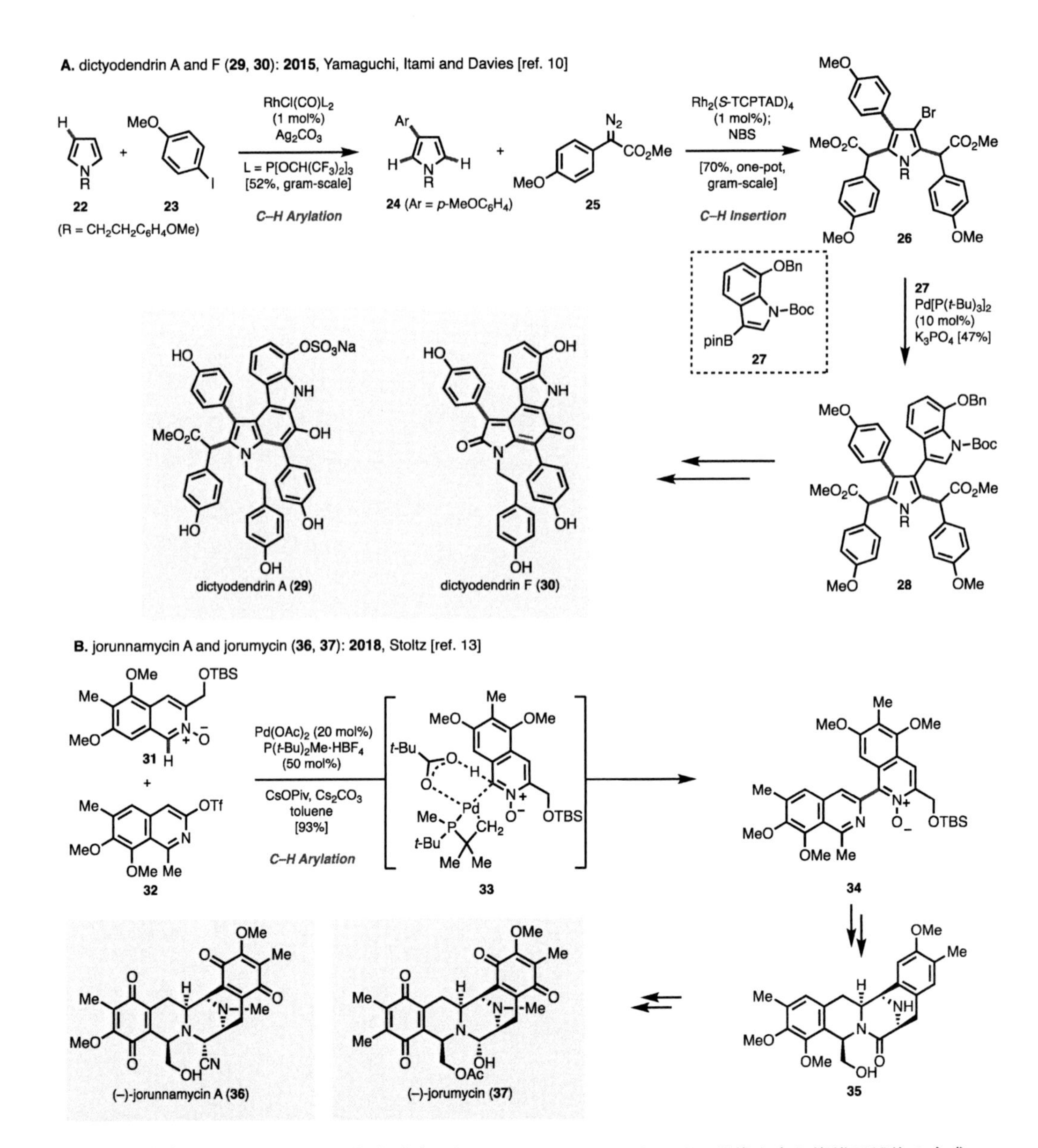

図 4 （A）dictyodendrin 類の合成（B）ビステトラヒドロイソキノリン骨格を含む複雑天然物の合成

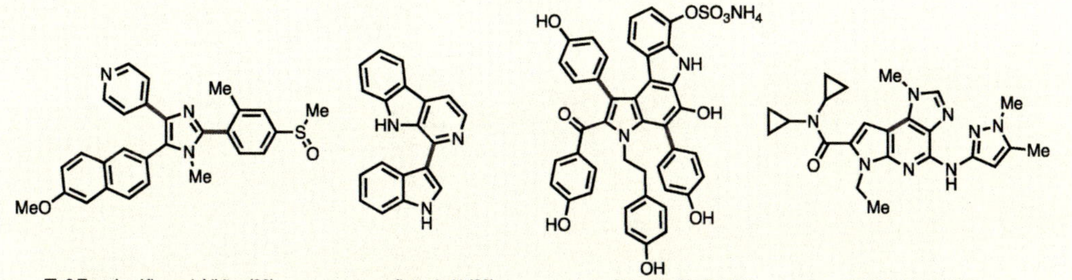

Tie2 Tyrosine Kinase inhibitor (**38**) [**2009**, Fagnou (ref. 15a)]
eudistomin U (**39**) [**2011**, Yamaguchi and Itami (ref. 15b)]
dictyodendrin B (**40**) [**2015**, Gaunt (ref. 15c)]
BMS-911543 (**41**) [**2018**, Fox and Cuniere (ref. 15d)]

図5　分子間芳香環C-Hアリール化反応により合成された化合物の一例

の合成に成功した。

2018年Stoltzらはビスイソキノリン骨格をC-Hアリール化によって形成し，その後エナンチオ選択的水素化を行うことでビステトラヒドロイソキノリン骨格の効率的な構築を図った（図4B）[13]。彼らはFagnouらが報告したC-Hアリール化反応を改良した条件[14]において**31**および**32**のカップリングが効率的に進行することを見出し，ビスイソキノリン**34**を高収率で合成した。**34**の水素化反応などを経て，海洋天然物jorunnamycin A（**36**）とjorumycin（**37**）の全合成を達成した。

これらの他にもイミダゾールの直接アリール化反応によるTie2チロシンキナーゼ阻害剤（**38**）やBMS-911543（**41**）の合成や，インドールのC-Hアリール化によるeudistomin U（**39**），dictyodendrin B（**40**）の合成などヘテロ芳香族化合物合成への応用が知られている（図5）[15]。

4　芳香環のC-Hアルケニル化・アルキル化反応

芳香族化合物のC-Hアルケニル化反応は古くから藤原-守谷反応（酸化的溝呂木-Heck反応）として知られる[16]。通常，分子間では過剰の芳香物化合物が必要となるが，反応性が高い電子豊富なヘテロ芳香環も用いかつ分子内反応とすることでその課題を解決し，複雑化合物への応用も多数報告されている。例えば，Gauntらによるrhazinicine（**44**）の合成が好例である（図6）[17]。ピロール**42**にパラジウム触媒を作用させると，分子内藤原-守谷反応が進行し環化体**43**が得られた。続いて，アルケンとニトロ基の水素化，各種保護基の除去，続くラクタム化反応により**44**を合成した。

一方で，金属をC-H結合の近傍に“固定”することができれば，C-H金属化反応が効率よく進行する。すなわち，配向基により芳香環のC-H結合を金属化し，アルケンを加えると，分子間藤原-守谷反応を効率よく進行させることができる（図7A）[18]。2011年Yuらは，弱い配向基と触媒の工夫により，分子間のC-Hアルケニル化反応を利用したlithospermic acid（**49**）の全合成を報告した（図7B）[19]。ジアゾ化合物**45**にロジウムに二核錯体触媒を作用させることでC-

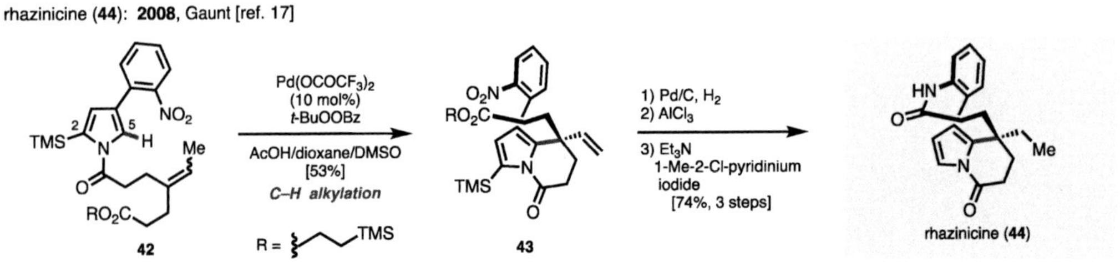

図6　C-H アルキル化反応による rhazinicine（44）の合成

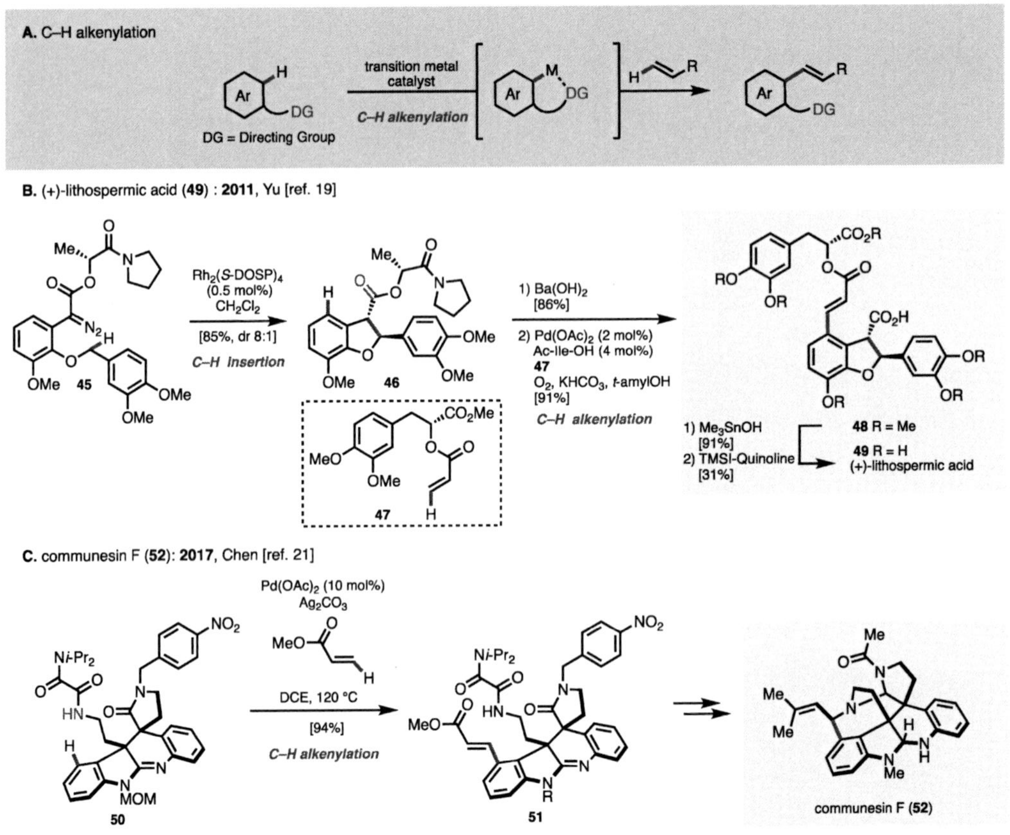

図7　(A) 分子間藤原-守谷反応 (B) lithospermic acid（49）の合成 (C) communesin F（52）の合成

H 挿入反応[20]が進行し，ジヒドロフラン環 **46** を与えた。配位子 DOSP とキラル補助基により，反応は高ジアステレオ選択的に進行する。続いて，キラル補助基を加水分解にて除いた後，パラジウム触媒を用いた，**47** との C-H アルケニル反応により **48** を合成した。アミノ酸の添加とカリウムカルボキシラートの存在が重要であり，高収率で C-H アルケニル反応が進行する。最後にすべてのメチル基を除去することにより，**49** の合成に成功した。

また，2017 年に Chen らは類似の合成戦略により communesin F（**52**）の合成を報告した（図

7B)[21]。五環性化合物 **50** にパラジウム触媒存在下，アクリル酸メチルを作用させると，ジイソプロピルしゅう酸アミド部位が配向基となり[22]，7員環のパラダサイクルを経て桂皮酸誘導体 **51** を高収率で与えた。**51** から数工程により **52** へと誘導した。

5　sp^{3}C-H 結合のアリール化反応

芳香族化合物 C-H 結合の官能基化反応ではないが，sp^3 結合の C-H アリール化は芳香環を有する複雑化合物の合成に応用されている。例えば，アミド部位に配向基を有する化合物は，遷移金属触媒によって β 位を直接アリール化することができる（図 8A)[23]。本反応を巧みに複雑天然

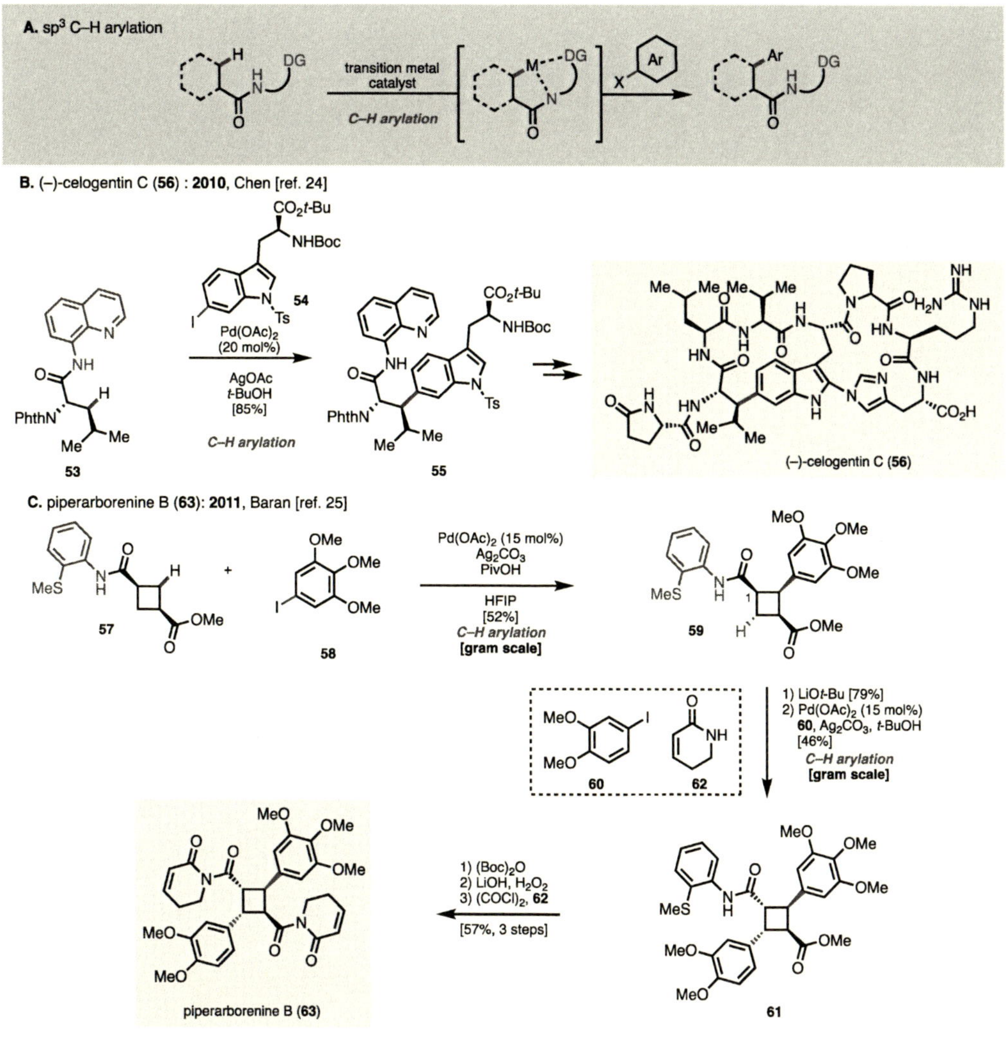

図8　(A) sp^{3}C-H アリール化反応 (B) celogentin C (56) の合成 (C) piperarborenine B (63) の合成

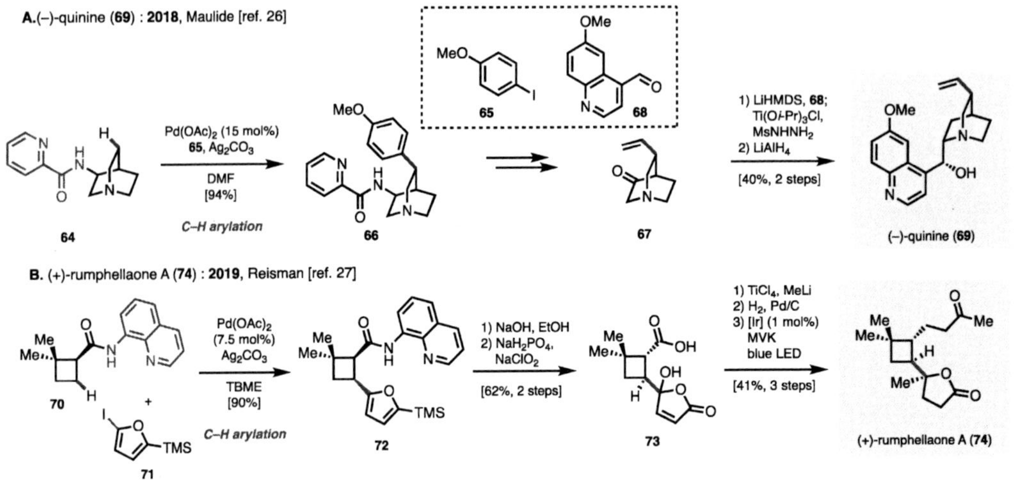

図9 （A）quinine（69）の合成（B）rumphellaone A（74）の合成

物合成に応用した先的な例が，Chen らによる celogenin C（**56**）の合成である（図 8B）[24]。彼らは，配向基として 8–アミノキノリン部位を有するアミド **53** とパラジウム触媒存在下，ヨードインドール **54** を作用させることで **55** を合成した。その後，**56** へと誘導している。一方，ほぼ同時期に Baran らは同戦略をシクロブタン骨格へと応用した（図 8C）[25]。配向基として，チオメチルアニリンを有する **57** にパラジウム触媒とヨウ化アリール **58** を作用させることで，立体選択的にシクロブタン骨格の C–H アリール化に成功した。得られた **59** の塩基処理によるアミド異性化反応の後，再度パラジウム触媒とアリール化剤 **60** と反応させることにより，アリール基を直接導入した。アミド **61** の Boc 保護によりイミドとし，配向基の加水分解，**62** と縮合することで piperaborenine B（**63**）の直感的な全合成を達成した。

同様な戦略により，最近 2 つの複雑天然物合成が報告されている。2018 年 Maulide らは，quinine（**69**）の合成の合成において，sp^3C–H アリール化反応を鍵反応としている（図 9A）[26]。ピコリン酸アミド部位を配向基としてもつ **64** に対し，パラジウム触媒 / 炭酸銀存在下ヨウ化アリール **65** を作用させることで，橋頭位の sp^3C–H 結合がアリール化された **66** を高収率で得た。Ru 酸化で芳香環をカルボン酸に変換し，数工程で **67** へと変換した後，アルデヒド **68** との立体選択的アルドール反応，カルボニル基の還元により **69** を合成した。また Reisman らは，2019 年 rumphellanone A（**74**）の合成を報告した（図 9B）[27]。Baran らの合成戦略と類似しているが，8–アミノキノリンを配向基としてもつシクロブタン **70** にパラジウム触媒よる sp^3C–H 結合アリール化反応を行い，**72** を得た。配向基の除去，フラン環の酸化により不飽和 γ-ラクトン **73** へと導き，ビニロガス位の立体選択的メチル化，水素添加，最後に光照射下，イリジウム触媒とメチルビニルケトンを作用させることで脱炭酸型のアルキル化反応を進行させ **74** を合成した。

シクロブタン骨格に対する sp^3C–H アリール化を鍵反応とした天然物合成の例として，scopariusicide A（**75**）もある（図 10）[28]。また，Zhao らはカルボン酸を配向基とした sp^3C–H

scopariusicide A (**75**)
[**2015**, Pu (ref. 28)]

iopanoic acid (**76**)
[**2017**, Zhao (ref. 29)]

(–)-paroxetine (**77**, formal synthesis)
[**2018**, Dong (racemic) (ref. 30a);
2018, Bull (ref. 30b)]

Guanylate cyclase activator
(**78**, formal synthesis)
[**2017**, Sheng and Rao (ref. 31)]

図10　sp^{3}C-H アリール化反応により合成された化合物の一例

アリール化を開発し，単純な化合物ではあるもののiopanoic acid（**76**）の合成へと応用した[29]。Dongらは酸化／付加機構にてラクタムβ位のsp^{3}C-Hアリール化反応を開発し，paroxetine（**77**）の形式全合成を報告した[30]。さらにSheng, Raoらはシクロブタンの構築とsp^{3}直接アリール化を連続して行い，グアニル酸シクラーゼ活性剤の形式全合成を報告した[31]。

6　おわりに

以上，対象とする骨格に分類し，代表的な芳香族化合物の関与したC-H結合変換反応とその合成戦略および実際に合成された天然物・医薬品化合物を紹介した。反応開発初期は過酷な条件が必要で，官能基許容性が低い反応が多数を占めたが，徐々に複雑化合物に応用できるよう改良されている。未だ多くの課題が残されているものの，直接的にC-H結合を変換できる本手法は革新的な合成戦略の開発を促し，得られた課題をフィードバックすることで新たな条件での新反応の開発につながると確信している。

文　　献

1) Review：a) N. Kuhl, M. N. Hopkinson, J. Wencel-Delord, F. Glorius, *Angew. Chem., Int. Ed.*, **51**, 10236 (2012)；b) K. M. Engle, T.-S. Mei, M. Wasa, J.-Q. Yu, *Acc. Chem. Res.*, **45**, 788 (2012)；c) H. M. L. Davies, D. Morton, *J. Org. Chem.*, **81**, 343 (2016)

2) Review：a) J. Yamaguchi, A. D. Yamaguchi, K. Itami, *Angew. Chem., Int. Ed.*, **51**, 8960 (2012)；b) J. Wencel-Delord, F. Glorius, *Nat. Chem.*, **5**, 369 (2013)；c) D. J. Abrams, P. A. Provencher, E. J. Sorensen, *Chem. Soc. Rev.*, **47**, 8925 (2018)

3) S. I. Gorelsky, D. Lapointe, K. Fagnou, *J. Am. Chem. Soc.* **130**, 10848 (2008)

4) a) G. Bringmann, J. R. Jansen, H.-P. Rink, *Angew. Chem. Int. Ed. Engl.* **25**, 913 (1986)；b)

G. Bringmann, T. Gulder, T. A. M. Gulder, M. Breuning, *Chem. Rev.* **111**, 563 (2011)
5) a) A. L. Bowie Jr., C. C. Hughes, D. Trauner, *Org. Lett.* **7**, 5207 (2005); b) A. L. Bowie Jr., D. Trauner, *J. Org. Chem.* **74**, 1581 (2009)
6) a) T. Matsumoto, T. Hosoya, K. Suzuki, *J. Am. Chem. Soc.*, **114**, 3568 (1992); b) T. Hosoya, E. Takashiro, T. Matsumoto, K. Suzuki, *J. Am. Chem. Soc.*, **116**, 1004 (1994); c) P. P. Deshpande, O. R. Martin, *Tetrahedron Lett.*, **31**, 6313 (1990); d) G. Bringmann, S. Tasler, H. Endress, J. Mühlbacher., *Chem. Commun.*, **761** (2001); e) J. R. Butler, C. Wang, J. Bian, J. M. Ready, *J. Am. Chem. Soc.*, **133**, 9956 (2011); f) T. Harayama, A. Hori, G. Serban, Y. Morikami, T. Matsumoto, H. Abe, Y. Takeuchi, *Tetrahedron Lett.*, **60**, 10645 (2004); g) M. Leblanc, K. Fagnou, *Org. Lett.*, **7**, 2849 (2005)
7) a) X. Wei, B. Qu, X. Zeng, J. Savoie, K. R. Fandrick, J.-N. Desrosiers, S. Tcyrulnikov, M. A. Marsini, F. G. Buono, Z. Li, B.-S. Yang, W. Tang, N. Haddad, O. Gutierrez, J. Wang, H. Lee, S. Ma, S. Campbell, J. C. Lorenz, M. Eckhardt, F. Himmelsbach, S. Peters, N. D. Patel, Z. Tan, N. K. Yee, J. J. Song, F. Roschangar, M. C. Kozlowski, C. H. Senanayake, *J. Am. Chem. Soc.*, **138**, 15473 (2016); b) H. Zhang, B. X. Li, B. Wong, A. Stumpf, C. G. Sowell, F. Gosselin, *J. Org. Chem.*, Article ASAP.
8) D. Mandal, A. D. Yamaguchi, J. Yamaguchi, K. Itami, *J. Am. Chem. Soc.*, **133**, 19660 (2011)
9) K. Ueda, S. Yanagisawa, J. Yamaguchi, K. Itami, *Angew. Chem., Int. Ed.*, **49**, 8946 (2010)
10) A. D. Yamaguchi, K. M. Chepiga, J. Yamaguchi, K. Itami, H. M. L. Davies, *J. Am. Chem. Soc.*, **137**, 644 (2015)
11) K. Ueda, K. Amaike, R. M. Maceiczyk, K. Itami, J. Yamaguchi, *J. Am. Chem. Soc.*, **136**, 13226 (2014)
12) a) H. M. L. Davies, J. R. Manning, *Nature*, **451**, 417 (2008); b) R. P. Reddy, H.M. L. Davies, *Org Lett.* **8**, 5013 (2006)
13) E. R. Welin, A. Ngamnithiporn, M. Klatte, G. Lapointe, G. M. Pototschnig, M. S. J. McDermott, D. Conklin, D. Christopher, C. D. Gilmore, P. M. Tadross, C. K. Haley, K. Negoro, E. Glibstrup, C. U. Grünanger, K. M. Allan, S. C. Virgil, J. Dennis, D. J. Slamon, B. M. Stoltz, *Science*, **363**, 270 (2019)
14) L. C. Campeau, D. J. Schipper, K. Fagnou, *J. Am. Chem. Soc.*, **130**, 3266 (2008)
15) a) L. Campeau, D. Stuart, J. Leclerc, M. Bertrand-Laperle, E. Villemure, H. Sun, S. Lasserre, N. Guimond, M. Lecavallier, K. Fagnou, *J. Am. Chem. Soc.*, **131**, 3291 (2009); b) A. D. Yamaguchi, D. Mandal, J. Yamaguchi, K. Itami, *Chem. Lett.*, **40**, 555 (2011); c) A. K. Pitts, F. O'Hara, R. H. Snell, M. J. Gaunt, *Angew. Chem., Int. Ed.*, **54**, 5451 (2015); d) R. J. Fox, N. L. Cuniere, L. Bakrania, C. Wei, N. A. Strotman, M. Hay, D. Fanfair, C. Regens, G. L. Beutner, M. Lawler, P. Lobben, M. C. Soumeillant, B. Cohen, K. Zhu, D. Skliar, T. Rosner, C. E. Markwalter, Y. Hsiao, K. Tran, M. D. Eastgate, *J. Org. Chem.*, Article ASAP.
16) I. Moritani, Y. Fujiwara, *Tetrahedron Lett.*, **8**, 1119 (1967)
17) E. M. Beck, R. Hatley, M. J. Gaunt, *Angew. Chem., Int. Ed.*, **47**, 3004 (2008)
18) T. Nishikata, B. H. Lipshutz, *Org. Lett.*, **12**, 1972 (2010)

19) D.-H. Wang, J.-Q. Yu, *J. Am. Chem. Soc.*, **133**, 5767 (2011)
20) a) H. M. L. Davies, T. Hansen, *J. Am. Chem. Soc.*, **119**, 9075 (1997) ; b) H. M. L. Davies, T. Hansen, M. R. Churchill, *J. Am. Chem. Soc.*, **122**, 3063 (2000)
21) Park, J. ; Jean, A. ; Chen, D. Y.-K. *Angew. Chem., Int. Ed.* **56**, 14237 (2017)
22) Q. Wang, J. Han, C. Wang, J. Zhang, Z. Huang, D. Shi, Y. Zhao, *Chem. Sci.*, **5**, 4962 (2014)
23) B. V. S. Reddy, L. R. Reddy, E. J. Corey, *Org. Lett.*, **8**, 3391 (2006)
24) Y. Feng, G. Chen, *Angew. Chem., Int. Ed.*, **49**, 958 (2010)
25) W. R. Gutekunst, P. S. Baran, *J. Am. Chem. Soc.*, **133**, 19076 (2011)
26) D. H. O'Donovan, P. Aillard, M. Berger, A. de la Torre, D. Petkova, C. Knittl-Frank, D. Geerdink, M. Kaiser, N. Maulide, *Angew. Chem., Int. Ed.*, **57**, 10737 (2018)
27) J. C. Beck, C. R. Lacker, L. M. Chapman, S. E. Reisman, *Chem. Sci.*, **10**, 2315 (2019)
28) M. Zhou, X.-R. Li, J.-W. Tang, Y. Liu, X.-N. Li, B. Wu, H.-B. Qin, X. Du, L.-M. Li, W.-G. Wang, J.-X. Pu, H.-D. Sun, *Org. Lett.*, **17**, 6062 (2015)
29) Y. Zhu, X. Chen, C. Yuan, G. Li, J. Zhang, Y. Zhao, *Nat. Commun.*, **8**, 14904 (2017)
30) a) M. Chen, F. Liu, G. Dong, *Angew. Chem., Int. Ed.*, **57**, 3815 (2018) ; b) D. Antermite, D. P. Affron, J. A. Bull, *Org. Lett.*, **20**, 3948 (2018)
31) X. Yang, G. Shan, Z. Yang, G. Huang, G. Dong, C. Sheng, Y. Rao, *Chem. Commun.*, **53**, 1534 (2017)

第16章　高性能直接アリール化重合触媒の開発とπ共役系高分子合成への応用

脇岡正幸*

1　はじめに

有機薄膜太陽電池（OPV）や有機電界効果トランジスタ（OFET）に代表される次世代有機電子デバイスの実用化に向け，その基盤材料となるπ共役系高分子（導電性高分子）の開発研究が精力的に進められている[1]。現在，π共役系高分子は，熊田–玉尾カップリング，鈴木–宮浦カップリング，右田–Stilleカップリングを基盤とする重縮合法により合成されている[2]。しかし，重合に用いる有機金属モノマーの合成や精製に労力を要し，また原子効率・環境調和性の点で問題を残している。その打開策として最近注目を集めているのが，パラジウム触媒直接アリール化重合（Direct Arylation Polymerization：DArP）である[3,4]。C–H結合の活性化を利用するDArPにより，有機金属モノマーの使用を回避できるのみならず，ポリマーの合成工程を大幅に簡素化することができる。

直接アリール化反応の研究は古くから行われているにも関わらず[5,6]，その重合への応用の成功例は近年まで報告されていなかった。2010年，筆者の研究グループは，99％以上の頭尾規則性をもつポリ（3–ヘキシルチオフェン）（P3HT）のDArP合成に成功した[7]。神原らはその翌年，1,2,4,5–テトラフルオロベンゼンのDArPにより，交互共重合体が得られることを報告した[8]。さらにLeclarcらは，我々の触媒を用いてチエノピロールジオン（TPD）含有交互共重合体が合成できることを示した[9]。以上の報告を契機として，多くの研究者がDArPの開発研究に取り組むようになった。我々は，独自の触媒設計概念をもとに，DArPに高い反応性と選択性を示す高性能な重合系を開発してきた[10]。本稿ではそれらの研究成果を中心に，高性能なDArP触媒について紹介する。

2　高性能なDArP触媒の要件

DArPを用いて高分子量のπ共役系高分子を精度よく合成するためには，その基盤となる直接アリール化触媒に以下の条件が必要である。

高活性：逐次重合であるDArPでは，モノマーの反応率に応じて重合度が決まる。そのため，高分子量のポリマーを得るためには，限りなく100％に近い反応効率を示す高活性触媒が必要と

＊　Masayuki Wakioka　京都大学　化学研究所　助教

なる。

高選択性：ホモカップリングや，標的としないC–H結合での直接アリール化等の副反応によってポリマー鎖中に生じた構造欠陥（時として物性低下を招く）は，重合後に精製操作によって除去することはできない。特に後者は，ポリマー鎖に分岐や架橋を発生させて不溶化物を与え，材料として利用できなくなるという致命的な問題を招く[11]。そのため，DArP触媒には限りなく100％に近い反応選択性が要求される。

溶媒適合性：均一系触媒反応であるDArPでは，ポリマー生長種の溶解性を担保する必要がある。また，触媒中間体であるアリールパラジウム錯体は，*N,N*-ジメチルアセトアミド（DMA）や*N,N*-ジメチルホルムアミド（DMF）などの高極性溶媒中において不安定であり，不均化を経由してホモカップリングを起こしやすい[12,13]。したがって，低極性かつポリマー良溶媒であるトルエンやTHF中で触媒活性が発現することが望ましい。

我々は，以上の観点に基づき，トルエンやTHF中で高活性・高選択性を示す新たな直接アリール化触媒の開発に取り組んだ。

3　DArP触媒の分類

DArPに関する論文は200件程度に達しているが（2019年3月現在），それらは，触媒系の種類により大きく2つに分類できる（表1）。

1つ目は，Fagnouが小分子合成のために開発した直接アリール化触媒をそのまま，もしくは，改良を加えて使用するというものである（条件1：Fagnou条件）[14]。触媒前駆体としては酢酸パラジウムを使用し，必要に応じてPCy_3などの嵩高いトリアルキルホスフィンを支持配位子として使用する。さらに，副生するハロゲン化水素を補足する塩基，および，C–H結合の活性化に必要なカルボキシラト配位子源として炭酸塩とカルボン酸を用いる。この触媒を用いる場合，特に，基質のC–H結合の反応性が低い場合には，触媒活性の発現と維持のために，配位性の高極性溶媒であるDMAやDMFを溶媒として用いる必要がある。

2つ目は，我々が独自に開発した触媒を使用するものである（条件2）[10]。我々の触媒は，用いるモノマーの種類に関係なく，トルエンやTHF中で高い効率と選択性を示す。その鍵は，トリフェニルホスフィンのオルト位に配位性のメトキシ基やジメチルアミノ基をもつ配位子$P(2\text{-}MeOC_6H_4)_3$（**L1**）もしくは$P(2\text{-}Me_2NC_6H_4)_3$（**L2**）を用いることにある。

表1　DArP触媒の分類

条件	触媒前駆体	配位子	塩基	添加物	溶媒
1	$Pd(OAc)_2$	none or PR_3（PCy_3等）	K_2CO_3等	$t\text{BuCO}_2\text{H}$等	DMA，DMF，トルエン
2	Herrmann触媒 $Pd_2(dba)_3\cdot CHCl_3$	$P(2\text{-}MeOC_6H_4)_3$（**L1**） $P(2\text{-}Me_2NC_6H_4)_3$（**L2**）	Cs_2CO_3等	$t\text{BuCO}_2\text{H}$等	トルエン，THF

以下，2種類の触媒系を用いたDArPについて紹介する。

4 DArPによる頭尾規則性P3HTの合成

ポリ(3-ヘキシルチオフェン)（P3HT）は，最も代表的なπ共役系高分子のひとつであり，有機薄膜太陽電池などの開発研究に利用されてきた[15]。P3HTの材料特性は，主鎖の繰り返し単位である3-ヘキシルチオフェン-2,5-ジイル基の頭尾規則性に強く依存し，2, 5位で規則正しく連結された頭尾規則性P3HTが高い性能を示すことが知られている。従来，高い頭尾規則性（>98%）を有するP3HTは，ニッケル触媒による熊田-玉尾-Corriu型あるいは根岸型クロスカップリング重合により，2-ブロモ-3-ヘキシルチオフェン**1**から2段階あるいは3段階の工程を経て合成されてきた。これに対して，DArPでは**1**から直接P3HTが得られるので，合成過程を大幅に簡素化することができる。

Lemaireらは，DMF溶媒中，酢酸パラジウムを触媒前駆体に用いて2-ブロモ-3-オクチルチオフェン**1'**のDArPを試みたが，生成物の頭尾規則性（クロスカップリング選択性）は81%と低く，分子量もオリゴマー程度（M_n=2,200）であった（図1a）[16]。また，Thompsonらは，DMA溶媒中，Fagnou条件下で2-ブロモ-3-ヘキシルチオフェンのDArPを行い，高分子量のP3HTが得られることを報告している（図1b）[17]。得られるP3HTの分子量は，カルボキシラト配位子源として用いるカルボン酸の種類によって変化し，ネオデカン酸を用いた場合に分子量は20,200に達した。しかし，その頭尾規則性は95%に留まり，副反応であるホモカップリングの併発が顕著に認められた。

一方，著者の研究グループは，THF溶媒中でPN配位子**L2**を補助配位子とし，Herrmann錯体を触媒前駆体として用いることにより，99%の頭尾規則性を有するP3HT（M_n=30,600）をほぼ定量的に合成できること報告した（図2）[7,18]。99%以上の頭尾規則性を有するP3HTが得られたのは本研究が初めてであり，この高度に構造制御されたポリマーは，市販品よりも優れた電荷移動度と熱安定性を示した[19]。PO配位子**L1**を用いた場合にも**L2**と同等の分子量のP3HT（M_n=30,300）が得られたが，頭尾規則性は96%まで低下した。また，PPh_3を用いた場合には，生成ポリマーの分子量と収率は大幅に低下した（M_n=6,200, 収率53%）。

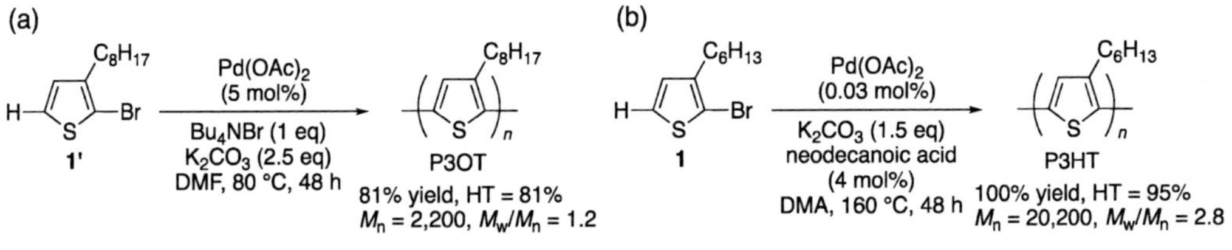

(a)
C_8H_{17}, H, Br, S, **1'**
$Pd(OAc)_2$ (5 mol%)
Bu_4NBr (1 eq)
K_2CO_3 (2.5 eq)
DMF, 80 °C, 48 h
P3OT
81% yield, HT = 81%
M_n = 2,200, M_w/M_n = 1.2

(b)
C_6H_{13}, H, Br, S, **1**
$Pd(OAc)_2$ (0.03 mol%)
K_2CO_3 (1.5 eq)
neodecanoic acid (4 mol%)
DMA, 160 °C, 48 h
P3HT
100% yield, HT = 95%
M_n = 20,200, M_w/M_n = 2.8

図1　2-ブロモ-3-アルキルチオフェンのDArP

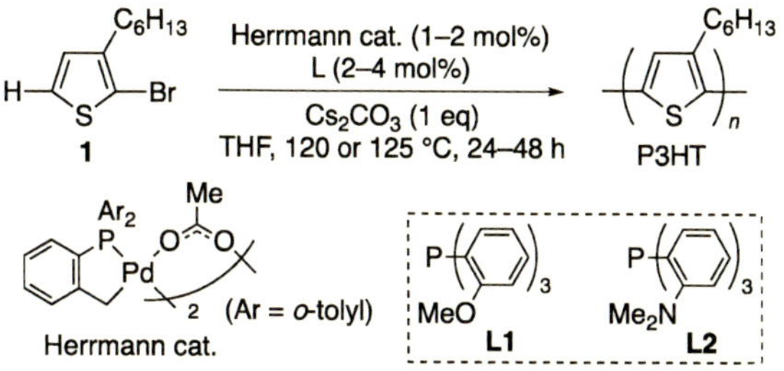

entry	L	M_n	M_w/M_n	HT (%)	yield (%)
1	**L1**	30,300	2.4	96	99
2	**L2**	30,600	1.6	>99	99
3	PPh_3	6,200	2.5	77	53

図2　2-ブロモ-3-ヘキシルチオフェンのDArP

5　DArPによるDAポリマーの合成

π共役系高分子の中でも，ドナー・アクセプター型の繰り返し単位をもつ交互共重合体（DAポリマー）は，OPVやOFETの構成材料として優れた特性を示す[20]。そのため，電子的性質の異なる2種類のヘテロアレーン類の共重合反応が活発に研究されている。特に，優れた材料特性が期待できるチオフェン含有ポリマーの合成では多くの場合に右田-Stille型クロスカップリング重合が利用されているが[21]，毒性の強い有機スズ試薬が必要なため，DArPを用いてより安全に目的とするポリマーを合成しようとする試みが多く行われている。

5.1　Fagnou条件を用いたDArPによる交互共重合体の合成

神原らは，Fagnou条件下，すなわち，$Pd(OAc)_2/P\mathit{t}Bu_2Me\cdot HBF_4/K_2CO_3$/DMAを組み合わせた触媒系を用い，ジブロモフルオレン（**2-Br**）とテトラフルオロベンゼン（**3-H**）を反応させることにより，分子量31,500の共重合体が得られることを報告している（図3；条件1）[8]。また，この触媒系にピバル酸などのカルボン酸を添加することにより，チオフェン類のDArPが進行し，高分子量のポリマーが得られることを報告している[11,22~25]。このとき，チオフェン類（C-Hモノマー）の電子的性質の違いによって，溶媒を使い分ける必要がある。チエノ[3,4-*c*]ピロール-4,6-ジオン（TPD）誘導体などの電子不足のチオフェン類は，高極性のDMA中においては全く反応性を示さず，低極性のトルエン中において高い反応性を示した。この場合，生成ポリマーの主鎖構造は高度に制御されていた（図4a）。一方，3,4-ジアルコキシチオフェンなどの電子豊富なチオフェン類は，逆の溶媒依存性を示した。この場合，トルエン中では全く反応を示さず，DMA中においては高分子量のポリマーが得られた。しかし，組み合わせるジハロアレーンの種類によっては，相当量のホモカップリング欠陥が生じた（図4b）。

条件 1
$Pd(OAc)_2$ (5 mol%)
$PtBu_2Me \cdot HBF_4$ (10 mol%)
K_2CO_3 (2 eq)
DMA, 100 °C, 24 h
条件 2
$Pd_2(dba)_3 \cdot CHCl_3$ (0.5 mol%)
L1 (2 mol%)
Cs_2CO_3 (3 eq), $tBuCO_2H$ (1 eq)
THF, 100 °C, 24 h

2-Br **3-H**

条件 1
81% yield
M_n = 31,500
M_w/M_n = 3.5
条件 2
96% yield
M_n = 347,700
M_w/M_n = 3.1

図 3　ジブロモフルオレンとテトラフルオロベンゼンの DArP

(a)
$Pd(PCy_3)_2$ (2 mol%)
$tBuCO_2H$ (30 mol%)
Cs_2CO_3 (2 eq)
toluene, 100 °C, 24 h
(R = 2-ethylhexyl)
89% yield
M_n = 40,100 (M_w/M_n = 3.4)
well-controlled structure

(b)
$Pd(OAc)_2$ (2 mol%)
$tBuCO_2H$ (30 mol%)
K_2CO_3 (2 eq)
DMA, 100 °C, 24 h
83% yield
M_n = 19,400 (M_w/M_n = 1.5)
C–Br/C–Br & C–H/C–H homocoupling

図 4　Fagnou 条件を用いた DArP による交互共重合体の合成

5. 2　PO 配位子 L1 を用いた DArP による DA ポリマーの合成

一方，我々の触媒は，用いるモノマーの種類に関係なく，トルエンや THF 中で高い効率と選択性を示した。例えば，$Pd_2(dba)_3 \cdot CHCl_3$/**L1**/$tBuCO_2H$/Cs_2CO_3/THF を組み合わせた触媒系を用いることにより，ジブロモフルオレン（**2-Br**）とテトラフルオロベンゼン（**3-H**）から分子量 347,700 のポリマーが得られた（図 3；条件 2）[26]。この分子量は，Fagnou 条件を用いて得られた分子量（31,500）の 11 倍に相当し，配位子 **L1** と THF を用いた本触媒系が DArP に対して極めて高い性能をもつことを示している。重合は，トルエン中においても円滑に進行した。また，配位子 **L1** の重合促進効果は特異的であり，PN 配位子 **L2** や $PtBu_2Me$，PCy_3，Buchwald 配位子（SPhos, XPhos）を含む様々なホスフィン配位子を用いても，生成ポリマーの分子量は 10,000 未満に留まった。

配位子 **L1** による顕著な重合促進効果は，チエノピロールジオン（TPD）あるいはチアゾロチアゾールをアクセプター単位とする一連の DA ポリマーの合成においても確認された（図 5）[27, 28]。TPD 含有 DA ポリマーの合成では $Pd_2(dba)_3 \cdot CHCl_3$ の代わりに $PdCl_2(NCMe)_2$ を用いた場合に最も高い分子量が得られた。また，Fagnou 条件での DArP とは異なり，モノマーの電

Br—Ar¹—Br + H—Ar²—H → —(Ar¹—Ar²)$_n$—
$Pd_2(dba)_3\cdot CHCl_3$ (1 mol% Pd)
[or $PdCl_2(NCMe)_2$]
L1 (2 mol%)
Cs_2CO_3 (3 eq)
tBuCO₂H (1 eq)
THF, 100 °C, 24 h
P(o-MeOC₆H₄)₃ **L1**

(a) TPD-based DA polymers (R = 2-hexyldecyl, R' = 2-ethylhexyl)

99% yield
M_n = 25,500 (M_w/M_n = 1.9)

>99% yield
M_n = 30,100 (M_w/M_n = 2.6)

99% yield
M_n = 68,200 (M_w/M_n = 3.0)

(b) thiazolothiazole-based DA polymers (R = 2-octyldodecyl)

P1
>99% yield
M_n = 42,200 (M_w/M_n = 1.9)

89% yield
M_n = 88,100 (M_w/M_n = 3.1)

(R' = 9-heptadecanyl)
96% yield, M_n = 78,600 (M_w/M_n = 2.6)

>99% yield, M_n = 51,900 (M_w/M_n = 1.9)

図5　PO配位子L1を用いたDArPによるDAポリマーの合成

子的性質が大きく変わっても溶媒を変える必要はなく，トルエンやTHF中で高い効率と選択性を示した。例えば，図5の**P1**中に含まれるホモカップリング欠陥量は，2%以下と見積もられた。すなわち，クロスカップリング選択性は98%以上であり，右田-Stille型クロスカップリング重合生成物よりも高くなった。配位子**L1**を用いたDArP触媒が高い反応効率と選択性を示すことは，多くの研究グループにより確認されている[4)]。

6　PO配位子L1の特異な重合促進効果

配位子**L1**が示す特異な重合促進効果について，錯体化学的手法を用いて検討した。その結果，配位子**L1**の作用により，アリール(カルボシラト)パラジウム錯体中間体［$PdAr(O_2CR\text{-}\kappa^2O)L$］(**C3**）の不活性化を招く会合を抑制し，反応性を向上させていることが明らかとなった[29,30)]。図6に示すように，単核錯体**C3**が真の反応性種であり，カルボキシラト配位子を分子内塩基として，ヘテロアレーンのC-H結合から脱プロトン化が起こり，Pd-C結合が形成される（CMD

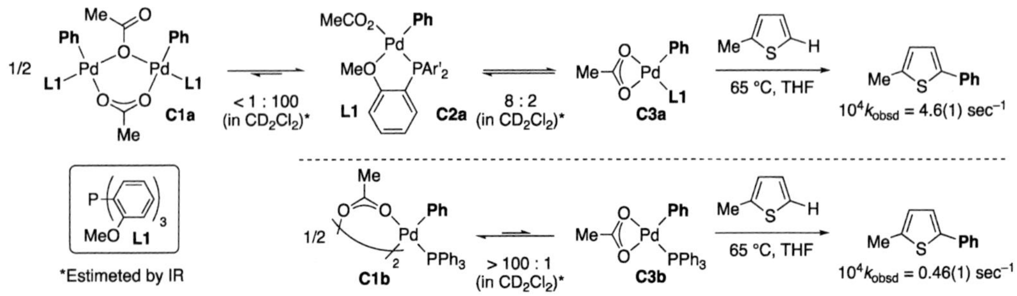

図6　アリール(カルボシラト)パラジウム錯体の構造と 2-メチルチオフェンに対する反応性

(concerted-metallation-deprotonation) 機構)[31]。ここで，PPh_3 錯体（**C3b**）は会合しやすく，失活しやすい。これに対して，**L1** 錯体（**C3a**）は，**L1** の hemilabile なキレート特性により単核錯体を形成しやすい。そのため，2-メチルチオフェンとの反応において，**L1** 錯体（**C3a**）は，PPh_3 錯体（**C3b**）に対して，10 倍の反応速度を示した。

7　混合配位子触媒による基質適応範囲の拡大

$P(2\text{-}MeOC_6H_4)_3$（**L1**）を配位子とするパラジウム錯体は，低極性かつポリマー良溶媒であるトルエンや THF 中において高い反応性を示す優れた DArP 触媒である。しかし，この触媒を用いても，複数の C-H 結合をもつポリマーの合成においては，標的としない C-H 結合の切断を経て分岐や架橋が発生し，不溶化物が生じた。我々は，この問題の解決を目指して検討を行い，**L1** に *N,N,N',N'*-テトラメチルエチレンジアミン（TMEDA）を共配位子として組み合わせた「混合配位子触媒」を開発し，不溶化の問題を劇的に改善できることを見出した（図 7）[32~36]。

不溶化の防止：**P2**-**P6** 等のポリマーの合成において，$Pd_2(dba)_3$・$CHCl_3$/**L1**/tBuCO$_2$H/Cs_2CO_3/トルエンを組み合わせた触媒系を用いると，いずれの場合も不溶化が起こった（不溶化物の収率：最大 74%）。これに対し，TMEDA を添加すると，不溶化が完全に防止された。TMEDA と同様の効果は，PN 配位子 **L2** やメチレン架橋のジアミンであるテトラメチルメチレンジアミン（TMMDA）についても認められた。なお，その他のジアミンや，トリエチルアミンなどのモノアミンは共配位子として機能しなかった。

ホモカップリングの抑制：混合配位子触媒により，不溶化の防止とともに，ホモカップリング欠陥の発生が効果的に抑制されることを見出した。すなわち，TMEDA の添加により，ホモカップリング欠陥量が，**P2** では 4.9% から 1.0% に，**P3** では 12.5% から 1.6% に低下した。

副反応の経路とその抑制機構：重合生成物の精密解析により，構造欠陥の発生経路を明らかにした（図 8)。すなわち，Ar-X 末端の Ar-H 末端への還元をトリガーとして，ホモカップリング・分岐・架橋などの副反応が起こり，TMEDA が最初の還元過程を防止していることを見出

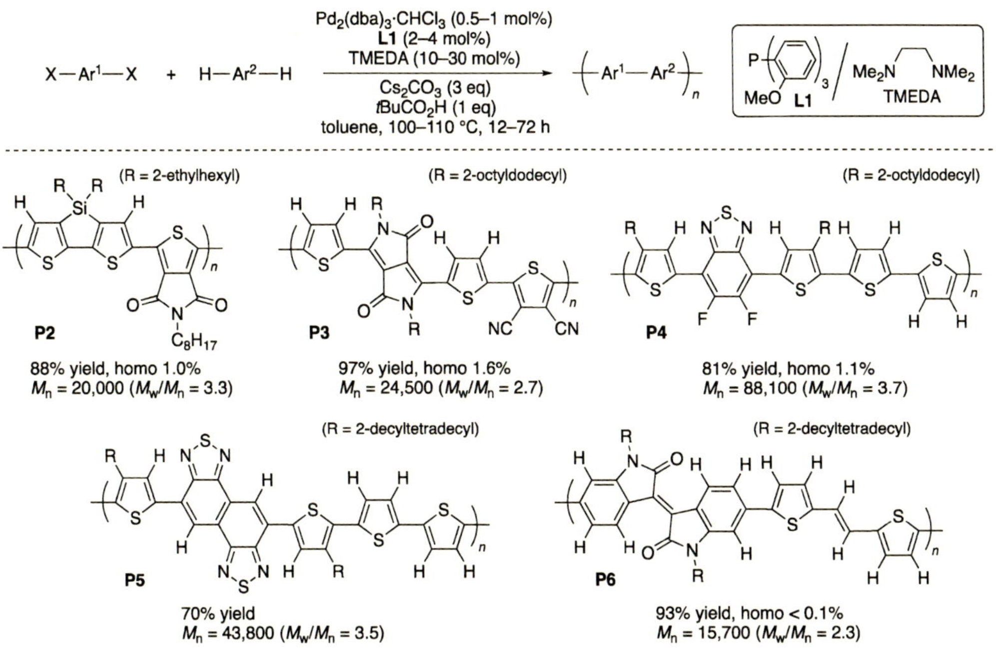

図7　混合配位子触媒によるDAポリマーの合成

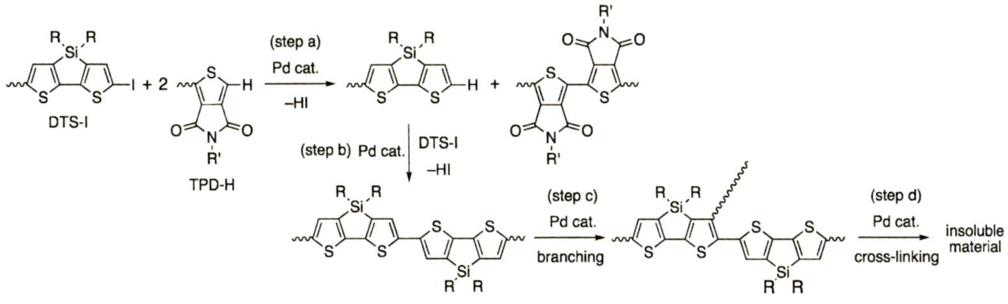

図8　DArPの副反応の経路

した。例えば，ジヨードジチエノシロール（DTS-I_2）とチエノピロールジオン（TPD-H_2）とのDArPにおいて，TMEDAを添加しない場合の重合初期には，DTS-I基からDTS-H基への還元反応を駆動力として，TPD-H基同士の酸化的カップリング（ホモカップリング：TPD-TPD結合の形成）が進行する（step a）。一方，重合後期には，これに加えて，DTS-I基とDTS-H基のカップリング（DTS-DTS結合の形成）が進行し（step b），またDTS-DTSユニットを成長点とする分岐構造の形成が認められた（step c）。さらに，分岐構造から架橋が発生し，最終的に不溶化物の生成へと副反応が連続的に進行するものと推定された（step d）。

デバイス特性：本法で合成されたDAポリマーは，制御された構造に起因し，右田-Stille型クロスカップリング重合生成物と同等もしくは同等以上のデバイス特性を示した。例えば，OPVのp型半導体として最高水準の特性を示すことが知られている**P5**が高精度で合成でき，これを用いて作製した有機薄膜太陽電池は，9.2%の光電変換効率を示した。

8 おわりに

本稿では，高性能なDArP触媒について紹介した。小分子合成のための直接アリール化触媒を用いることにより，高分子量のπ共役系高分子が得られる（Fagnou条件）。しかし，基質のC–H結合の反応性が低い場合には，触媒活性の発現と維持のために，配位性の高極性溶媒であるDMAやDMFを溶媒として用いる必要があり，その結果，時としてポリマー鎖にホモカップリング欠陥が生じる。一方，我々は，$P(2\text{-}MeOC_6H_4)_3$（**L1**）あるいは$P(2\text{-}Me_2NC_6H_4)_3$（**L2**）を配位子とするDArP触媒が，用いるモノマーの種類に関係なく，低極性かつポリマー良溶媒であるトルエンやTHF中において高い効率と選択性を発現することを明らかにした。また，**L1**にTMEDAを組み合わせた混合配位子触媒を用いて，DArPに伴う不溶化とホモカップリングの発生を効果的に抑制できることを明らかにした。従来，DArPは，クロスカップリング重合に対して，その簡便性だけが優位点として強調されてきた。しかし，我々の研究成果は，π共役系高分子の精密合成の観点からもDArPに優位性があることを示唆している。

文　　献

1) M. Leclerc, J.-F. Morin, Eds. Design and Synthesis of Conjugated Polymers；Wiley-VCH：Weinheim, Germany, 2010
2) Y. Chujo, Ed. Conjugated Polymer Synthesis：Methods and Reactions；Wiley-VCH Verlag GmbH & Co. KGaA：Weinheim, Germany, 2010
3) A. E. Rudenko, B. C. Thompson, *J. Polym. Sci., Part A：Polym. Chem.*, **53**, 135 (2015)
4) J.-R. Pouliot, F. Grenier, J. T. Blaskovits, S. Beaupré, M. Leclerc, *Chem. Rev.*, **116**, 14225 (2016)
5) T. Satoh, M. Miura, *Chem. Lett.*, **36**, 200 (2007)
6) D. Alberico, M. E. Scott, M. Lautens, *Chem. Rev.*, **107**, 174 (2007)
7) Q. Wang, R. Takita, Y. Kikuzaki, F. Ozawa, *J. Am. Chem. Soc.*, **132**, 11420 (2010)
8) W. Lu, J. Kuwabara, T. Kanbara, *Macromolecules*, **44**, 1252 (2011)
9) P. Berrouard, A. Najari, A. Pron, D. Gendron, P.-O. Morin, J.-R. Pouliot, J. Veilleux, M. Leclerc, *Angew. Chem. Int. Ed.*, **51**, 2068 (2012)
10) M. Wakioka, F. Ozawa, *Asian J. Org. Chem.*, **7**, 1206 (2018)
11) Y. Fujinami, J. Kuwahara, W. Lu, H. Hayashi, T. Kanbara, *ACS Macro Lett.*, **1**, 67 (2012)

12) K. Osakada, T. Yamamoto, *Coord. Chem. Rev.*, **198**, 379 (2000)
13) M. Wakioka, M. Nagao, F. Ozawa, *Organometallics*, **27**, 602 (2008)
14) M. Lafrance, K. Fagnou, *J. Am. Chem. Soc.*, **128**, 16496 (2006)
15) A. Marrocchi, D. Lanari, A. Facchetti, L. Vaccaro, *Energy Environ. Sci.*, **5**, 8457 (2012)
16) J. Hassan, E. Schulz, C. Gozzi, M. Lemaire, *J. Mol. Catal. A: Chem.*, **195**, 125 (2003)
17) A, E. Rudenko, B. C. Thompson, *Macromolecules*, **48**, 569 (2015)
18) Q. Wang, M. Wakioka, F. Ozawa, *Macromol. Rapid Commun.*, **33**, 1203 (2012)
19) J.-R. Pouliot, M. Wakioka, F. Ozawa, Y. Li, M. Leclerc, *Macromol. Chem. Phys.*, **217**, 1493 (2016)
20) H. Zhou, L. Yang, W. You, *Macromolecules*, **45**, 607 (2012)
21) B. Carsten, F. He, H. J. Son, T. Xu, L. Yu, *Chem. Rev.*, **111**, 1493 (2011)
22) W. Lu, J. Kuwabara, T. Kanbara, *Polym. Chem.*, **3**, 3217 (2012)
23) K. Yamazaki, J. Kuwabara, T. Kanbara, *Macromol. Rapid Commun.*, **34**, 69 (2013)
24) J. Kuwabara, K. Yamazaki, T. Yamagata, W. Tsuchida, T. Kanbara, *Polym. Chem.*, **6**, 891 (2015)
25) J. Kuwabara, Y. Fujie, K. Maruyama, T. Yasuda, T. Kanbara, *Macromolecules*, **49**, 9388 (2016)
26) M. Wakioka, Y. Kitano, F. Ozawa, *Macromolecules*, **46**, 370 (2013)
27) M. Wakioka, N. Ichihara, Y. Kitano, F. Ozawa, *Macromolecules*, **47**, 626 (2014)
28) M. Wakioka, S. Ishiki, F. Ozawa, *Macromolecules*, **48**, 8382 (2015)
29) M. Wakioka, Y. Nakamura, Q. Wang, F. Ozawa, *Organometallics*, **31**, 4810 (2012)
30) M. Wakioka, Y. Nakamura, M. Montgomery, F. Ozawa, *Organometallics*, **34**, 198 (2015)
31) L. Ackermann, *Chem. Rev.*, **111**, 1315 (2011)
32) E. Iizuka, M. Wakioka, F. Ozawa, *Macromolecules*, **48**, 2989 (2015)
33) E. Iizuka, M. Wakioka, F. Ozawa, *Macromolecules*, **49**, 3310 (2016)
34) M. Wakioka, R. Takahashi, N. Ichihara, F. Ozawa, *Macromolecules*, **50**, 927 (2017)
35) M. Wakioka, N. Yamashita, H. Mori, Y. Nishihara, F. Ozawa, *Molecules*, **23**, 981 (2018)
36) M. Wakioka, H. Morita, N. Ichihara, M. Saito, I. Osaka, F. Ozawa, to be submitted

第17章　直接アリール化によるオリゴ及びポリチオフェン類の合成

森　敦紀*

1　はじめに

チオフェン環が複数個結合したオリゴマー，ポリマーであるオリゴチオフェン，ポリチオフェンはチオフェン環どうしの結合が高い平面性を有し，そのコンホメーションに基づいたπ共役系の広がりが発現するために，多種・多様な有機（高分子）電子材料として応用されることが期待されている。実際に，太陽電池の色素，有機半導体，導電性材料と多様な有機電子デバイスの素材として応用研究が展開されている[1)]。したがって，オリゴチオフェン，ポリチオフェンの分子構造を明確に制御したうえで効率的に，安価に合成するための方法論開発は精密有機合成化学において極めて魅力的なターゲットであり，世界的なレベルで精力的な研究・開発競争が繰り広げられている。チオフェン環どうしで結合を形成してオリゴマー，ポリマーを合成していくには，遷移金属錯体を触媒として用いたチオフェン有機金属種とチオフェンハロゲン化物を反応させるクロスカップリングが有効な手法である。実際に，有機マグネシウム（熊田・玉尾），有機亜鉛（根岸），有機ホウ素（鈴木・宮浦），有機スズ（右田・小杉，Stille），有機ケイ素（檜山）を用いる反応が，ここに示したような人名反応を冠するクロスカップリングとしてチオフェン-チオフェン結合の生成にも広く用いられてきた[2)]。

チオフェンを中心とする共役系の拡張した電子材料合成の分野においても例外なく，直接的芳香族カップリングは，その原子効率の優位性を考えると極めて魅力的な合成法である。すなわち，質量ベースでの原料から得られるターゲット分子の合成効率を考えると，有機金属化合物の金属種とくらべた水素の質量差は歴然であり，実用的な大量合成をめざすにも適した合成手法といえる。さらには，カップリング相手となるチオフェンハロゲン化物としてもヨウ化物や臭化物より，塩化物を利用できることが望ましい。本章では，チオフェン環C-H結合での直接アリール化を利用することで，チオフェン系のオリゴマー，ポリマーが，構造を明確に制御されたかたちで，いかに効率よく合成されるか，について解説したい。

2　チオフェンの有機化学

構造の明確に制御されたオリゴチオフェン，ポリチオフェン類の精密有機合成について述べる

*　Atsunori Mori　神戸大学　大学院工学研究科　教授

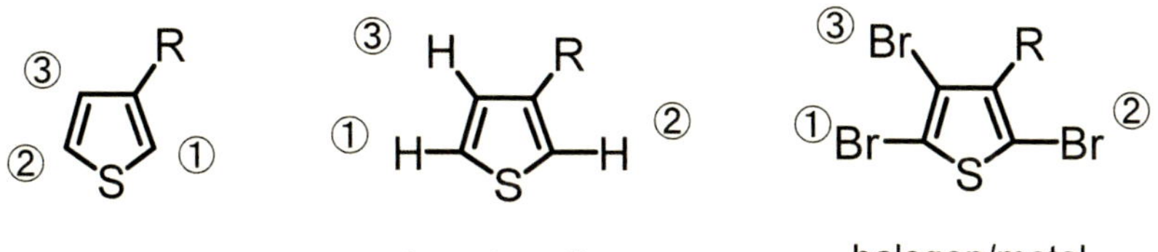

halogenation　deprotonation (kinetic control)　halogen/metal exchange

図1　チオフェン誘導体の反応性

に先立ち，チオフェン誘導体（5員環ヘテロ芳香族化合物）の有機化学について簡単に整理しておきたい。チオフェンやフランなどは，電子豊富なヘテロ芳香族化合物であるため求電子的な官能基導入を設計しやすい。また，ヘテロ芳香環のα位炭素がもつ水素原子のpKaは42程度であり強塩基を作用すれば有機金属種も比較的容易に発生できるし，α位に導入されたハロゲン基は，金属-ハロゲン交換することで有機金属種となる。3位アルキル置換チオフェンに対して*N*-ブロモコハク酸イミド，*N*-クロロコハク酸イミドなどを用いて求電子的にハロゲン化する場合，その反応性は2位＞5位＞＞4位という序列となり当量さえ慎重に制御すれば選択的なモノハロゲン化，ジハロゲン化は可能である。一方，強塩基による脱プロトン化は速度論的な観点も含み5位＞2位＞＞4位であり，嵩高い塩基を用いて低温で反応させれば位置選択性をほぼ完全に制御できる。2,5-ジハロチオフェンは有機リチウムやGrignard反応剤を用いることで金属-ハロゲン交換によりチオフェン金属種へと変換でき，その反応性は5位＞2位＞4位となる。但し，発生した金属種がさらなるハロゲン交換により熱力学的に最安定な位置へと移動し，金属とハロゲンが入れ換わる「ハロゲンダンス[3]」と呼ばれる現象も知られ，注意を要することもある（図1)。

3　チオフェンC-H結合でのカップリング反応

種々のチオフェン誘導体に対して，パラジウムを作用させるとチオフェン環のC-H結合でホモカップリングやアリール化が起こることは古くから知られていたが[4]，添加剤としてフッ化銀(Ｉ)を共存させて反応すると触媒量のパラジウムを用いるだけでもチオフェン環のC-H結合どうしでホモカップリングが起こりチオフェン二量体が生成する。たとえば，2-ブロモチオフェン(**1**) に対して添加剤のフッ化銀(Ｉ)の存在下で触媒量の酢酸パラジウムを作用させると，ホモカップリングによる二量化体**2**が77%の収率で得られる[5]。反応は室温から60℃程度で進行し，チオフェン分子内に炭素-臭素結合を有していても，パラジウム触媒の反応であるにもかかわらず未反応で残る。しがたって得られたチオフェン二量体は，この炭素-臭素結合を足がかりにさらなるカップリング反応に利用できπ共役系を拡張することができる。また，この反応系にヨウ化アリールを存在させておくとC-H直接アリール化も進行しクロスカップリング生成物**3**が得られる[6]。この場合でも，どちらの基質に炭素-臭素結合をもっていても炭素-ヨウ素結合だけで

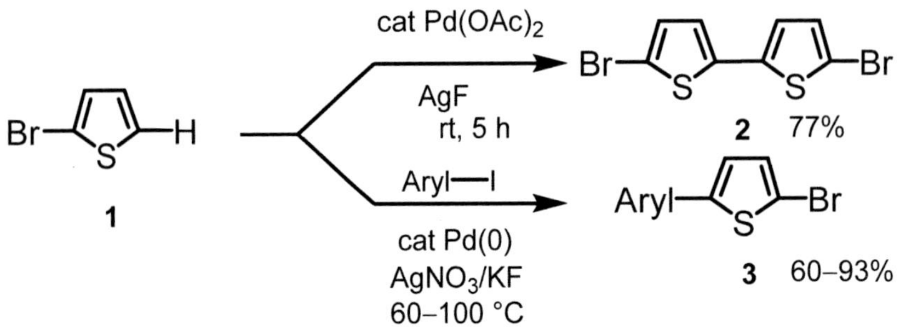

cat $Pd(OAc)_2$
AgF
rt, 5 h
Br–⟨S⟩–H
1
Aryl—I
cat Pd(0)
$AgNO_3$/KF
60–100 °C
Br–⟨S⟩–⟨S⟩–Br
2 77%
Aryl–⟨S⟩–Br
3 60–93%

図2 チオフェンのカップリング反応

カップリングが起こる。さらに，フッ化銀のかわりに安価な硝酸銀（I）とフッ化カリウムの組み合わせを用いても，ホモカップリング，クロスカップリングとも同様に進行する（図2）。

4 チオフェンオリゴマーのステップワイズ合成

従来，チオフェンのオリゴマーをステップワイズに合成するには，以下のスキームに示すような方法が用いられてきた（図3a）。すなわち，チオフェンの有機金属種**3**を（おそらく対応するハロゲン化物から）合成し，チオフェンのハロゲン化物**4**（n＝1）と，遷移金属触媒の存在下にクロスカップリングして二量体**5**（n＝1）とする。次に生成したビチオフェンのC-H結合をハロゲン化し**6**とした後に，再度，有機金属種とのクロスカップリングにより三量体（n＝2）を得る。上記の手順を繰り返すことにより四量体（n＝3），五量体（n＝4）とオリゴマーを得るものである[7]。しがたって，ひとつのチオフェンユニットを拡張するために，2段階以上のステップが必要となる。

もしも，チオフェン環の炭素-水素結合を直接活性化してチオフェンハロゲン化物とカップリングすることが可能なら，それぞれのユニット拡張ステップを一段階短縮することが可能となる。さらには，前述した，銀塩を活性化剤に用いるチオフェンヨウ化物とのみ選択的にカップリングして対応する臭化物とは反応しないことを利用すると，図3（Method 1）の要領でチオフェンヨウ化物**7**（n＝0, 1, 2, ...）と炭素-臭素結合をもつチオフェン誘導体**8**とのC-Hアリール化により**6**とした後，臭素-ヨウ素交換反応の手順を繰り返すことで，2段階/1ユニット拡張でオリゴマー合成できる[8,9]。

4.1 位置選択的C-Hアリール化

3位アルキル置換チオフェン**9**（n＝1）がもつ2つのチオフェン環α位の炭素-水素結合のうち一方のみを選択的に活性化できるならば，2-ハロ-3-アルキルチオフェン**8**とカップリングすることでhead-to-tail型のチオフェン二量体**10**（n＝2）が得られる。得られたビチオフェンも同様に位置選択的に一方のC-H結合で**8**とカップリングさせればチオフェン三量体**10**（n＝3）

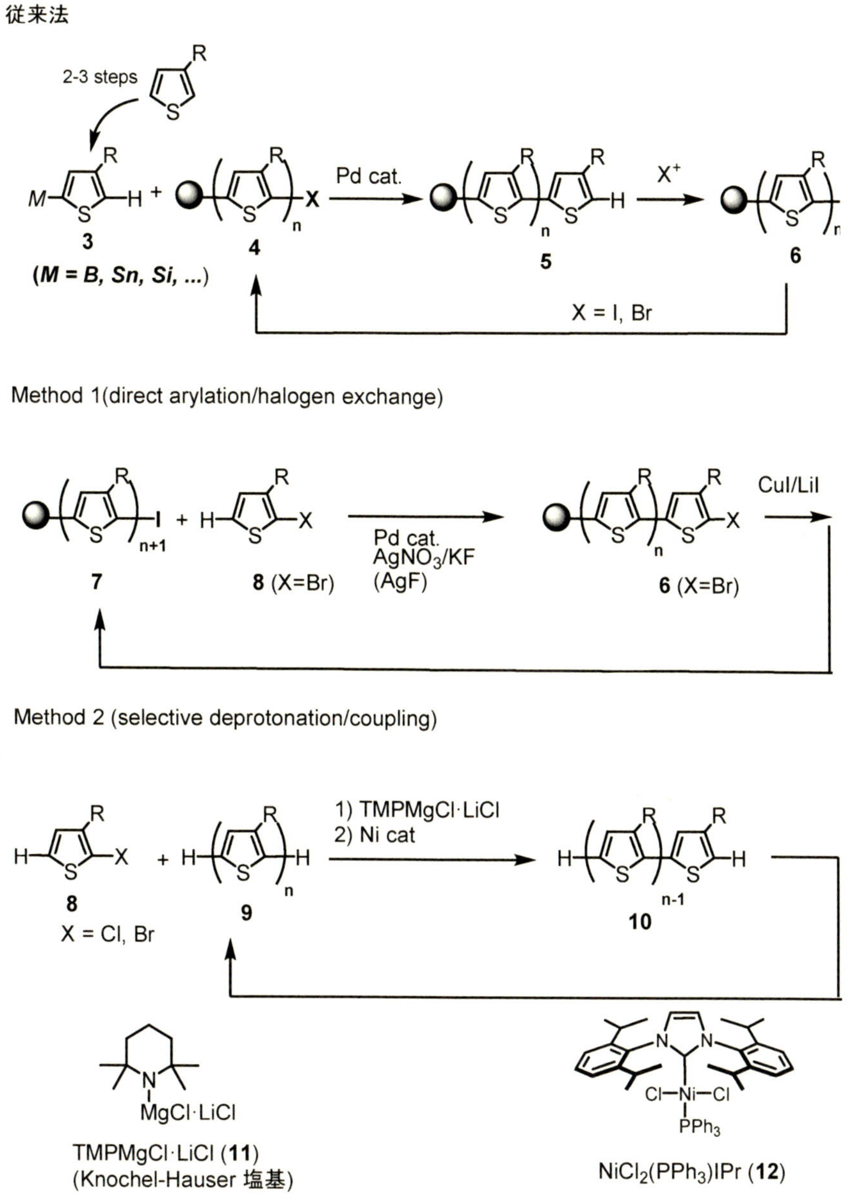

従来法

2-3 steps

Pd cat.

X^+

3

(M = B, Sn, Si, ...)

4

5

6

X = I, Br

Method 1(direct arylation/halogen exchange)

CuI/LiI

Pd cat.
$AgNO_3$/KF
(AgF)

7

8 (X=Br)

6 (X=Br)

Method 2 (selective deprotonation/coupling)

1) TMPMgCl·LiCl
2) Ni cat

8
X = Cl, Br

9

10

TMPMgCl·LiCl (**11**)
(Knochel-Hauser 塩基)

$NiCl_2(PPh_3)IPr$ (**12**)

図3　オリゴチオフェン類のステップワイズ合成

となる。すなわち，この手法を用いることにより1段階/1ユニット拡張でオリゴチオフェン合成ができることになる。しかし，Fagnouらによって開発されたCMDカップリング法を活用するC-H結合直接アリール化の中間体と考えられるチオフェンパラジウム種発生法[10]や，小澤らがポリチオフェン合成に成功した配位子設計[11]では残念ながら3-アルキルチオフェンでの2位，5位C-Hの位置選択性制御は難しく，位置選択的にチオフェンオリゴマーを合成することはできない。一方，3-ヘキシルチオフェンに対して，Knochel-Hauser 塩基と呼ばれる嵩高いマグネシウムアミド 2,2,6,6-テトラメチルピペリジンマグネシウム・塩化リチウム塩（TMPMgCl・LiCl：**11**）[12]を反応させると，ほぼ完全な位置選択性でチオフェン環5位のC-H結合にチオフェン-金属種を発生することができる[13]。続いてN-ヘテロ環状カルベンを配位子にもつニッケル錯体 $NiCl_2(PPh_3)IPr$（**12**）[14]を触媒として用い，3位置換ブロモチオフェン，またはクロロチオフェンとカップリングすることで head-to-tail 型ビチオフェンがほぼ定量的に得られる。同様のカップリング反応を繰り返すことで，三量体，四量体と収率よくチオフェンユニットを拡張していくこともできる。化学量論量の Knochel-Hauser 塩基を用いる代わりに，触媒量の嵩高いアミンと

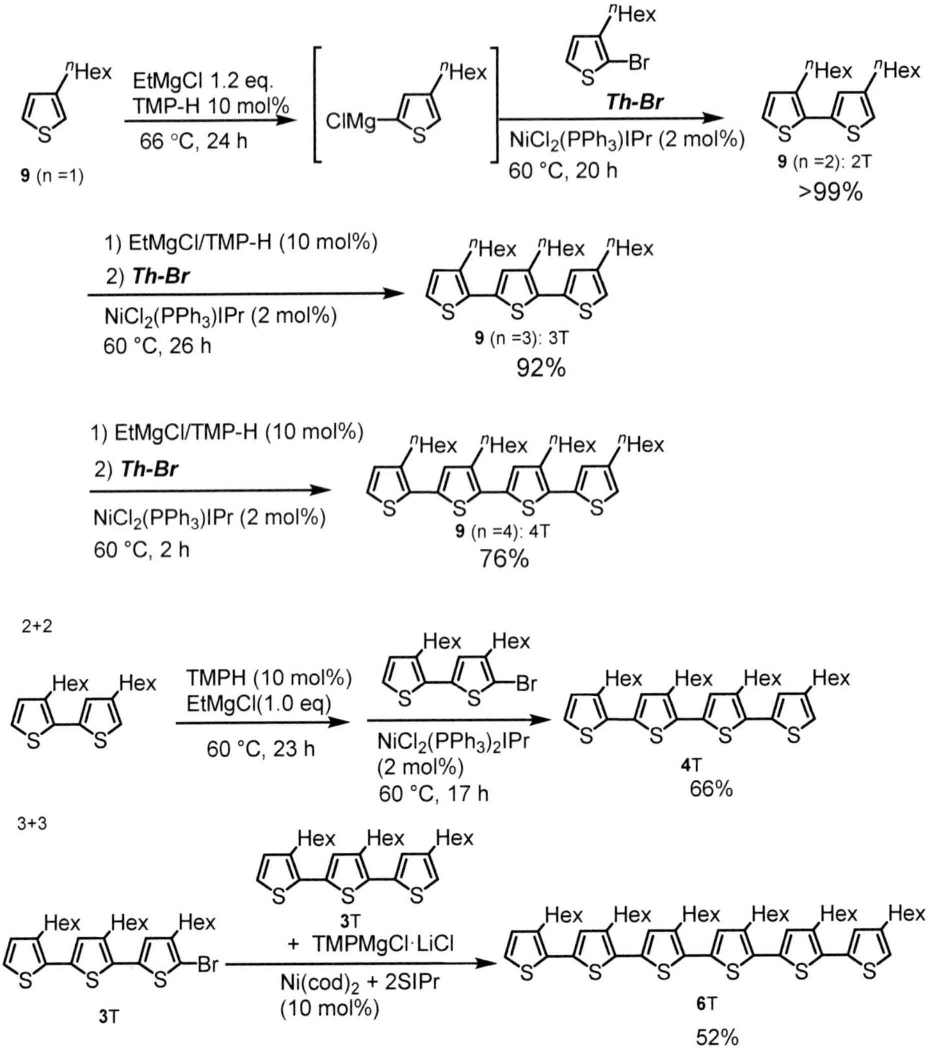

図4　3-ヘキシルチオフェンを用いる位置規則性オリゴチオフェン合成

Grignard反応剤を用いても位置選択的な脱プロトン化も可能であり，図4に示す反応スキームで3-ヘキシルチオフェン（**9** n＝1）を出発に2～4量体（**2T**, **3T**, **4T**）までの位置規則性オリゴマーが得られる。さらには，チオフェンユニットとして，二量体ビチオフェンや三量体のターチオフェンも利用でき，1+2（**3T**），2+2（**4T**），3+3（**6T**）などの多様なカップリング反応によるオリゴマー合成も可能である[15)]。

4.2　分岐状オリゴチオフェン

3-アルキルチオフェン**9**（n＝1）の5位C-H結合で発生させたチオフェン有機金属種は，2,3-ジブロモチオフェン（**ThBr$_2$**）と反応させると分岐状のチオフェン3量体**3T^b**が得られる。ここでも，鎖状のオリゴチオフェン合成で用いた効率的ステップワイズ合成法と同様な方法を用いることができ，反応を繰り返すことで7量体**7T^b**，15量体**15T^b**と分岐状オリゴマー（オリゴチオフェンデンドリマー）拡張できる[15)]。（図5）さらに興味深いことに，2,3-ジブロモチオフェン（**ThBr$_2$**）とのカップリング反応はチオフェン環2位の一段目のカップリング反応よりも3位で起こる二段目の反応の方が速く，ニッケル触媒を用いるとチオフェンが1：1で反応しただけの副生成物はまったく見られず，等量の**9**（n＝1）と**ThBr$_2$**を反応させても約半分の1：2カップリ

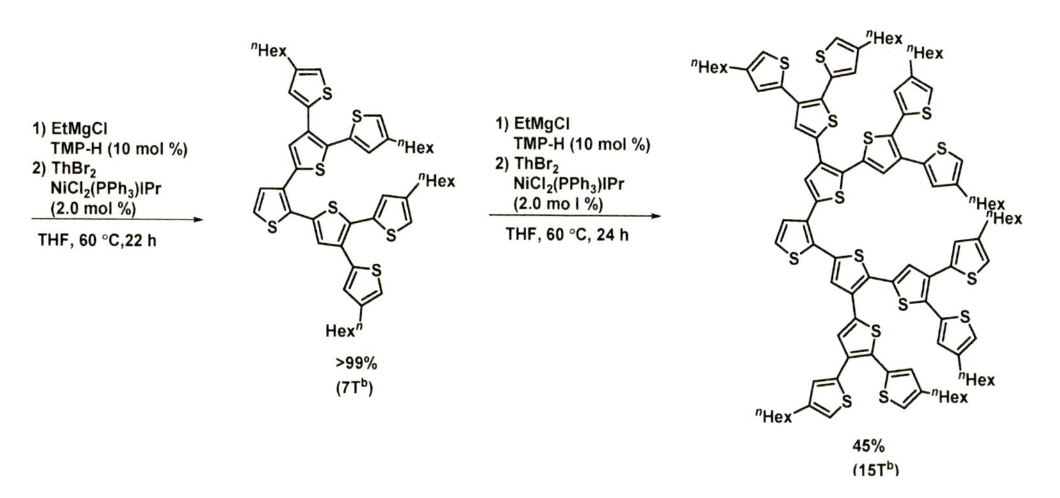

図5　オリゴチオフェンデンドリマーの合成

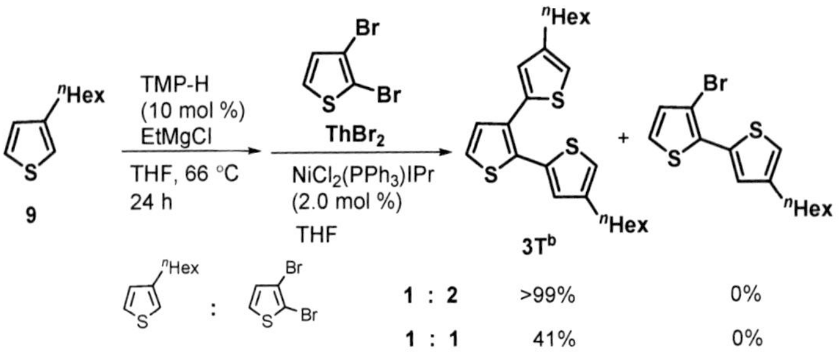

図6　2,3-ジブロモチオフェンの特異な反応性

ング生成物と未反応の原料が残るのみである。おそらく，中間体として生成する有機ニッケル種が分子内で還元的脱離，酸化的付加する過程が迅速に起こるためと思われる（図6）。

5　位置規則性が head-to-tail 型に制御されたポリチオフェン合成

チオフェン環どうしのC-Hクロスカップリング反応　A＋B→A－BをAA＋BB→に適用すればクロスカップリング重合によりポリチオフェン合成も可能であり，神原・桑原らはFagnouが用いたCMD法を巧く適用し，有用な機能発現が期待される材料合成に研究を展開している(18章参照)[16]。ところが，これでは位置規則性をhead-to-tail型に制御したポリチオフェンは得ることはできない。チオフェン環2位にハロゲン基，3位にアルキル置換基をもつ化合物に対して5位のC-H結合を活性化して重合するならば，head-to-tail型のポリチオフェン合成ができるだろうが，種々の添加剤の存在下にパラジウム触媒を用いて重合を試みても，分子量が十分大きいポリマーを得ることは容易ではなかった[17]。その実現には重合触媒における配位子の精密設計が重要な役割をはたしていることは前章において解説されている。

位置規則性head-to-tail型ポリチオフェンを合成する方法としては，Rieke，McCullough，横澤らによって開発されたKCTP（熊田・玉尾Catalyst Transfer重合）と呼ばれる，2,5-ジハロチオフェンからGrignard反応剤を用いGRIM（GRIgnard Metathesis）法によりチオフェン-金属種を発生させた後，ニッケル触媒を加えることでポリチオフェンを得る方法が実際的な合成法として用いられてきた[18]。この方法では，重合反応で触媒のニッケル種が高分子のπ共役系を介して移動するCatalyst transferの機構で重合する連鎖重合で進行するため重縮合であるにもかかわらず分子量が，触媒とモノマーの仕込み比で制御可能となるリビング重合的な特徴を示す。

オリゴチオフェンの合成において説明した，チオフェン環C-H結合を嵩高いマグネシウムアミドKnochel-Hauser塩基[12]**11**で引き抜きチオフェン金属種を発生させる方法はポリチオフェン合成においても用いることが可能であり，原子効率の視点で考えるならば，直接ヘテロ芳香族アリール化重合と捉えることもできる。2-ハロ-3-ヘキシルチオフェン**8**にKnochel-Hauser塩基を加えると室温，数分でチオフェン-マグネシウム種を発生することができ，続いてニッケル

Hex
H　S　Cl
8 (X=Cl)
TMPMgCl·LiCl (1 eq.)
THF (1 M), r.t., 3 h
Hex
LiCl·ClMg　S　Cl
Ni cat.
(0.5 mol%)
THF (1.0 M)
r.t., 24 h
Hex
S
n
13

［モノマー］/［触媒］	分子量（理論値）	M_n	M_w/M_n
33.3	5600	5000	1.23
50	8400	9200	1.22
100	16800	15100	1.29
200	33600	29500	1.23

図 7　ニッケル触媒によるクロロチオフェンの重合

触媒を加えるとポリチオフェンが収率よく得られた。ニッケル触媒の配位子としては，二座のホスフィン DPPE, DPPP が有効である[19]。特筆すべきは，N−ヘテロ芳香族カルベン配位子をもつニッケル錯体 **12** を用いることで，クロロチオフェンでも重合が進行することであり，対応するポリチオフェン **13** が高収率で得られる。その結果，2−クロロ 3−ヘキシルチオフェン **8**（X＝Cl）の重合では，原子効率は 80％を超え，2,5−ジハロチオフェンからポリチオフェンを得る場合の効率は高くとも 50％程度であることと比べると，実用性，経済性に優れている。実際に N−ヘテロ芳香族カルベン配位子をもつニッケル触媒での 2−クロロ−3−ヘキシルチオフェン **8**（X＝Cl）の重合は非常に効率よく進行する。得られるポリチオフェン **13** の数平均分子量 M_n は触媒とモノマーの仕込み比に対応して制御可能であり，理論値とよい一致を示す。また，得られるポリマーの分子量分布も比較的狭く，位置規則性は高度に head−to−tail 型に制御される[20]。さらにクロロチオフェンをモノマーに用いる場合には，ブロモチオフェンでは不可能な有機リチウムによる重合（村橋カップリング重合）も進行する[21]（図 7）。

5.1　分岐オリゴチオフェンの重合

前述したオリゴチオフェンデンドリマーをハロゲン化すると，3 位アルキル基に隣接した硫黄原子 α 位で選択的に進行し対応するジハロゲン化体が得られる。チオフェン 3 量体の **3T^b** のジハロゲン化体 **3T^{b}Br$_2$**，7 量体のテトラハロゲン化体 **7T^{b}Br$_4$** に対して，Knochel−Hauser 塩基 **11** を作用させてチオフェンマグネシウム種とした後，ニッケル触媒 **12** を加えると重合反応が進行し，ポリ（オリゴチオフェンデンドリマー）poly(**3T^{b}Br**) が良好な収率で得られる[22]（図 8）。ポリマーの分子量は，触媒とモノマー（デンドリマー）の仕込み比から計算される理論値と比較的よく一致し，その分子量分布も狭い。ポリマーの構造としては，一方の炭素−ハロゲン結合で優先的に重合した鎖状のポリマー，双方のハロゲンから生長した樹状の多分岐型ポリマーの生成が考えられるが，粘度測定から算出した分子量を考慮すると，鎖状での重合が優先的に進行していると思われる。また，共役系が拡張する α 位での重合と共役系がとぎれる β 位での重合の可能性が考え

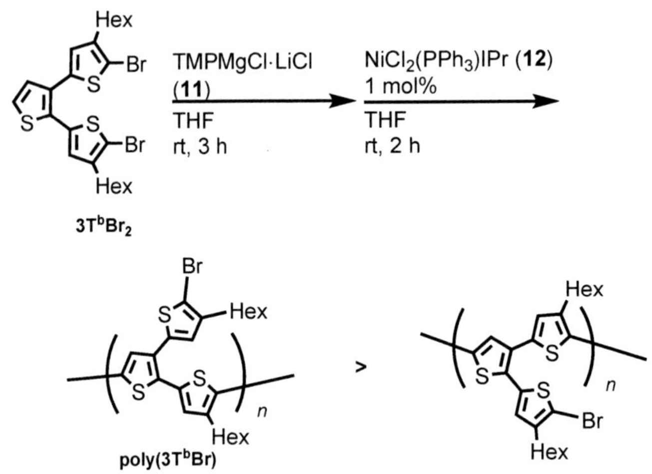

Hex
Br
S
S
S
Br
Hex
$3T^bBr_2$

TMPMgCl·LiCl
(**11**)
THF
rt, 3 h

$NiCl_2(PPh_3)IPr$ (**12**)
1 mol%
THF
rt, 2 h

Br
S
Hex
S
S
n
Hex
poly($3T^bBr$)
99%
M_n =44000, M_w/M_n = 1.30

>

Hex
S
S
n
S
Br
Hex

図８　ポリ（オリゴチオフェンデンドリマー）の合成

られるが得られたポリマーの構造をNMRで確認した結果からは，α位での重合が9：1以上で優先的に進行している。このポリマーは側鎖にあるチオフェンに炭素-臭素結合が残っているため，さらなる官能基変換も可能であり，還元的な脱ハロゲン化，クロスカップリングによるアリール化なども期待できる。

6　おわりに

本章では，チオフェン誘導体の炭素-水素結合での直接アリール化を利用してチオフェン-チオフェン結合を生成するオリゴチオフェン，ポリチオフェン類の合成について紹介した。特に3位に置換基を有するチオフェン系のオリゴマー，ポリマーにおいて，その位置規則性をhead-to-tail型に制御して生成物を得る手法は有機機能材料分野においては極めて重要である。ここでは，オリゴマー合成においては同種の置換基を有するものに，ポリマー合成では同一置換基のものに絞り解説したが，異種オリゴマー，異種コポリマーの合成においても同様な手法を用いることで実現可能である。高度な機能を発現する材料の設計，合成において参考になれば幸いである。

文　　献

1) I. Osaka, *et al., Acc. Chem. Res.* **41**, 1202 (2008)
2) A. de. Meijere & F. E. Diederich, "*Metal-Catalyzed Cross-Coupling Reactions*", Wiley-VCH (1998)
3) K. Okano, *et. al., Chem. Eur. J.* **22**, 16450 (2016)
4) A. Ohta, *et. al., Heterocycles* **31**, 1951 (1990)
5) K. Masui, *J. Am. Chem. Soc.* **126**, 5074 (2004)
6) K. Kobayashi, *et. al., Org. Lett.* **7**, 5083 (2005)
7) A. Mishra, *et. al., Chem. Rev.* **109**, 1141 (2009)
8) N. Masuda, *et. al., Org. Lett.* **11**, 2297 (2009)
9) S. Tanba, *et. al., Heterocycles* **82**, 505 (2010)
10) B. Liégault, *et. al., J. Org. Chem.* **75**, 1047 (2010)
11) Q. Wang, *et. al., J. Am. Chem. Soc.* **132**, 11420 (2010)
12) A. Krasovskiy, *et. al., Angew. Chem. Int. Ed.* **45**, 2958 (2006)
13) S. Tanaka, *et. al., J. Am. Chem. Soc.* **133**, 16734 (2011)
14) K. Matsubara, *et. al., Organometallics* **25**, 3422 (2006)
15) S. Tanaka, *et. al., Chem. Eur. J.* **19**, 1658 (2013)
16) T. Kumada, *et. al., Bull. Chem. Soc. Jpn.* **88**, 1530 (2015)
17) J. Hassan, *et. al., J. Mol. Catal. A Chem.* **195**, 125 (2003)
18) T. Yokozawa, *et. al., Chem. Rev.* **109**, 5595 (2009)
19) S. Tamba, *et. al., Chem. Lett.* **40**, 398 (2011)
20) S. Tamba, *et. al., J. Am. Chem. Soc.* **133**, 9700 (2011)
21) K. Fuji, *et. al., J. Am. Chem. Soc.* **135**, 12208 (2013)
22) K. Murakami, *et. al., Polym. Chem.* 6573 (2015)

第18章　直接アリール化重合による高分子半導体の合成

桑原純平[*1]，神原貴樹[*2]

1　はじめに

π共役高分子は高分子半導体として機能することから，有機薄膜太陽電池や有機EL素子などの有機電子・光デバイスのキーマテリアルとして国内外で精力的な研究が行われている[1~4]。これまで，π共役高分子の多くは遷移金属錯体触媒を用いるクロスカップリング反応によって合成されてきた[5~7]。この手法により様々な高分子半導体が合成されてきたが，一方で，この合成法ではスズやホウ素等の有機金属官能基を導入したモノマーを用いるため，必然的にそれらの官能基を持つモノマーを事前に調製する必要がある。また，反応後にはそれらの官能基に由来する副生成物の分離精製が不可欠となる。通常，電子・光デバイスの製造過程において，デバイス素材として利用される高分子半導体に要求される純度は極めて高く，入念な精製プロセスが必要とされる。一般に，合成工程数が増えると使用する試薬の量が増加する上，時間と労力の負担も大きくなる[8]。また，生成物を単離精製する工程では，大量の溶媒を利用するとともに多量の廃棄物が生じる。特に，毒性の高い有機スズ化合物の使用は，環境面や廃棄物管理の観点から細心の注意が必要となる。これらは，有機電子・光デバイスの産業化に伴い生産規模の拡大を視野に置いた場合，今後ますます克服すべき課題となる。

直接アリール化反応を利用した重縮合では，芳香族化合物に有機金属官能基を導入することなく，直接モノマーとして使用できることから，合成工程数を減らすとともに，副生成物の低毒化や精製処理の軽減化が可能となる。従って，直接アリール化重合は，高分子半導体をより安価で簡便に，且つ安全に製造する合成技術として非常に魅力的な反応であり，近年，多くの研究者が，この重合法を利用した高分子半導体の合成に取り組んでいる[9~13]。本章では，有機電子・光デバイスの開発を志向した直接アリール化重合による高分子半導体の合成に関する最近の研究事例を紹介するとともに，デバイス材料の開発に関わる筆者らの取り組みを紹介する。

＊1　Junpei Kuwabara　筑波大学　数理物質系　エネルギー物質科学研究センター（TREMS）准教授

＊2　Takaki Kanbara　筑波大学　数理物質系　エネルギー物質科学研究センター（TREMS）教授

・従来のクロスカップリング重合

n M−Ar¹−M + n X−Ar²−X　Pd触媒→　(Ar¹−Ar²)n　+ 2n MX

Mの導入　Xの導入

H−Ar¹−H　H−Ar²−H

✓ モノマーに有機金属官能基（M）の導入が必要

✓ 合成後の副生成物（MX）の分離、除去が煩雑

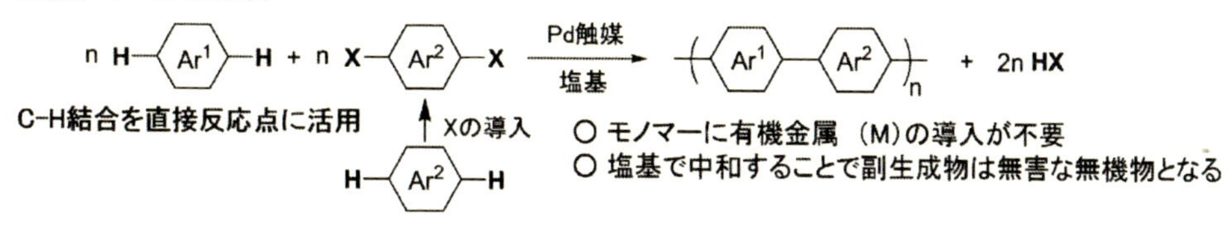

図 1　従来法と直接アリール化重合の比較

2　有機電子・光デバイスを志向した高分子半導体の開発事例

直接アリール化重合による高分子半導体の合成は，2010 年に京大の小澤らによる高効率な重合触媒を用いたポリ(3-ヘキシルチオフェン)の合成に関する報告が契機となり[14]，急速な発展を遂げてきている。開発初期段階では，デバイス特性もあまり良好とはいえないものが多数報告されていたが，各々のモノマーに対する重合法の精査も進み，近年では，高性能なデバイス特性を示す高分子半導体の開発も多数報告されるようになってきている。

直接アリール化重合によって合成された高分子半導体を実装して作製された有機電子・光デバイスに関する最近の代表的な研究事例を表 1 にまとめて示す。事例としては，BHJ 型の有機薄膜太陽電池（OPV）が最も多く，次いで有機電界効果トランジスタ（OFET），有機 EL 素子（OLED），エレクトロクロミック素子（ECD）などが挙げられる。その他にも，π 共役高分子の酸化還元特性を利用した有機電気化学トランジスタや Li イオン電池，スーパーキャパシタなども開発が進められている。

3　高純度な高分子半導体の開発

前述のように，直接アリール化重合によって様々な有機電子・光デバイスの材料が合成可能になってきている。この手法を材料合成の手法として発展させていくためには，高品質な高分子材料を提供できることが必要となる。具体的には，高い分子量，繰り返し構造の正確さ，悪影響のある末端構造の排除，高い純度が求められる。一般に，分子量の向上に伴ってキャリア移動度が高くなることが知られている。さらに，繰り返し構造の乱れや，末端の置換基，不純物はキャリアのトラップや劣化の起点になるため，できる限り低減する必要がある。これらの観点から，直接アリール化重合を従来法と比較し，材料合成の手法として検討した研究を紹介する。

表1　直接アリール化重合で合成されるデバイス材料

Entry	H—Ar[1]—H　X—Ar[2]—X	デバイス	デバイス特性
1[15]	R = 2-butyloctyl　R' = 2-ethylhexyl	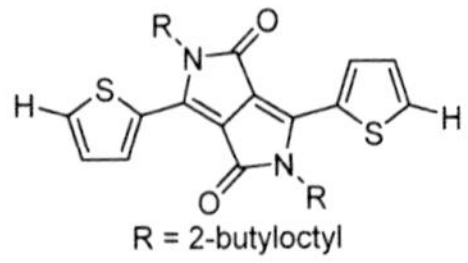 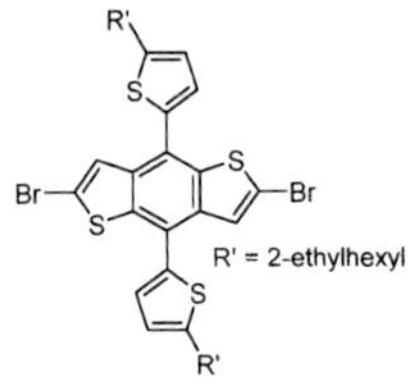 OPV	PCE＝5.23％
2[16]	$C_{10}H_{21}$, C_8H_{17}	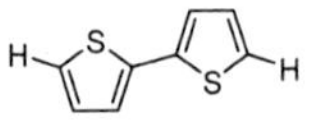 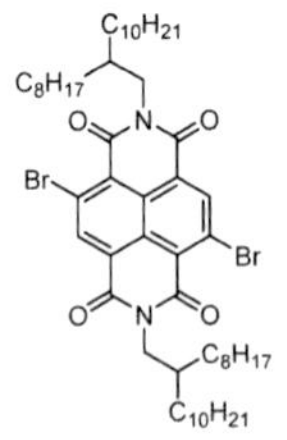 All-Polymer 型 OPV	PCE＝6.58％
3[17]	$C_8H_{17}O$, OC_8H_{17}　R = 2-ethylhexyl	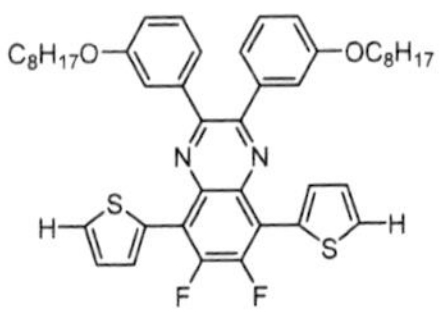 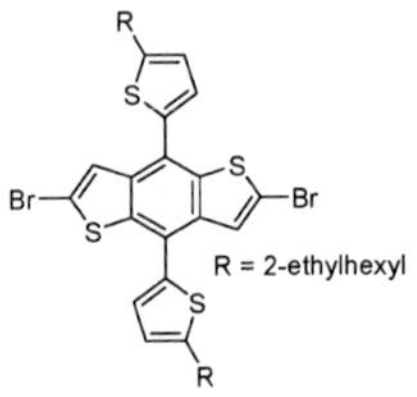 OPV	PCE＝5.8％
4[18]	R = 2-hexyldecyl	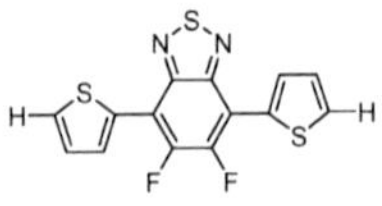 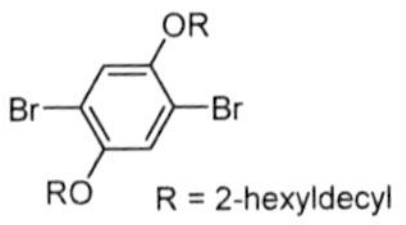 OPV	PCE＝7.26％
5[19]	$C_{10}H_{21}$　C_8H_{17}	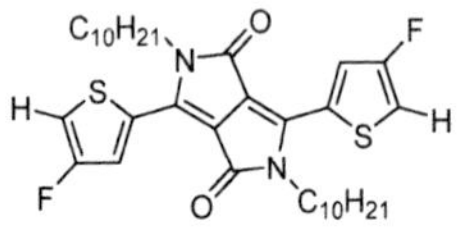 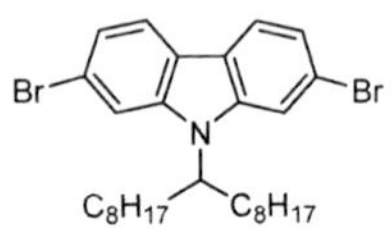 OPV	PCE＝7.3％
6[20]	R = 2-ethylhexyl　R = 2-ethylhexyl	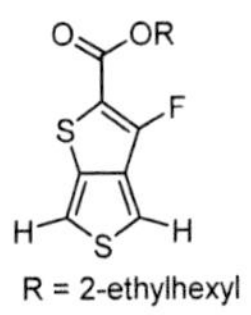 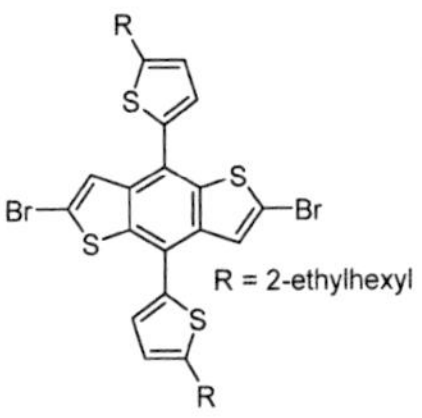 OPV	PCE＝8.19％
7[21]	R = 2-ethylhexyl	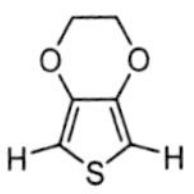 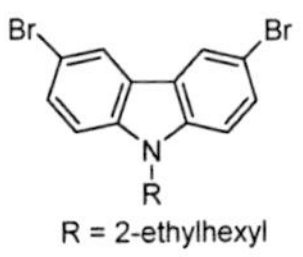 ペロブスカイト型太陽電池	PCE＝8.13％（正孔輸送剤としての利用）

（つづく）

（つづき）

Entry	$H-Ar^1-H$	$X-Ar^2-X$	デバイス	デバイス特性
8[22]		R = $C_{14}H_{29}$ / $C_{14}H_{29}$	ambipolar 型 OFET	$\mu_h = 2.6 cm^2 V^{-1} s^{-1}$, $\mu_e = 8.0 cm^2 V^{-1} s^{-1}$
9[23]			n 型 OFET, All-Polymer 型 OPV	$\mu_e = 0.42 cm^2 V^{-1} s^{-1}$, PCE = 1.82%
10[24]			p 型 OFET	$\mu_h = 0.20 cm^2 V^{-1} s^{-1}$
11[25]		R = $C_{14}H_{29}$ / $C_{14}H_{29}$	n 型 OFET	$\mu_e = 2.45 cm^2 V^{-1} s^{-1}$
12[26]		R = 2-decyltetradecyl	p 型 OFET	$\mu_h = 0.31 cm^2 V^{-1} s^{-1}$
13[27]		R = $C_{12}H_{25}$ / $C_{10}H_{21}$	ambipolar 型 OFET	$\mu_h = 0.67 cm^2 V^{-1} s^{-1}$, $\mu_e = 0.44 cm^2 V^{-1} s^{-1}$

（つづく）

（つづき）

Entry	H–Ar¹–H	X–Ar²–X	デバイス	デバイス特性
14[28]	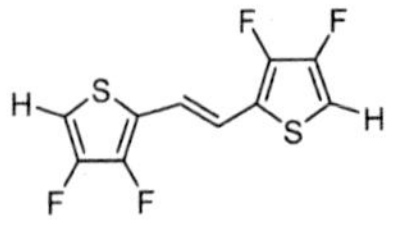	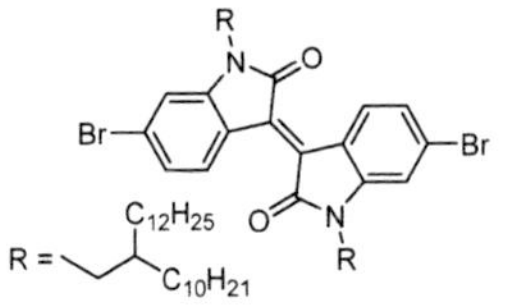 R = $CH_2CH(C_{12}H_{25})C_{10}H_{21}$	ambipolar 型 OFET	$\mu_h = 2.67 cm^2 V^{-1} s^{-1}$, $\mu_e = 2.57 cm^2 V^{-1} s^{-1}$
15[29]	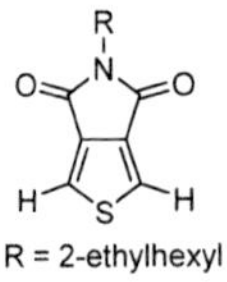 R = 2-ethylhexyl	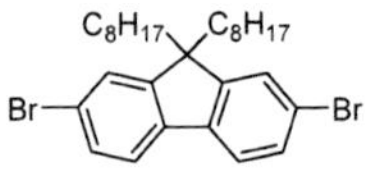	OLED	EQE = 2.04%, 18500 cd m^{-2} (at 545 $mAcm^{-2}$)
16[30]	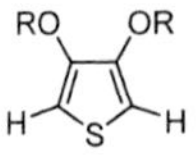 R = 2-ethylhexyl	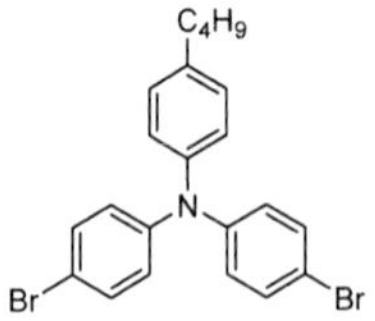	OLED	450 cd m^{-2} (at 8 V)
17[31]	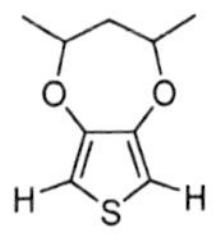	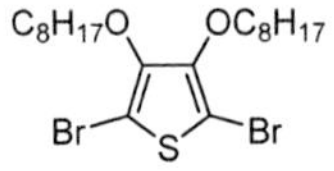	ECD	Δ%T = 65, 10000 cycle 以上駆動
18[32]	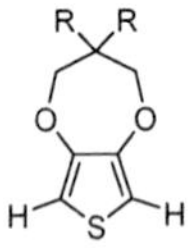 R = propylenedioxy	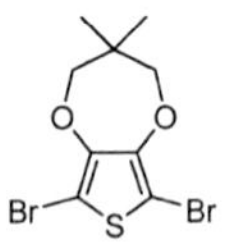	有機電気化学トランジスタ	$I_{ON}/_{OFF}$ 比 > 10^5, 移動度 0.063 $cm^2 V^{-1} s^{-1}$
19[33]	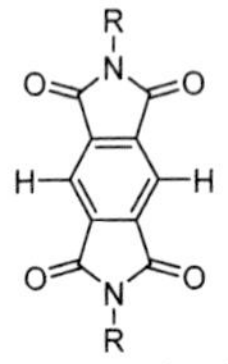 R = 2-ethylhexyl		Li イオン電池	最大容量 73 mAh g^{-1}, 50 cycle 以上
20[34]	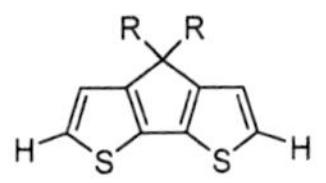 R = 2-(2-methoxyethoxy)ethoxy]ethyl	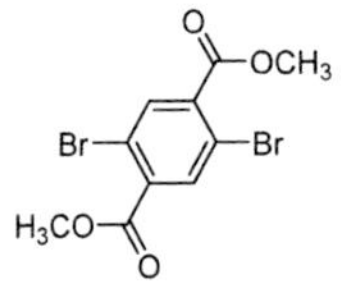	Li イオン電池	2500 mAh g^{-1}, (2 cycle 目)

（つづく）

（つづき）

Entry	H—Ar[1]—H	X—Ar[2]—X	デバイス	デバイス特性
21[35)	H, S, NC, RO, OR, CN, S, H R = 2-ethylhexyl	$C_{10}H_{21}$, C_8H_{17}, O, N, O, Br, Br, O, N, O, C_8H_{17}, $C_{10}H_{21}$	スーパーキャパシタ（type Ⅲ）	C＝124 F g^{-1}

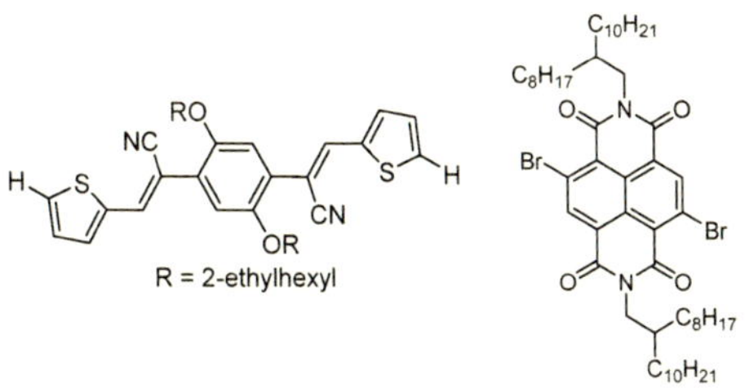

筆者らは，直接アリール化反応の条件検討と得られる高分子材料の特性評価のために，モデル反応を設定した（スキーム1）。3,4-エチレンジオキシチオフェン（EDOT）とジブロモフルオレン誘導体の直接アリール化重合の条件を最適化したところ，1mol％の $Pd(OAc)_2$ を触媒として分子量147000の高分子（PEDOTF-D）が収率89％で得られた（表2）[36, 37]。この高分子は，NMRやマススペクトルから繰り返し構造に乱れがなく，想定した交互構造を有していた。比較のために，同じ繰り返し構造を有する高分子を従来法である鈴木・宮浦クロスカップリング反応

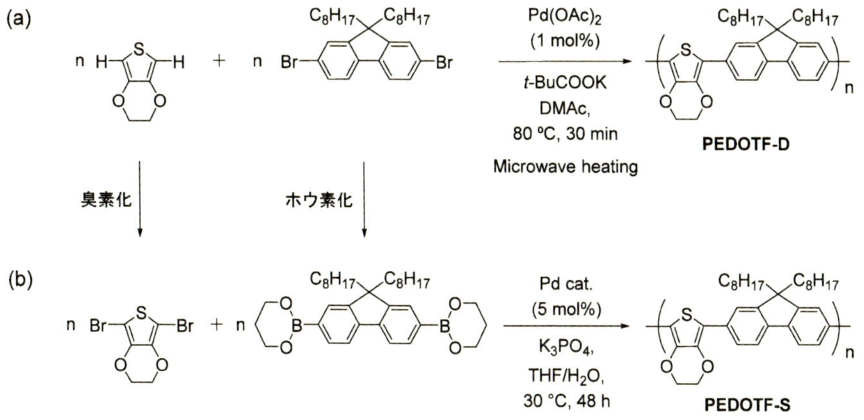

(a)
n H–EDOT–H ＋ n Br–fluorene(C_8H_{17}, C_8H_{17})–Br
$Pd(OAc)_2$ (1 mol%)
t-BuCOOK
DMAc,
80 °C, 30 min
Microwave heating
PEDOTF-D

臭素化
ホウ素化

(b)
n Br–EDOT–Br ＋ n (boronate)B–fluorene(C_8H_{17}, C_8H_{17})–B(boronate)
Pd cat. (5 mol%)
K_3PO_4,
THF/H_2O,
30 °C, 48 h
PEDOTF-S

スキーム1　直接アリール化重合と従来法の比較

表2　重合反応の結果と高分子の純度評価

	収率（％）	M_n	元素分析/％ C	元素分析/％ H	元素分析/％ Br	微量分析/ppm Pd	微量分析/ppm P
			79.50[a)	8.39[a)	0[a)		
PEDOTF-D	89	147 000	79.44	8.33	nd[b)	1590	nd[b)
PEDOTF-S	85	17 100	77.48	8.42	0.08	4390	470

a)理論値，b)検出限界以下

を用いて合成した。この従来法のためには，直接アリール化重合で利用したモノマーを臭素化並びにホウ素化する二つの工程が必要になる。重合条件の検討を行ったが，最も良い重合結果においても5mol％のPd触媒を必要とし，分子量は17100に留まった（PEDOTF-S）（スキーム1b）[38]。この重合で用いたEDOTのジブロモ体は不安定な化合物であり，さらにフルオレン上のボロン酸エステル部位も重合の過程で徐々に分解していることが確認されている。重合の過程でこれらの反応点が失われるために，今回の従来法による重合では低分子量になったと考えられる。一方，直接アリール化反応は安定なC-H結合を反応点とするため，重合の過程で分解せずに高分子量体を合成することができる。

次にPEDOTF-DとPEDOTF-Sを純度の観点から比較した。PEDOTF-Dは，元素分析の測定結果が理論値と良い一致を示したことから，高純度であることが確認できた（表2）。さらに，末端に残存すると想定される臭素が元素分析では検出されなかった。この結果は，PEDOTF-Dが高分子量であるため末端の数が少ないことと，ごくわずかに進行する脱ブロモ化反応によってC-Br部位が消費されたためだと推測している。一方で，従来法で合成したPEDOTF-Sには不純物が残存していること，Br末端が存在することが元素分析から明らかになった。さらに，今回の直接アリール化重合では触媒量が低減されているため，PEDOTF-Dには触媒に由来する不純物が少ない。このように，適切な反応条件を設定することができれば，直接アリール化重合によって従来法と同等以上の分子量，繰り返し構造の正確さ，悪影響のある末端構造の排除，高い純度が達成できることを明らかにした。

直接アリール化重合で合成したPEDOTF-Dが高い品質を有することから，材料特性の評価を行った。まず，OFETにおける正孔移動度を評価したところ，PEDOTF-Dは従来法で合成したPEDOTF-Sよりも高い移動度を示した（表3）。さらに，$PC_{70}BM$と組み合わせたBHJ型のOPVにおいても材料特性の評価を行った。PEDOTF-Dを用いて作成した素子は，4％以上の変換効率を示し，PEDOTF-Sの変換効率（0.48％）よりも有意に高い結果となった。その後の詳細な検討により，PEDOTF-DがBr末端を持たないことが光電変換効率の向上に大きく寄与しており，Pdの残存量低減や分子量の向上が素子の長期安定性に寄与していることが明らかになった[39]。

表3　OFETおよびOPVにおける特性

	ホール移動度 $\mu_h/cm^2V^{-1}s^{-1}$	短絡電流密度 $J_{sc}/mAcm^{-2}$	開放電圧 V_{oc}/V	曲線因子 FF	光電変換効率 PCE/%
PEDOTF-D	$1.2 \pm 0.1 \times 10^{-3}$	9.41	0.83	0.52	4.08
PEDOTF-S	$3.2 \pm 0.2 \times 10^{-5}$	2.58	0.59	0.31	0.48

4　高特性材料の合成と評価について

有機電子デバイスにおける高い特性を達成するためには，各デバイスに適した化学構造を有する高分子を設計，合成する必要がある。表1にも示されているように，最近直接アリール化重合を用いた高特性材料の合成が試みられている。直接アリール化重合には従来法よりも高品質な高分子材料を与える潜在的な優位性があるが，重合条件が適切に設定されていない場合にはその優位性は発揮されない。例えばCoughlinらは，ジケトピロロピロール化合物の直接アリール化重合を報告しているが，その分子量および収率は従来法よりも低い[40]。さらに，この材料を用いたOPVの変換効率は3.91%に留まり，従来法で合成された同じ材料の7.5%よりも低い。この高分子は，繰り返し構造の乱れが5%含まれると変換効率が7.5%から4.5%に低下することが知られていることから，構造欠陥が特性を低下させたものと考えられる[41]。材料特性と構造欠陥の相関は直接アリール化重合の重要な研究テーマとなっており，定量的な研究が進められている[15,42]。

直接アリール化重合で特に注意すべき構造欠陥は，想定していないC-H結合での反応によって形成される分岐構造と，ホモカップリングによって生じる不規則な構造である。筆者らはこれらを抑制する条件を探索し，トルエンのような低極性溶媒を用いること，Pd(0)触媒の利用が有効であることを明らかにした。低極性溶媒を用いることで，反応速度は低下するもののC-H結合の反応位置選択性が高くなる。また，一般に用いられるII価のPd触媒前駆体では，活性種を生成する際に副反応としてホモカップリング反応が進行してしまうが[43]，Pd(0)触媒を用いることでこれを防ぐことができる[44]。これらの知見を基にOPV材料の合成を行ったところ，分子量25000の高分子を収率82%で得ることができた（スキーム2）[45]。この分子量と収率は従来法よりも高く，期待通り構造欠陥がないことをNMRやマススペクトルから確認した。これに加え，ソックスレー抽出等の特別な精製を行わなくても，再沈殿と洗浄だけで高い純度の材料が得られることを元素分析から確認している。この高分子をBHJ型OPVの材料として評価したところ，5.1%の光電変換効率を示した。従来法で合成し，ソックスレー抽出で精製した高分子の変換効率が5.2%であることから，モノマーの合成と精製の工程を簡略化しても，同定度の品質の材料が得られたことになる。さらに，デバイス構造を最適化したところ光電変換効率は最大で6.8%

スキーム2　構造欠陥の少ない太陽電池材料の合成

に達した。近年では，直接アリール化重合による材料合成のコストが試算されるなど，高分子材料の合成法としての期待が高まっている[46]。

さらに最近では，8％を超える高い変換効率を示す高分子も直接アリール化重合で合成することが可能になっている（表1，Entry 6）[20]。この反応では，広く使用されているピバル酸よりもかさ高いカルボン酸を添加剤として使用し，低温で反応を行っており，これらが構造欠陥の抑制に寄与することが報告されている。この材料を用いたOPV素子の変換効率は8.19％であり，従来法で合成した高分子の8.24％とほぼ同一である。さらに脇岡，小澤らは，構造欠陥のない高分子量の材料を合成する方法として，複数の配位子を混合する触媒系を見出している[11]。リン配位子に加えて二座の窒素配位子であるTMEDAを加えることで，ホモカップリングによる構造欠陥を1％以下に抑えることができる。この反応系の確立を元に，高特性なOFET材料の合成へと展開している（表1，Entry 12）[26]。

5　高分子半導体のより簡便な合成法の開発

直接アリール化重合は，モノマー合成の工程数を削減できるため，従来法よりも簡便な合成手法とみなせる。さらに簡便な手法の開発を目指し，1. 脱水溶媒や不活性ガス雰囲気を必要としない直接アリール化重合，2. ハロゲン化芳香族モノマーも必要としない重合反応を開発してきた。以下，これらの簡便な重合手法について紹介する。

通常直接アリール化重合は，酸素によるPd触媒の失活を防ぐために，精製された溶媒を用いて不活性ガス雰囲気下で行われる。一方で筆者らは，開放系で反応溶媒を加熱還流する重合系によって，脱水・脱気を行っていない溶媒で空気下であっても直接アリール化重合が可能であることを見出している（スキーム3）[29]。未精製のトルエンに含まれる水は直接アリール化重合に悪影響を及ぼさず，溶存酸素は還流条件にすることで反応系外に排出されるため，不活性ガス雰囲気下での重合と同定度の重合結果が得られる。この反応で得られる高分子は，有機ELの発光材料として機能する（表1，Entry 15）。反応条件が最適化された構造欠陥の少ない材料では，高い発光効率を示すことから，合成反応の簡略化においても合成反応の精度は重要な課題である。

直接アリール化重合では，ハロゲン化芳香族モノマーが必須である。これに対して，ハロゲン

スキーム３　空気下での直接アリール化重合

H–Ar¹–H → Bromination → [Br–Ar¹–Br] Not isolated → H–Ar²–H, Direct arylation polycondensation → (Ar¹–Ar²)n

Yield 80%
M_n = 34,500, M_w/M_n = 1.8

Yield 91%
M_n = 15,000, M_w/M_n = 1.8

Yield 65%
M_n = 14,900, M_w/M_n = 1.7

EH = 2-ethylhexyl, OD = 2-octyldodecyl, DD = dodecyl

スキーム4　ハロゲン化と連続した直接アリール化重合

化の段階と重合反応を一つの反応容器内で連続して行うことで，ハロゲン化芳香族モノマーを単離精製することなくπ共役高分子を合成する手法を開発した（スキーム4）。この反応を可能にするためには，一段階目の反応が定量的に進行し，この反応の残査が次の直接アリール化重合を阻害しない必要がある。ベンジルトリメチルアンモニウムトリブロミドがこれらの要請を満たす適切な臭素化剤となることを見出し，スキーム4の例を含む7種類の高分子をこの方法で合成することが可能となった[47,48]。

さらに簡便な理想的合成法としては，ハロゲンの導入も必要としない脱水素型クロスカップリングを利用した重合反応が挙げられる。この反応は双方の反応点がC–H結合となるため，目的とするクロスカップリング反応と，望まないホモカップリング反応が競合することが課題となる。これに対し，フェニレンビニレン型の高分子の合成においては，配向基を用いる手法（スキーム5a）[49]，電子不足な芳香族モノマーを利用する手法（スキーム5b）[50]によって課題を解決した。配向基を用いる手法では，かさ高い配位子を有するRh触媒を用いることが重要である。電子不足な芳香族モノマーを利用する場合には，Pd触媒を安定化するペンタフルオロチオアニソール（PFTA）の添加によって，高い選択性と結合形成の効率が得られている。

次に，脱水素型クロスカップリングを利用した全芳香族のπ共役高分子の合成を検討した。この反応は二種類のC–H結合の反応性がさらに近くなるため，ホモカップリングの抑制がより困難となる。モデル反応による条件検討から，Pd触媒にAg塩と塩基を組み合わせることで，高いクロスカップリング選択性と結合形成の効率化を両立できることを見出した[51]。この知見を基にすることで，オクタフルオロビフェニルとビチオフェン誘導体の脱水素型クロスカップリング重合が可能となった（スキーム5c）。課題であったホモカップリングによる構造欠陥は2%程度に抑制され，5万以上の分子量の高分子を得ることができた。さらに，酸素を最終酸化剤として用いることで，Ag塩を触媒的に利用した環境負荷のより小さい反応も確立している（スキーム5d）。

(a)
n H–(N-(2-pyrimidyl)pyrrole)–H + n H–(fluorene)–H

EH EH

EH= 2-ethylhexyl

$[Cp^*RhCl_2]_2$ (4 mol%)
$Cu(OAc)_2$•H_2O (4.2 equiv)
DMF, 100 °C, 4 h, under N_2

Yield 81%
M_n = 22,400, M_w/M_n = 5.6

(b)
n H–(octafluorobiphenyl)–H + n H–(fluorene)–H

EH = 2-ethylhexyl

$Pd(OAc)_2$ (10 mol%)
PFTA (1 equiv.)
Ag_2CO_3 (3 equiv.)
PivOH (3 equiv.)
DMF, 100 °C, 48 h,
under N_2

Yield 41%
M_n = 16,300, M_w/M_n = 2.2

n H–(octafluorobiphenyl)–H + n H–(bithiophene, C_6H_{13})–H

$Pd(OAc)_2$ (5 mol%)
(c) PivOH (2 equiv)
Ag_2CO_3 (3 equiv)
K_2CO_3 (3 equiv)
DMF/DMSO(20:1)
100 °C, 48 h, under N_2

(d) PivOH (2 equiv)
Ag_2O (0.5 equiv)
K_2CO_3 (0.5 equiv)
DMF/DMSO(20:1)
100 °C, 72 h, under O_2

(c) Yield 61%
M_n = 53,400, M_w/M_n = 2.9

(d) Yield 66%
M_n = 23,200, M_w/M_n = 2.3

スキーム5　脱水素型クロスカップリング反応を利用した重合反応

6　おわりに

直接アリール化重合には，合成工程の短縮，脱離成分の環境負荷低減，高分子の高純度化などの優位性が期待できる。これらの特長をデバイス材料の開発に活かすためには，高分子量で構造欠陥のない高分子を合成する必要がある。この要請に応えうる反応系が，様々な検討の積み重ねによって見出されてきている。直接アリール化重合の精度がさらに向上すれば，高品質な材料を低コストで合成できるため，有機電子・光デバイスの実用化を支える基盤技術となることが期待できる。

文　献

1) Grimsdale, A. C., Chan, K. L., Martin, R. E., Jokisz, P. G. & Holmes, A. B. *Chem. Rev.*, **109**, 897-1091 (2009)
2) Beaujuge, P. M. & Fréchet, J. M. J. *J. Am. Chem. Soc.*, **133**, 20009-20029 (2011)
3) Osaka, I. & Takimiya, K. *Adv. Mater.*, **29**, 1605218 (2017)
4) Ie, Y. & Aso, Y. *Polym. J.*, **49**, 13-22 (2017)

5) Yamamoto, T. *Bull. Chem. Soc. Jpn.*, **83**, 431–455 (2010)
6) Sakamoto, J., Rehahn, M., Wegner, G. & Schlüter, A. D. *Macromol. Rapid Commun.*, **30**, 653–687 (2009)
7) Carsten, B., He, F., Son, H. J., Xu, T. & Yu, L. *Chem. Rev.*, **111**, 1493–1528 (2011)
8) Chochos, C. L., Spanos, M., Katsouras, A., Tatsi, E., Drakopoulou, S., Gregoriou, V. G. & Avgeropoulos, *A. Prog. Polym. Sci.*, **91**, 51–79 (2019)
9) Suraru, S.-L., Lee, J. A. & Luscombe, C. K. *ACS Macro Lett.*, **5**, 724–729 (2016)
10) Pouliot, J.-R., Grenier, F., Blaskovits, J. T., Beaupré, S. & Leclerc, M. *Chem. Rev.*, **116**, 14225–14274 (2016)
11) Wakioka, M. & Ozawa, F. *Asian J. Org. Chem.*, **7**, 1206–1216 (2018)
12) Gobalasingham, N. S. & Thompson, B. C. *Prog. Polym. Sci.*, **83**, 135–201 (2018)
13) Kuwabara, J. & Kanbara, T. *Bull. Chem. Soc. Jpn.*, **92**, 152–161 (2019)
14) Wang, Q., Takita, R., Kikuzaki, Y. & Ozawa, F. *J. Am. Chem. Soc.*, **132**, 11420–11421 (2010)
15) Aldrich, T. J., Dudnik, A. S., Eastham, N. D., Manley, E. F., Chen, L. X., Chang, R. P. H., Melkonyan, F. S., Facchetti, A. & Marks, T. J. *Macromolecules*, **51**, 9140–9155 (2018)
16) Robitaille, A., Jenekhe, S. A. & Leclerc, M. *Chem. Mater.*, **30**, 5353–5361 (2018)
17) Zimmermann, D., Sprau, C., Schröder, J., Gregoriou, V. G., Avgeropoulos, A., Chochos, C. L., Colsmann, A., Janietz, S. & Krüger, H. *J. Polym. Sci. Part A Polym. Chem.*, **56**, 1457–1467 (2018)
18) Wei, X., Wang, M., Chen, H., He, F., Bohra, H. & Wang, K. *Dye. Pigment.*, **158**, 183–187 (2018)
19) Bura, T., Beaupré, S., Ibraikulov, O. A., Légaré, M. A., Quinn, J., Lévêque, P., Heiser, T., Li, Y., Leclerc, N. & Leclerc, M. *Macromolecules*, **50**, 7080–7090 (2017)
20) Dudnik, A. S., Aldrich, T. J., Eastham, N. D., Chang, R. P. H., Facchetti, A. & Marks, T. J. *J. Am. Chem. Soc.*, **138**, 15699–15709 (2016)
21) Li, W., Mori, T. & Michinobu, T. *MRS Commun.*, **8**, 1244–1253 (2018)
22) Han, Y., Tian, H., Sui, Y., Deng, Y., Bai, J., Wang, F., Geng, Y. & Gao, Y. *Macromolecules*, **51**, 8752–8760 (2018)
23) Jiao, X., Yang, X., Xin, H., Gao, X., McNeill, C. R., Ge, C. & Rundel, K. *Angew. Chem. Int. Ed.*, **57**, 1322–1326 (2017)
24) Li, Y., Tatum, W. K., Onorato, J. W., Zhang, Y. & Luscombe, C. K. *Macromolecules*, **51**, 6352–6358 (2018)
25) Guo, K., Bai, J., Jiang, Y., Wang, Z., Sui, Y., Deng, Y., Han, Y., Tian, H. & Geng, Y. *Adv. Funct. Mater.*, **28**, 1801097 (2018)
26) Wakioka, M., Yamashita, N., Mori, H., Nishihara, Y. & Ozawa, F. *Molecules*, **23**, 981 (2018)
27) Song, H., Deng, Y., Gao, Y., Jiang, Y., Tian, H., Yan, D., Geng, Y. & Wang, F. *Macromolecules*, **50**, 2344–2353 (2017)
28) Gao, Y., Deng, Y., Tian, H., Zhang, J., Yan, D., Geng, Y. & Wang, F. *Adv. Mater.*, **29**, 1606217 (2017)
29) Ichige, A., Saito, H., Kuwabara, J., Yasuda, T., Choi, J.-C. & Kanbara, T. *Macromolecules*,

51, 6782-6788 (2018)
30) Schmatz, B., Ponder, J. F. & Reynolds, J. R. *J. Polym. Sci. Part A Polym. Chem.*, **56**, 147-153 (2018)
31) Christiansen, D. T. & Reynolds, J. R. *Macromolecules*, **51**, 9250-9258 (2018)
32) Reynolds, J. R., Barth, K. J., Savagian, L. R., Österholm, A. M., Ponder, J. F. & Rivnay, J. *Adv. Mater.*, **30**, 1804647 (2018)
33) Zindy, N., Blaskovits, J. T., Beaumont, C., Michaud-Valcourt, J., Saneifar, H., Johnson, P. A., Bélanger, D. & Leclerc, M. *Chem. Mater.*, **30**, 6821-6830 (2018)
34) Yao, C. F., Wang, K. L., Huang, H. K., Lin, Y. J., Lee, Y. Y., Yu, C. W., Tsai, C. J. & Horie, M. *Macromolecules*, **50**, 6924-6934 (2017)
35) Sharma, S., Soni, R., Kurungot, S. & Asha, S. K. *Macromolecules*, **51**, 954-965 (2018)
36) Choi, S. J., Kuwabara, J. & Kanbara, T. *ACS Sustain. Chem. Eng.*, **1**, 878-882 (2013)
37) Kuwabara, J., Yasuda, T., Choi, S. J., Lu, W., Yamazaki, K., Kagaya, S., Han, L. & Kanbara, T. *Adv. Funct. Mater.*, **24**, 3226-3233 (2014)
38) Donat-Bouillud, A., Lévesque, I., Tao, Y., D'Iorio, M., Beaupré, S., Blondin, P., Ranger, M., Bouchard, J. & Leclerc, M. *Chem. Mater.*, **12**, 1931-1936 (2000)
39) Kuwabara, J., Yasuda, T., Takase, N. & Kanbara, T. *ACS Appl. Mater. Interfaces*, **8**, 1752-1758 (2016)
40) Homyak, P., Liu, Y., Liu, F., Russel, T. P. & Coughlin, E. B. *Macromolecules*, **48**, 6978-6986 (2015)
41) Hendriks, K. H., Li, W., Heintges, G. H. L., Van Pruissen, G. W. P., Wienk, M. M. & Janssen, R. A. J. *J. Am. Chem. Soc.*, **136**, 11128-11133 (2014)
42) Broll, S., Nübling, F., Luzio, A., Lentzas, D., Komber, H., Caironi, M. & Sommer, M. *Macromolecules*, **48**, 7481-7488 (2015)
43) Kuwabara, J., Sakai, M., Zhang, Q. & Kanbara, T. *Org. Chem. Front.*, **2**, 520-525 (2015)
44) Kuwabara, J., Kuramochi, M., Liu, S., Yasuda, T. & Kanbara, T. *Polym. J.*, **49**, 123-131 (2017)
45) Kuwabara, J., Fujie, Y., Maruyama, K., Yasuda, T. & Kanbara, T. *Macromolecules*, **49**, 9388-9395 (2016)
46) Culver, E. W., Pappenfus, T. M., Rasmussen, S. C., Dastoor, P. C., Cooling, N. A. & Almyahi, F. *Macromol. Chem. Phys.*, **219**, 1800272 (2018)
47) Saito, H., Kuwabara, J. & Kanbara, T. *J. Polym. Sci. Part A Polym. Chem.*, **53**, 2198-2201 (2015)
48) Saito, H., Chen, J., Kuwabara, J., Yasuda, T. & Kanbara, T. *Polym. Chem.*, **8**, 3006-3012 (2017)
49) Saito, H., Kuwabara, J., Yasuda, T. & Kanbara, T. *Polym. Chem.*, **7**, 2775-2779 (2016)
50) Saito, H., Kuwabara, J., Yasuda, T. & Kanbara, T. *Macromol. Rapid Commun.*, **39**, 1800414 (2018)
51) Aoki, H., Saito, H., Shimoyama, Y., Kuwabara, J., Yasuda, T. & Kanbara, T. *ACS Macro Lett.*, **7**, 90-94 (2018)

直接的芳香族カップリング反応の設計と応用

2019年5月22日　第1刷発行

監　　修　三浦雅博，平野康次　（T1116）
発 行 者　辻　賢司
発 行 所　株式会社シーエムシー出版
東京都千代田区神田錦町1－17－1
電話 03(3293)7066
大阪市中央区内平野町1－3－12
電話 06(4794)8234
http://www.cmcbooks.co.jp/
編集担当　伊藤雅英／山本悠之介

〔印刷　倉敷印刷株式会社〕

ISBN978-4-7813-1421-1 C3043 ¥80000E